科学新经典文丛

Pale Blue Dot:
A Vision of the Human Future in Space

# 暗淡蓝点

## 探寻人类的太空家园

[美] 卡尔·萨根 / 著

叶式辉 黄一勤 / 译

人民邮电出版社
北京

## 图书在版编目（CIP）数据

暗淡蓝点：探寻人类的太空家园：卡尔·萨根诞辰80周年纪念版 / （美）萨根著；叶式辉，黄一勤译. -- 北京：人民邮电出版社，2014.11（2021.8重印）
ISBN 978-7-115-36010-6

Ⅰ. ①暗… Ⅱ. ①萨… ②叶… ③黄… Ⅲ. ①空间探索—普及读物 Ⅳ. ①V11-49

中国版本图书馆CIP数据核字(2014)第234207号

## 版权声明

◆ 著　　　　[美]卡尔·萨根
　　译　　　　叶式辉　黄一勤
　　责任编辑　刘　朋　刘佳娣
　　责任印制　程彦红
◆ 人民邮电出版社出版发行　　北京市丰台区成寿寺路 11 号
　　邮编　100164　电子邮件　315@ptpress.com.cn
　　网址　http://www.ptpress.com.cn
　　涿州市京南印刷厂印刷
◆ 开本：880×1230　1/32
　　印张：12.625
　　字数：239 千字　　　　　　　　2014 年 11 月第 1 版
　　印数：44 001-45 500 册　　　　2021 年 8 月河北第 35 次印刷
　　著作权合同登记号　图字：01-2014-2499 号

定价：49.00 元

读者服务热线：(010)81055410　印装质量热线：(010)81055316
反盗版热线：(010)81055315
广告经营许可证：京东市监广登字 20170147 号

## 内容提要

本书是享誉全球的美国天文学家和科普作家卡尔·萨根(Carl Sagan)60 岁那年出版的科普名著,其主题关系到人类生存与文明进步的长远前景——在未来的岁月中,人类如何在太空中寻觅与建设新家园。

本书叙述风格宛如一部纵贯往昔、今日与未来的史诗,于宏伟缜密间编织着大量扣人心弦的精彩故事。全书首先回顾了历史上有关人类在宇宙中地位的种种观念,接着根据 20 世纪中叶以来空间探测的成就对太阳系作了全方位的考察,然后评估了将人类送入太空的种种理由,最后是作者本人对人类未来的太空家园的长远展望。

献给萨姆（Sam），
又一位漂泊者。
你们这一代人也许会看见
做梦也想不到的奇景。

# 太阳系空间探测的早期杰出成就

## 一、前苏联／俄罗斯

1957　第一颗人造地球卫星（斯普特尼克 1 号）

1957　动物首次进入太空（斯普特尼克 2 号）

1959　第一艘摆脱地球引力的飞船[1]（月球 1 号）

1959　太阳的第一颗人造行星（月球 1 号）

1959　第一艘撞击其他星体的飞船（飞向月球的月球 2 号）

1959　人类首次看见月球的背面（月球 3 号）

1961　人类首次进入太空（东方 1 号）

1961　人类首次环绕地球飞行（东方 1 号）

1961　飞越其他行星的首批飞船（金星 1 号飞向金星）

1962　火星 1 号飞向火星

1963　女性首次进入太空（东方 6 号）

1964　首次多人太空飞行（上升 1 号）

1965　首次太空"行走"（上升 2 号）

1966　第一艘进入另一个行星大气的飞船（飞向金星的金

---

[1]　本书中的"飞船"、"太空飞船"、"空间飞船"和"航天器"等词语都有相同的含义。
　　——译者

星 3 号）

1966　环绕其他星体的第一艘飞船（飞向月球的月球 10 号）

1966　首次在其他星体上成功软着陆（飞向月球的月球 9 号）

1970　首次从其他星体取回样品的遥控飞行（飞向月球的月球 16 号）

1970　首次在其他星体上行驶的车辆（到达月球的月球 17 号）

1971　首次在另一颗行星上软着陆（飞向火星的火星 3 号）

1972　首次在科学上成功地着陆到另一颗行星上（飞向金星的金星 8 号）

1980～1981　第一次长约 1 年的载人空间飞行（相当于飞向火星的时间）（联盟 35 号）

1983　首次环绕另一颗行星进行的雷达勘测（飞向金星的金星 15 号）

1985　首次在另一颗行星的大气中设置气球站（飞向金星的维佳 1 号）

1986　首次与彗星近距相会（飞向哈雷彗星的维佳 1 号）

1986　第一个轮换宇航员的空间站（和平号）

## 二、美　国

1958　第一项空间科学发现——范艾伦辐射带（探险者 1 号）

1959　首次从太空看地球的电视图像（探险者 6 号）

1962　行星际空间的首项科学发现——直接观测到太阳风（水手 2 号）

1962　首次在科学上成功的行星探测（水手 2 号飞向金星）

1962　太空中的首次天文观测（轨道太阳观测台 1 号）

1968　首次绕另一星体作载人轨道飞行（飞向月球的阿波罗 8 号）

1969　人类首次在另一星体上着陆（飞向月球的阿波罗 11 号）

1969　首批在另一星体上采集样品送回地球（飞向月球的阿波罗 11 号）

1971　第一辆在另一星体上由人驾驶的车辆（飞向月球的阿波罗 15 号）

1971　第一艘环绕另一颗行星的空间飞船（飞向火星的水手 9 号）

1974　第一艘探测两个行星的飞船（飞向金星和水星的水手 10 号）

1976　首次成功着陆火星，第一艘探索其他行星上生命的空间飞船（海盗 1 号）

1973　首次飞越木星（先驱者 10 号）

1974　首次飞越水星（水手 10 号）

1977　首次飞越土星（先驱者 11 号）

　　　第一批达到太阳系逃逸速度的太空飞船（1973 年发射的先驱者 10 号和 1974 年发射的先驱者 11 号，1977 年发射的旅行者 1 号和 2 号）

1981　第一艘可重复使用的载人空间飞船（哥伦比亚号航天飞机）

1980～1984　第一颗能在太空中回收、维修和重新安置的卫星（太阳极大使者）

1985　首次远距彗星会合 [飞向贾可比尼－津纳（Giacobini-Zinner）[1] 彗星的国际彗星探测器 ]

1986　首次飞越天王星（旅行者 2 号）

1989　首次飞越海王星（旅行者 2 号）

1992　首次探测太阳风层顶（旅行者）

1992　首次与一个主带小行星会合 [ 飞向第 951 号小行星加斯普拉（Gaspra）的伽利略飞船 ]

1994　首次发现小行星的卫星 [ 飞向第 243 号小行星艾达（Ida）的伽利略飞船 ]

---

[1]　原文误作 Giacobini-Zinner。——译者

# "科学先生"卡尔·萨根（代序）

尹传红

一

1996 年 12 月 20 日，一颗仅仅运转了 62 个年头的不平凡的大脑，在大洋彼岸永远地停止了思考——怀着对科学和科学传播事业的无限眷恋，怀着对迷信与伪科学盛行的深重忧虑，怀着对"地外文明"探索的殷切期待，卡尔·萨根走了。

这位令世人仰慕的"科学先生"刚过完 60 岁生日，就被诊断出患了一种罕见的疾病——骨髓异常不良增生症。在跟疾病坚强地斗争了将近两年之后，他因感染肺炎而撒手离去。

他实在是心有不甘——因为他还有太多的事情没有做完；他亦感到欣慰，因为他从科学研究之中延伸出来，倾注了满腔热情的写作、讲课、演说和电视节目，已经使得全世界的千百万人受益，并激励了许多年轻人投身科学。

实际上萨根在他事业的早期便已认识到：科学家有责任介入社会。在一个技术性的社会里（或在任何一个先进的社会里），科学是做出明智决策的关键性因素。他坚信他所知道、相信以及他希望能够发现的一切，都必须有效地跟公共政策制定者及广大公众进行交流；只有激发了公众参与科学的激情从而支持它继续前进时，科学才能够继续辉煌。

晚年的萨根最为关切的是，尽管科学已然创造了人们过去想都不敢想的诸多奇迹，但迷信和伪科学依旧与此相伴并且大有市场。它扰乱了人们的意识和思想，使人们感到惶惑、迷惘……科学还不像许多人想象和期望的那样，已经成为可以驱除黑暗的太阳或者其他明亮的东西。科学在伪科学泛滥、迷信以及其他因素的影响下，仅仅是一支随时都可以被吹灭的蜡烛。

难能可贵的是，在很少有科学家实际投身于对介乎科学边缘的或伪科学的信念进行检验并向之挑战时，在科学家常因从事科普工作而遭到一些同行的轻视与贬低时，萨根勇敢地站了出来，义无反顾地跟迷信、盲从和伪科学抗争。他似乎从未表白过，自己作为一名科学家，有着怎样的一种社会责任感——其实无需表白，人们也都会牢牢记住"萨根"这个名字，并且对他怀着深深的敬意。

萨根安葬于他长年工作和生活的纽约州伊萨卡。他的墓碑上写着这样几行字：纪念卡尔·萨根（1934年11月9日—1996年12月20日）——丈夫、父亲、科学家、教师。卡尔，你是我们在黑暗中的蜡烛。

全世界都在哀悼他、纪念他。美国国家航空航天局专家小韦斯利·T.亨特里斯称他是"独一无二最为人所知的科学'传教士'"。他在长期从事的科学、文学和公共事业中所取得的最大成就，或许是他成了许多人心目中代表现代科学的偶像，是太空科学和太空探索的化身，堪称"科学的形象大使"。

萨根在科研和科普两个方面都做出了杰出的贡献，他对科学的精辟见解使他成为"唯一能够用简单扼要的语言说明科学是什么的科学家"。1994年初，美国国家科学院将公共福利奖章授予萨根，以表彰他"在传播科学之神奇和重要性，激起无数人的科学想象力，以及用通俗的语言阐释艰深的科学概念方面所表现出来的非凡能力"。同年，他又获得了第一届"阿西莫夫奖"。

康内尔大学荣誉校长弗兰克·H. T. 罗兹评价说：萨根是一个优秀的探究者，是他这个领域的领头羊……他讲的题目是宇宙，而他的课堂是世界。

## 二

1934年11月9日，萨根出生于纽约的布鲁克林，他的父母是"几乎对科学一无所知"的普通工人。"但是，他们通过让我了解既要具有怀疑精神又要保持求知欲望的这种方法，教给了我这两种难以结合在一起的东西，而这却是科学方法的核心所在。"

不过很遗憾，萨根回忆说，在他的小学、初中和高中阶段，"全然没有不断增长的对新事物的新奇感，根本就得不到追求个人兴趣的鼓励，也没有人让我们去探究那些知觉的或概念性的错误。在课本的后面，才有可说是令人感兴趣的材料……"。

是大学圆了萨根的求知和探索之梦：他从诺贝尔物理学奖获得者萨布拉曼·扬·钱德拉塞卡的理论中领略到了数学的真正迷人之处；他有机会跟诺贝尔化学奖获得者哈罗德·克莱顿·尤里讨论化学；他一度师从诺贝尔医学或生理学奖获得者赫尔曼·约瑟夫·穆勒学习生物学；他又跟太阳系理论最有影响的权威之一杰勒德·彼得·柯伊伯学习过行星天文学；他还修完

了美国著名教育家、曾任芝加哥大学校长的罗伯特·梅纳德·哈钦斯开设的一门普通教育课。

大学里开阔的学科视野和活跃的学术气氛，使萨根得以填补他过去所接受的教育中的一些空白。许多以前非常神秘（不仅是在科学方面）的东西，在他的头脑中逐渐变得清晰起来。1960年从芝加哥大学拿到天文学和天文物理学博士学位后，萨根成了哈佛大学的一名教员，并从事有关地球上的生命起源和地外生命的研究。1968年，萨根来到康内尔大学天文学系，任行星研究实验室主任，致力于行星表面与大气的物理学和化学的研究。

早在探测器对近地行星实地考察之前多年，萨根就先后提出了一系列如今已被公认的论点：金星大气的酷热起因于温室效应；火星表面存在着显著的高度差，明暗区域是其尘埃不同的标志，而其变迁则系季风所致。他还认定，土卫六上出现微红的霾，是因为其大气中存在有机分子等。后来，基于对行星气候与环境的研究结果，萨根把公众的注意力带到了对地球极其重要的环境危机（如温室效应和臭氧层出现空洞）以及其他灾害问题上（如核爆引发"核冬天"的可能性）。

此外，萨根作为美国国家航空航天局的专家，多次参与了"水手号"、"海盗号"、"先驱者号"、"旅行者号"宇宙飞船的科学设计和资料分析工作。鉴于他有力地推动了利用探测器探测其他行星的计划，并在行星研究领域取得了许多重要的成果，国际天文学联合会于1982年把第2709号小行星命名为"卡尔·萨根"；1997年7月4日在火星上平安着陆的"火星探路者号"探测器，则被重新命名为"卡尔·萨根纪念站"。

　　在组织并鼓动寻找地外智慧生命的计划里，萨根还是关键的科学家之一。"先驱者号"携带的金属饰板和"旅行者号"携带的声像片——向"地外文明"展现的地球标志物以及我们人类的问候，均由他主持设计。他是"人类并不孤独"这一著名论断的最强有力的支持者之一，也是宇宙生物学的创始人和开拓者之一。

　　20世纪80年代初，萨根创作了以人类向外星文明推进为主题的长篇科幻小说《接触》（后来被好莱坞拍成了电影《接触未来》）。这部小说的预支稿酬高达200万美元，足可见萨根当时的知名度和社会影响力。美国著名的天文学杂志《天空和望远镜》曾经刊载过一幅漫画，描绘两个长有触角的"外星人"刚从宇宙飞船里出来，就对迎候他们的地球人说："带我们去见卡尔·萨根吧！"这彰显出，萨根在寻找地外智慧生命的工作中倾注了巨大的热情并采取了实际的科学行动，所以，不仅地球人敬重他，就连"外星人"也对他念念不忘。

三

　　萨根的科普生涯对接于刚刚勃兴的太空时代，并与他的科研工作密切交集。

　　继1969年登月获得成功之后，美国又相继发射了一系列行星探测器，科学尤其是太空科学引发了许多公众的关注和兴趣。1976年，"海盗号"资料分析处的金特里·李建议萨根，不妨借助电视这个平台向公众介绍太空探测的那些重大发现。

　　4年过后，1980年，由萨根自编、自导、自演的大型科学电视系列片《宇宙》风靡全球。这部13集的系列片把天文、地理、历史、哲学以及生命的起源进化和地外文明的探讨等都熔于一炉，谱写了地球上生命、文明与科学诞生和发展的宏伟篇章。它被翻译成 10 多种语言，在 60 多个国家放映，有逾 6 亿人观看。这一年 10 月，萨根成了《时代》周刊的"封面人物"。与此同时，由萨根以优雅的文体写就、与电视片配套的《宇宙》一书接踵而至，位列《纽约时报》畅销书排行榜达 70 周之久，仅在美国就印刷了 40 余次，另外还有 30 多个国外版本。

在此之前的 1978 年，萨根还因科普佳作《伊甸园的飞龙——人类智力进化推测》一书而获得了普利策奖。他撰写的另外几部科普著作《布鲁卡的脑——对科学传奇的反思》、《无人曾想过的道路——核冬天和武器竞赛的终结》、《彗星》、《宇宙中的智能生命》、《淡忘祖先的影子》、《暗淡蓝点——展望人类的太空家园》、《亿亿万万——新千年来临之际关于生命和死亡的思考》、《魔鬼出没的世界——科学，照亮黑暗的蜡烛》等，也以精湛的文笔、多维的视角、深刻的哲思，以及恢宏的背景和厚重的历史感，出版后同样广受关注和好评。美国科普巨匠艾萨克·阿西莫夫生前曾经赞扬萨根"具有米达斯点物成金的魔力，任何题材一经他手就会金光闪闪"。

总而观之，萨根的科普作品内涵丰富、博大精深，人文色彩浓郁，甚至不乏天马行空般的想象。然而，依我看，贯穿其中的科学思想和科学方法，才是这些作品之精髓所在。萨根认为，科学的思维方式既富有想象力又要以科学素养为基础；科学取得成功的原因之一是科学具有改正错误的内在机制。他还指出，对从事科学普及的人来说，最大的挑战是向公众讲清楚科学的重大发现、误解和科学的实践者偶尔顽固地拒绝改变研究方向之真实的、曲折的发展历史。科学方法似乎毫无趣味、很难理解，但它比科学上的发现要重要得多。

萨根将（讲解）科学喻为他为之眷恋终生的爱情故事。我想不必讳言，萨根生前曾被有些人看成是典型的科学主义者，他的一些科学观点也常被指责为"科学至上主义"，甚至认为他很"霸道"，蔑视除科学以外所有的文化和价值。我觉得，这当中或有误解。其实，萨根既是一位理性科学思维的忠实捍卫者，又是一名饱含激情、视野开阔的幻想家和探索者。他持有这样一种理念：科学远不是十全十美的获得知识的工具，科学仅仅是我们所拥有的最好的工具；而且，科学未探明的事情很多，许多秘密仍待揭示，……我们经常会获得意外的惊喜。可科学家并不认为他们对自然的认识是全面、彻底的。

在美国宇宙生物学家、萨根最早的博士生之一大卫·莫里森看来，"萨根的作用很有趣，因为在他寻找其他星球存在生命的证据以及捍卫搜寻地外文明计划的过程中，他自己也被指责为游离到正常的科学之外"。这主要是因为，萨根对边缘科学的话题持明显的思想开放的态度。而他一贯主张，需要保持一种"创造性和怀疑论之间的张力"。

2006年，萨根的夫人安·德鲁扬在致《魔鬼出没的世界》中译者李大光的复信中写道："萨根将怀疑主义和对未解之谜的探索视为同样重要，并努力将其融合在科学事实、科学价值观和科学方法的传播中。他的这一做法，吸引了许多人的关注。"李大光认为这个评价是恰如其分的。萨根怀疑任何没有证据的关于外星生命的传说，但他同时又是探索外星生命证据的积极参与者。他有句流传甚广的名言：非同寻常的结论需要非同寻常的证据。由此可见，萨根"是科学和理性、冷静与激情兼具的科学人"。

四

不止于此。

"萨根是天文学家，他有三只眼睛。一只眼睛探索星空，一只眼睛探索历史，第三只眼睛，也就是他的思维，探索现实社会……"。美国《每日新闻》报曾对萨根如此夸赞。

的确，萨根的眼光是独特的，而且总是看得很深、很远。他说，长时间世界范围内不断积累形成的知识体系，已将科学转化为一种几乎是跨国界、跨时代的超意识。但是，"一定要从全球和超越时代的角度，对技术所带来的长期后果给予更多的关注，竭力避免对民族主义和沙文主义的依恋。犯错误的代价太昂贵了。"

而萨根所撰写的多部脍炙人口的科普著作，在把太空探索的概念、激情和冒险带给公众的同时，也着意引导科学家和外行进行思考，特别是在更大的社会和历史框架中对科学与太空探索进行思考：令人们如此着迷的太空探索究竟是为了什么，以及为什么倾情、"投资"于太空对我们的未来是如此重要。

一个广为人知的事实是：执行"阿波罗"计划的宇航员们，采纳了萨根的建议，在飞往与飞离月球的旅途中都拍摄了他们的家园——地球的照片。这张照片发表后居然产生了很少有人能预料到的结果。地球上的居民破天荒第一次从天上看见了他们的世界——完整的、彩色的地球，那是一个在辽阔、漆黑之太空背景中不断自转着的、蓝白相间的精致小球。就此萨根评论说：这些照片有助于唤醒我们对行星的迷糊意识。它们提供无可争辩的证据，表明我们大家同在一颗脆弱的行星上面。它们提醒我们，什么是重要的，什么不是。

20 个世纪末，当"旅行者号"正接近太阳系边缘时，萨根又向美国国家航空航天局建议，不妨让"旅行者号"转一下身，以便最后能够拍上一张太阳系的"全家福"。这事办成了，并且同样令人震撼。据德鲁扬的回忆："他（萨根）犹如《圣经》中的先知，向国家航空航天局恳请：回首一顾兮，回眸一盼——再回过头来，看一眼这颗小小的行星，看一看它如今的模样。它现在不复是'阿波罗号'（从月球处）看上去那样充满整个镜头……而只是小小的一个点……"。

"暗淡蓝点"（Pale Blue Dot）可谓是萨根别有深意首创的名语，现在许多人都知道，它特指从太空中遥望所见之地球形象。萨根有言：每个"最高领袖"，每个劣迹斑斑的刁徒，每个大独裁者，每个你曾经爱过的人，大家都出现在这个暗淡蓝点上。大家斗得血流成河，可争的是什么呢？争的是对一个小点上的一小块地方有片刻的控制权。

萨根有关环境保护和太空探索的一系列重要观点，在 1994 年出版的《暗淡蓝点》一书中都得到了体现。正如书名所揭示的那样，该书的主题是地球，一颗自己不能发光的蓝色行星，太空中一个暗淡的蓝点。作者反复强调，在浩瀚的宇宙剧场里，地球只是一个极小的舞台。"有人说过，天文学令人感到自卑并能培养个性。除掉我们小小世界的这个远方图像外，大概没有别的更好办法可以揭示人类妄自尊大是何等愚蠢。对我来说，它着重说明，我们有责任更友好地相互交往，并且要保护和珍惜这个淡蓝色的光点——这是我们迄今所知的唯一家园。"

在萨根眼里，根本就没有什么"地区性环保问题"。他风趣地说，由于分子很笨拙，工业毒素、温室气体等也愚鲁无知，所以它们都不知道尊重国界，也不顾念国家主权。而行星科学业已促成了一种广阔的、跨学科的观点，事实证明，这对发现和试图消除地球上迫在眉睫的环境灾难大有裨益。

2001 年 12 月 4 日，德鲁扬在致我国《三思科学》（电子）杂志编辑部的一封信中，对萨根有关"暗淡蓝点"的观点作了如下评述："卡尔总是努力帮助我们认识到：我们生活在一个暗淡蓝点上，那是拥有四十亿星辰的星系中的一颗微尘，而这个星系本身也不过是数量更加巨大的千亿个星系中的一个……这一伟大的科学见解具有伦理和精神的意蕴……带着怀疑和惊叹——两者缺一不可——我们能够学会在这颗行星上共存，或许有一天能飞向其他恒星。"

萨根实则是借由"暗淡蓝点"这一意蕴，期冀我们能对人类真实的环境获得某种精神感悟罢。

五

当萨根因电视系列片《宇宙》的播放而在世界范围内声誉鹊起之时，他的科普作品也走进了我国读者的视野。

1980 年，河北人民出版社推出了萨根作品的第一个中译本《伊甸园的飞龙——人类智力进化推测》（吕柱、王志勇译）。接下来，陆续又有数部萨根作品翻译出版：《外星球文明的探索》（张彦斌、王士兴、金纬译，1981 年，上海科学技术文献出版社）、

《宇宙科学传奇》（陈增林译，1984年，河北人民出版社）、《布鲁卡的脑——对科学传奇的反思》（金吾伦、吴方群、陈松林译，1987年，生活·读书·新知三联书店）。

我国台湾的光复书局则在1981年根据日本旺文社编译的《宇宙》彩色图册（图片选自《宇宙》电视片的精美镜头），翻译出版了由蔡章献审定的《宇宙的时代》4个画册（同年台湾环华出版事业公司也翻译出版了由沈君山审定的这套《宇宙》图册）。

此后，经由我国天文馆事业的开创者之一、著名科普作家李元的积极联系，《宇宙》电视片的译制及《宇宙》一书的翻译得以进行。卞毓麟、吴伯泽等著名科普作家和翻译家参与了《宇宙》电视片脚本的翻译审定工作，李元与时任中科院北京天文台台长李启斌则担任译制片科学顾问（该片在2001年萨根逝世5周年之际由中央电视台播出）。1989年，《宇宙》中译本（周秋麟、吴依俤等译，李元校，海洋出版社）首次与我国读者见面。

1996年，台湾智库股份有限公司分上下两册出版了由旅美华人天文学家丘宏义翻译的《暗淡蓝点》中文繁体字版，书名为《预约新宇宙：为人类寻找新天地》。此书的中文简体字版（叶式辉、黄一勤译）则在2000年由上海科技教育出版社推出，随即被评为"牛顿杯科普图书奖"2000年度十大科普好书之一。

在萨根逝世一周年之际，笔者怀着对这位科普大师的景仰之情，策划、组织了一个整版篇幅的纪念文章，刊发于1997年12月26日的《科技日报》。其中有李元的《我们要见萨根》、王直华的《脑的纪念》、卞毓麟的《最成功的科学普及家》、李大光的《科学精神长存》、尹传红的《向卡尔·萨根致敬》。《科技日报》随后还发表了潘涛的《科普明星卡尔·萨根》一文。

在资深出版人范春萍的努力推动下，萨根临终前的最后一部作品《魔鬼出没的世界》（李大光译，1998年，吉林人民出版社）在萨根逝世两周年之际有了中译本。2000年，上海科技教育出版社推出由耶范特·特奇安和伊丽莎白·比尔森主编的萨根纪念文集《卡尔·萨根的宇宙：从行星探索到科学教育》中译本（周惠民、周玖译），我有幸与卞毓麟前辈共同担当了该书的责任编辑。

2001年秋，临近萨根逝世5周年之时，北京电视台《世纪之约》栏目邀请李元、李大光和我做嘉宾，制作了一期纪念萨根的专题节目，介绍萨根的科学思想和主要贡献。该节目分上下两集播出，引起了很大的反响。时任中共中央政治局常委、国务院副总理李岚清看到下集后，专门打电话调看了全部节目光盘和《魔鬼出没的世界》一书。同年11月23日，应李岚清副总理的邀请，李元、李大光和我参加了在国务院第二会议室召开的"国务院科普工作座谈会"，与十多个国家部委的相关负责人一道，讨论当前我国科普工作存在的各种问题及其解决方案。

这一年的12月15日和16日，在传媒人士杨虚杰等的策划、组织下，科学时报社、中国科学院科普办公室、中央电视台、中国科普研究所共同举办了"科学与公众论坛——纪念'科学先生'卡尔·萨根逝世5周年"活动。论坛的三个主题——"科学家及公众理解科学"、"宇宙及地外文明的探索"、"科学与反伪科学"，都有涉及萨根的话题。如卞毓麟讲"真诚的卡尔·萨根"、多里昂·萨根讲"追念父亲"、吴国盛讲"科学巨星与科学传播"、唐纳德·戈德史密斯讲"卡尔·萨根：天文科普专家"。

近些年来，萨根及其科普作品在我国越来越受到关注和青睐。2003年，上海科技教育出版社推出了《展演科学的艺术家——萨根传》中译本（凯伊·戴维森著，暴永宁译，吴伯泽校）；2008年，重庆出版社推出了萨根唯一的一部科幻小说《接触》中译本（王义豹译）；2010年，海南出版社推出了萨根关于宗教与科学关系问题的演讲集《卡尔·萨根的上帝——上帝探究之个人见解》中译本（张江城译）。遗憾的是，萨根的另外几部重要作品，如《淡忘祖先的影子》和《亿亿万万》等，至今还没有中译本问世。

在萨根诞辰80周年和《暗淡蓝点》英文版出版20周年之际，欣闻人民邮电出版社重磅推出《暗淡蓝点》中译本纪念版，并将与中国科普作家协会和中国科普研究所联合举办萨根作品研讨会，我以为这对萨根是个极好的礼赞。谨表祝贺和敬意！希望今后能够看到更多的萨根作品出现在人民邮电出版社的书单上。

（作者系《科普时报》总编辑、
中国科普作家协会常务副秘书长）

## 译者序

叶式辉　黄一勤

仰望夜空，繁星闪烁，苍穹幽邃。从远古时代起，宏伟壮丽的宇宙就令人神往，受人赞美；它的浩瀚和深幽常发人深思，促人猎奇。诸如女娲补天、嫦娥奔月、后羿射日这类有关天宫的神话故事，自古就广为流传。

日月星辰的运动、结构和演化，是人类历史上的第一门科学——天文学的主要内容。经过世世代代天文学家的辛勤探索，我们早已知道人类栖息的地球只是太阳系的一个成员，而太阳不过是银河系里几千亿颗恒星中平凡的一个。在银河系外，还有数以百亿计的河外星系。浩瀚无垠的太空，多如恒河沙数的星体，以及丰富多彩的天象奇景，都吸引着广大公众，尤其是青少年天文爱好者。为了向他们传输天文知识，尤其是太空探测的新成就，许多天文科普读物相继问世。现在奉献给读者的这本书，就是其中的佼佼者。

本书用讲故事的方式介绍空间天文学兴起后太阳系研究的新进展。我们所在的太阳系里天体众多，事故频繁。1994年的彗木碰撞（即苏梅克 - 列维 9 号彗星撞击木星）在全世界引起轰动。回溯 6500 万年前，很可能有一颗直径仅约 10 千米的小行星撞上地球，导致全球生态环境的巨变，使当时称霸世界的恐龙灭绝。这些事件提醒人们，近地小行星和彗星是对地球和人类的潜在威胁。此外，地球环境的恶化，自然资源的枯竭，以及从长远来说太阳的有限寿命，都促使人们认真考虑在太空中寻觅与建设新家园的艰巨历史任务。本书围绕这个主题，用新颖精彩的资料和生动诱人的文字，进行了深入细致的探讨。这样的作品是科学与文学的结晶。它的作者卡尔·萨根既是杰出的科学家，也是极享盛名的优秀科普作家。

为了使读者充分了解本书的科学内容，同时感受到文辞的韵味，译者尽量使中文版忠实于原著。但由于中、英两种文字在语法与表达方式上的差异，译文在个别地方做了比较灵活的处理。译文如有舛误疏漏之处，敬请读者惠于指正。

2014 年是萨根诞辰 80 周年，重新出版此书很有意义。从英文原著出版到现在，在这 20 年中天文学飞速发展，人类对宇宙的探索日新月异。针对天文知识的更新，果壳网的 Steed 特意为本书添加了许多注释，在此也对他表示感谢。

# 漂泊者（作者序）

> 但是请告诉我，这些漂泊者是谁……
>
> ——里尔克（Rainer Maria Rilke）
>
> 《第五哀歌》（1923）

从一开头，我们就是漂泊者。我们知道在 160 千米（100 英里）之内每棵树的位置。当果实成熟时，我们就在那里。牲畜每年迁徙，我们都跟着走。我们高兴地品尝新鲜肉食。我们中间少数人合作，靠密谋、伪装、伏击和全力进攻，完成了多数人靠单独狩猎办不到的事情。我们相互依赖。想象起来，靠我们自己单干，就和定居一样，是荒唐可笑的。

我们联合起来，保护孩子们不受狮子和狼群的侵袭。我们教会他们所需的技能和使用工具。那时和现在一样，技术是我们生存的关键。

每当干旱持续，或者夏日天气仍令人不安地寒冷，我们便成群地迁徙——有时走向未知的土地。我们寻找更好的地方。当在小游牧群中跟别人合不来时，我们便离开，到其他地方寻求比较友好的伙伴儿。我们随时都可以再从头干起。

自从人类出现以来，在 99.9％ 的时间里我们都是猎人和粮秣征集员，也是在沙漠与草原上的流浪汉。那时没有边防卫士，也没有海关官员，到处都是待开发的土地。约束我们的只是大地、海洋和天空——加上偶尔碰到的粗暴邻居。

在气候惬意、食物丰盛时，我们愿意定居下来。这时不再担风险，出现了优势，也不必谨小慎微了。在最近 1 万年间——这在我们的漫长历史中只是一瞬间——我们已经放弃了游牧生活。我们已经会栽培植物和驯养动物。在你能够轻易取得食物的时候，又何必去追捕猎物呢？

虽有种种物质利益，定居的生活仍使我们感到不安和不满足。无论在农村还是城市，甚至在 400 代人之后，我们也不能忘怀过去。广阔的道路像一首几乎被人遗忘的儿歌那样，仍在柔情地召唤。我们怀着某种幻想，开发遥远的地方。我觉得，由于自然淘汰，精心培育起来的对事物的好奇心已成为我们赖以生存的基本要素。漫长的夏季、温暖的冬天、丰硕的收成、充足的猎物——哪一样都不能永久存在。我们没有能力预测未来。灾难事件惯常在我们不知不觉之中，偷偷地袭击我们。你自己的、你所在的群体的甚至你的种族的生活，可能全靠少数不守本分的人来决定，被一种他们难以说清或理解的渴望，吸引到未曾发现过的土地或新的世界。

梅尔维尔（Herman Melville）[1] 在长篇小说《白鲸》中，代表古往今来和四面八方的漂泊者谈道："一种对远方事物的永恒追求使我苦恼。我喜爱去非常凶险的海洋航行……"

对古代希腊人与罗马人来说，已知的世界包含欧洲以及被

---

[1]　美国作家（1819～1891）。——译者

缩小了的亚洲和非洲。环绕它们的是一个不可逾越的世界海洋。外出旅行可能遇到被称为野蛮人的劣等人，或遇到被叫作神的优等生灵。每棵树都有它的精灵，每个地区各有其传奇英雄。但是神灵并不太多，至少在早先大约只有几十个。他们住在山间、地下、海中或天上。他们向人们传送信息，干预人间事务，并与人生育儿女。

随着时间的流逝，人类探测的能力大幅度提高，于是令人惊奇的事情出现了：野蛮人完全能够和希腊人、罗马人同样聪明。非洲和亚洲比以往任何人想象的都要大。世界海洋并非不可逾越。对跖人[1]是有的。存在三个新的洲，它们在古代就有亚洲人居住，而这些情况欧洲人从不知道。还有，令人失望的是，神灵难以找到。

人类从旧世界向新世界的第一次大规模迁移，大约出现在 11 500 年前的最后一次冰期。当时极区冰盖扩大，导致海洋变浅，于是人们可以在陆地上从西伯利亚走到阿拉斯加。1 000 年之后，有人到达南美洲的南端，即火地岛。远在哥伦布之前，印度尼西亚的英勇移民就驾着有桨的独木舟探测西太平洋；婆罗洲人移居马达加斯加；埃及人和利比亚人环绕非洲航行；而来自明代中国的一支庞大的远洋帆船队在印度洋往返航行，在桑给巴尔建立一个基地，绕过好望角，并进入大西洋。从 15 世纪到 17 世纪，欧洲的帆船发现新大陆（对欧洲人来说，无论如何也是新的），并环绕地球航行。在 18 世纪和 19 世纪，美国与俄罗斯的探险家、商人和移民，分别向西和向东跨越两个大洲，争着奔向太平洋。无论当事人可能是如何轻率无知，这种探险与开发的热忱具有明显的存在价值。

它并不局限于一个民族或种族。它是全人类所有成员共有的天赋。

自从几百万年前人类首次在非洲东部出现以来，人们已经漫游到地球各处。现在到处都有人烟：在每一个洲，在最遥远的岛屿，从北极到南极，从珠穆朗玛峰到死海，在海底，以及有时甚至在 320 千米 [1]（200 英里）高处都有人——就像古时候传说中栖息在天穹中的神一样。

目前至少在地球的陆地区域，剩下来供探测的地方似乎没有了。探险家正成为其成就的受害者，现在只好待在家里了。

人们的大规模迁徙——有的是自愿的，但大部分并不是——形成了人类的生存状况。今天我们中间逃离战争、迫害和饥荒的人，比人类历史上的任何时候都多。在今后几十年，随着地球上气候的演变，看来会有更大量的人因环境恶劣而逃亡。较好的地方随时会呼唤我们。在地球上，人潮仍将时涨时落。但是现在我们要去的地方已经有人定居了。别人对我们的困境并不同情，他们已经在我们之前到达那里了。

19 世纪末叶，在欧洲中部辽阔的、多种语言并用的、古老的奥匈帝国的一个偏僻市镇，莱布·格鲁伯（Leib Gruber）正在成长。在捕捞时节，他的父亲以卖鱼为业，生活是艰辛的。青年时代的莱布能够找到的唯一的正当生计，就是背人渡过附近的巴格河。顾客不论男女，骑在莱布的背上；他脚穿珍贵的长统靴（这是他的谋生工具），涉过河流浅滩，在对岸把他的乘

---

[1] 自 2000 年 11 月 2 日以来，国际空间站（ISS）上就一直保持有人值守的状态，所以现在来说，320 千米的高空已经不是"有时"有人，而是一直有人了。——译者

客卸下来。有时水深齐腰。那里既无桥梁，也没有渡船。本来可用马匹渡河，但它们有别的用途。于是此事留给莱布和与他一样的一些年轻人去做。他们没有别的用处，找不到其他工作。这伙人在河边上闲逛，高声报价，向可能的顾客自夸他们背得多么好。他们出租自己，就像四条腿的动物。我的外祖父就是一头载重的牲畜。

我想莱布在他整个青年时代，从来不敢走出他的家乡小镇萨索（Sassow）100千米之外。但是在1904年，他突然丢下自己年轻的妻子，跑到了一个新的世界——按家里的传说，这是为了逃避一次杀身之祸。和他的死气沉沉的小村庄相比，德国的那些大海港城市真是有天壤之别。大海何等浩瀚，高耸入云的摩天大楼以及新土地上永无休止的喧哗，对他都是不可思议的。我们对他的出走一无所知，但是找到了他的妻子采娅（Chaiya）后来出行所乘船只的船客名单。莱布有了足够的积蓄后，把她接过去了。她乘坐的是一艘在汉堡注册的巴塔维亚号船上最便宜的舱位。读到下面简短的文字记录，真令人伤心：她能够阅读或写字吗？不能。她会讲英语吗？不会。她有多少钱？我可以想象她回答"一元钱"时是何等狼狈与羞愧。

她在纽约登陆，与莱布团聚。她只活到生下我的母亲及其妹妹，就由分娩引起的并发症死去了。在她留居美国的短短几年间，她有时用英文名克拉拉（Clara）。25年后，我的母亲生下了自己的第一个孩子（一个儿子），她用她从来不了解的妈妈的英文名字为这个孩子取名。

我们的远古祖先观察星星，注意到有五颗星并不像所谓的

"恒"星那样按刻板的方式升起和下落。这五颗星有奇特而复杂的运动。接连几个月，它们似乎是缓慢地在恒星之间游荡，有时绕出一个个圆圈。今天我们称它们为行星，在希腊文中这个词的意思是游荡者。我想我们的祖先只能用它表达出这样的奇特现象。

我们现在知道行星并不是恒星，而是受太阳引力束缚的其他世界。就在对地球的探测行将完成之际，我们开始认识到地球只是环绕太阳或银河系中其他恒星的不可胜数的成员之一。我们的行星和我们的太阳系被一个新的宇宙海洋——即深不可测的太空包围起来。比起地球上的海洋来说，它们将更难逾越。

也许这话说得早了一点，也许还完全不是时候。但是那些别的世界——大有希望的、不知其数的机遇——正在召唤我们。

在过去几十年间，美国和前苏联取得了一些令人震惊的历史性成就——这就是对从水星到土星的所有那些光点进行仔细的近距考察，这些星体引起我们祖先的好奇心并把他们引向科学。自从1962年成功的行星际航行开始以来，我们的飞行器已经飞越70多个新世界，或者环绕它们运行，或在它们上面着陆。我们已经在游星[1]之间游逛。我们发现了使地球上最高山峰相形见绌的庞大火山；还在两颗行星上找到古老的河谷，令人不可思议的是一颗行星太冷，而另一颗却太热，因而都没有流水。我们的发现还有：一颗巨行星的内部有容积相当于1 000个地球的液态金属氢；整个儿已经熔化了的若干卫星；一个大气中有腐蚀性的酸雾缭绕的区域，甚至其高原的温度都超过铅的熔点；铭刻着太阳系激烈形成过程真实记录的古老表面；来自冥外深

[1] 古代对行星的一种称呼。——译者

空隐蔽的冰冻星体；体现出引力之微妙和谐与结构精致的环系；还有一个被复杂有机分子云环绕的星体，而在地球的最早历史时期，这些有机分子促进了生命的起源。它们都默默地环绕太阳旋转，等待着我们去探索。

我们的祖先最初思考夜空中那些游荡光点的本质时，做梦也想不到由我们发现的种种奇观。我们探索地球和人类自身的起源。通过发现其他事物以及研究与地球或多或少相似的其他行星的各种可能命运，我们对地球更加了解。每一个星体都是可爱的和有启发意义的。但是就我们所知的情况来说，它们也都是荒无人烟和贫瘠的。在那里，找不到"更好的地方"。至少目前知道的情况是这样。

在从1976年7月开始的"海盗号"遥控探测期间，从某种意义上说，我在火星上度过了一年时间。我考察了巨砾与沙丘，甚至在中午还是红色的天空，古老的河谷，高耸的火山，严重的风暴侵蚀，由薄片叠成的两极区域，以及两个暗黑的土豆形卫星。但是没有生命——没有一只蟋蟀或一片草叶；就我们确切知道的情况而言，甚至连微生物也没有。这些行星并不像地球那样被生命所美化。生命是相当稀有的。你可以探测几十个星体，而发现其中只有一个出现了生命，并且进化和持续存在下去。

莱布和采娅的一生中在那时以前跨越过的最宽的只是一条河，但此后他们逐渐变为横渡海洋了。他们得到的最大益处是：在充满异国情调的大洋彼岸，竟有讲他们语言的其他人群。与他们至少有一些共同利益，甚至还有与他们休戚与共的人们。

在我们的时代，我们已经穿越太阳系，向恒星发射了4艘飞船。海王星离地球比纽约距巴格河岸远出一百万倍。但是在那些其他的世界上没有远方亲戚，没有人群，显然也没有期待着我们的生命。没有最近去的移民送信来帮助我们了解新的大陆。我们得到的只是没有知觉的、精确的自动机械使者以光速发送的数据。它们告诉我们，这些新世界并不太像我们的家园。可是我们得继续寻找生命。我们没有办法，只能这样做。生命寻找着生命。

地球上谁也担负不起太空旅行的费用，即使我们中间的首富。因此无论我们是很烦恼，或者失业了，还是应征入伍，或受到压抑，或者无论是否公正而被指控犯了罪，我们都不可能突如其来地收拾行装，飞赴火星或土卫六。谁也不会认为创办这类私人旅游业很快就会有高额利润。如果有朝一日人们飞往其他星体，这必定是由于一个国家或国际集团相信这样做对它有利，或者对人类有利。目前有太多的迫切任务在竞争经费，不会让我们把钱花在将人送往别的星体。

这正是本书的内容：别的世界，它们上面是什么在等待我们？关于我们自己，它们会说些什么？还有，针对人类目前面临的迫切问题，是不是值得到它们那里去？我们是否应该首先解决这些问题？或者这些问题正是该去的一个理由？

就许多方面来说，这本书对人类前途都持乐观态度。乍看起来，最前面几章对我们的缺陷似乎讲得太多。但是它们为形成我的论点提供了必要的精神与逻辑基础。

我竭力为一个问题进行不只是单方面的论述。在有些地方，我好像在和自己争论。我是这样做的。想到不只是从单方面看问题的优点，我常常和自己争辩。我希望到最后一章可以阐明我的论据。

　　本书的提纲大致是这样的：首先我们审查在整个人类历史上广泛流传的论点，即我们的世界与人类都是独一无二的，甚至在宇宙的运转和演化中都起了核心作用。我们按最近的空间探测与发现的步伐来考察太阳系，然后评估为把人送入太空而共同提出的理由。在本书最后也是推测性最强的部分，我描绘自己对人类未来的太空家园的长远设想。

　　本书讲述的是对我们的坐标、我们在宇宙中地位的一种新的认识，而这种认识仍然只是缓慢地为人们所接受。当然，在我们的时代，即便这条开放的道路对我们的呼唤声变低了，人类未来的一个主要部分仍会远在地球之外。

# 目　录

太阳系空间探测的早期杰出成就 / I

"科学先生"卡尔·萨根（代序）/ V

译者序 / XIX

漂泊者（作者序）/ XXI

第 1 章　你在这里 / 1

第 2 章　光行差 / 9

第 3 章　大降级 / 21

第 4 章　并非为我们造的宇宙 / 39

第 5 章　地球上有智慧生命吗 / 57

第 6 章　"旅行者号"的胜利 / 71

第 7 章　在土星的众多卫星之间 / 87

第 8 章　第一颗新行星 / 101

第 9 章　太阳系边缘的一艘美国飞船 / 113

第 10 章　神圣的黑暗 / 131

第 11 章　昏星和晨星 / 143

第 12 章　大地熔化了 / 153

第 13 章　"阿波罗"的礼物 / 167

第 14 章　探测其他行星和保护地球 / 179

第 15 章　奇异世界的大门打开了 / 191

第 16 章　测天有术 / 217

第 17 章　日常的行星际暴力事件 / 239

第 18 章　卡马里纳的沼泽 / 257

第 19 章　改造行星 / 275

第 20 章　黑 暗 / 293

第 21 章　上天去 / 309

第 22 章　踮着脚穿过银河系 / 321

注释 / 345

参考文献 / 357

致谢 / 366

# 第 1 章

## 你在这里

　　整个地球只不过是一个小点，而我们自己居住的地方仅是它的一个极小角落。

　　　　——罗马帝国皇帝奥里利厄斯（Marcus Aurelius）

　　　　《自省录》卷四（约公元170年）

　　天文学家们一致宣称，围绕整个地球走一圈，在我们看来，似乎是无穷无尽的，但与浩瀚的宇宙相比，它不过像一个小点。

　　　　——马塞林纳斯（Ammianus Marcellinus，

　　　　约公元330年~395年），《纪事史》

　　　　中最后一位重要的罗马帝国历史学家

　　空间飞船已经远离家园，越过最外层行星的轨道，并高悬在黄道面上空（黄道面是一个假想的平面，我们可设想它有点像跑道，诸行星的轨道基本上都局限在这个平面内）。飞船正以每小时64 000千米（40 000英里）的速度飞离太阳。但是在1990年2月初，它接到了来自地球的一个紧急指令。

　　它恭顺地掉转照相机，指向现在已经相距很远的行星，把它扫描的目标从天空的一处转向另一处。它拍摄了60张照片，并在磁带记录器上以数字的方式把它们储存起来。然后在3月、4月和5月，它缓慢地把数据用无线电波传回地球。每幅照片含有640 000个单独的图像单元（像素），它们就像报纸上有线传真照片或法国印象派画家绘画中的小点子。空间飞船离地球 59 亿千米（37 亿英里），远到每个像素以光速传播也要经过 5.5 小时才能为我们接收到。这些图像本来可以早些发送回来，但是在加利福尼亚、西班牙和澳大利亚接收这些来自太阳系边缘的微弱信号的大型射电望远镜，正对在太空海洋中遨游的其他飞船（包括飞往金星的"麦哲伦号"以及在艰难的旅途上飞往木星的"伽利略号"）执行任务。

"旅行者 1 号"高悬在黄道面之上，这是因为它在 1981 年对土星的巨大卫星土卫六作了一次近距探测。它的姊妹飞船"旅行者 2 号"的轨道不一样，是在黄道面内，因此它能够完成对天王星与海王星的著名的观测。两艘"旅行者号"飞行器考察了 4 颗行星和将近 60 颗卫星，它们是人类工程技术的胜利，也是美国空间计划的一个荣誉。在当代许多别的事情被人遗忘的时候，它们仍将永垂史册[1]。

两艘"旅行者号"飞船只被保证工作到与土星交会为止。我想恰在土星之后，让它们最后一瞥家园是一个好主意。我知道，从土星处看地球太小，因而"旅行者号"不能察觉任何细节。我们的地球只是一个光点，一个孤独的像素，很难与"旅行者号"能够看见的许多别的光点（包括附近的行星和遥远的恒星）区分开来。但正是由于这显示出我们的世界毫不引人注目，这种照片才值得拍摄。

水手们煞费苦心地测绘大陆海岸线。地理学家用这些发现制作地图和地球仪。地球上小块区域的照片，最早是用气球和

---

[1]　"旅行者 1 号"飞船现已飞入星际空间，成为了人类首个完全脱离太阳物质影响的航天器。——译者

飞机拍摄的，后来是用作短暂弹道飞行的火箭，最后是用轨道太空飞船。飞船拍到的远景就像你的眼睛在离一个大地球仪2.5厘米（1英寸）处看到的图像。几乎每个人都学过，大地是一个圆球，我们都由重力吸附在它上面。然而我们所在世界的真实情景，却直到"阿波罗"对整个地球拍摄了一幅装满镜框的著名照片后才真正看清。这张照片是"阿波罗17号"的宇航员在人类最近一次飞往月球时拍摄的。

这张照片可说是已经成为当代的一幅圣像。此照片上面有南极，这是欧洲人与美洲人都乐意把它当作底部的地方。此外，整个非洲在照片上面展现出来：你可以看到最早的人类居住过的埃塞俄比亚、坦桑尼亚与肯尼亚。右上方是欧洲人称之为近东的沙特阿拉伯，在顶端是勉强可以看出的地中海，整个世界的文明有很大一部分都在它的周围出现。你能够辨认出海洋的蓝色，撒哈拉和阿拉伯沙漠的黄红色，以及森林与草原的褐绿色。

然而，在这张照片上没有人类的迹象，看不出我们对地球表面的改造，也看不到我们的机器和我们自身。我们太微小，我们治理国家的本领太弱，以至于在位于地球与月球之间的空间飞船上看不出来。从这个有利位置看来，我们的民族主义情感在任何地方都不明显。"阿波罗"的地球照片告诉广大群众的是天文学家熟悉的事情：在行星的尺度上说（更不用谈恒星与星系了），人类是微不足道的，它只不过是在一块偏僻与孤独的岩石和金属混合体上面的一薄层生命。

我认为，如从更远出千万倍的地方拍摄另一张地球照片，对于进一步了解我们真正的环境和情况是有帮助的。古代的科学家和哲学家就已熟知，在浩瀚的、无所不包的宇宙中，地球只是一小点，可是谁也没有看见过像这样的地球。这里谈的是我们的第一次（也许在今后几十年中也是最后一次）机会。

美国国家宇航局的许多从事"旅行者"计划的人都是支持我的。不过从太阳系外围看来，地球离太阳很近，就像一只绕着火光飞的飞蛾。我们是否愿意冒飞船上的视像管被烧毁的危险，把摄像机紧对着太阳？还是等一等，如果飞船存在的时间够长，等到所有的从天王星和海王星拍起的科学照片都拍摄完毕，再拍这一张，这样是否好一些呢？

于是我们等待，而这也是一件好事情——从 1981 年探测土星，到 1986 年探测天王星，再到 1989 年两艘飞船都已越过海王星和冥王星的轨道，时候终于来到。但是有一些仪器校准工作需要先完成，因此我们再等一段短时间。虽然飞船都是在适当的地点，仪器也工作得好极了，并且没有其他的照片需要拍摄，但有几个设计人员还是提出反对意见。他们说，这不是科学。随后我们发现，国家宇航局雇用的设计并向"旅行者"发送无线电指令的技术人员，因该局经费紧缩而即将被解雇或调到别的工作岗位。如果要拍照片，必须马上就做。在最后一分钟——实际上正是在"旅行者 2 号"与海王星会合之际——当时的国家宇航局行政长官、海军少将特鲁利（Richard Truly）出面干预并决定要拍到这些照片。国家宇航局下属喷气推进实验室的空间科学家坎迪·汉森（Candy Hansen）和亚利桑那大学的波尔科（Carolyn Porco）设计了指令程序，并计算出照相机的曝光时间。

于是它们就在这里——在行星周围以及散布在遥远恒星背景上的一套正方框形镶嵌图上。我们不仅拍摄了地球，而且还拍摄了太阳的九个[1]已知行星中其他的五个。最内层的水星淹没在太阳的光芒中，火星和冥王星太小、太暗，并且后者太远。天王星与海王星很暗，拍摄它们需要很长的曝光时间；因此它们的图像由于飞船运动而模糊不清。一艘外来的空间飞船，在经历漫长的星际航行后接近太阳系时，它所看到的行星图像就是这样。

甚至使用"旅行者"装载的高分辨率望远镜，从这样远的地方来看，行星也只是一些模糊或不模糊的光点。它们就像在地球表面用肉眼看到的行星，即一些比大多数恒星更亮的光点。经过几个月，地球和其他行星一样，看起来也在恒星之间移动。单纯靠观看这些光点中的一个，你完全不能说出它是什么，它上面有什么，它过去情况如何，以及目前那里有没有人居住。

由于太阳光在空间飞船上面反射，地球好像位于一束光线中，对这个小小的世界，这似乎有某种特殊的含义。但这仅是几何学和光学原因造成的事故。太阳在各个方向上均匀地发出辐射。如果拍照的时间早了一点或迟了一点，就不会有太阳光强烈照射在地球上。

还有，淡蓝色是怎么一回事？这种颜色一部分来自海洋，一部分来自天空。虽然玻璃杯里的水是透明的，但它吸收的红光比蓝光稍多。如果你观察的是几十米或更深的水，红光被吸收掉了，反射到空气中的主要是蓝光。同样地，对短距离视线来说，空气好像是完全透明的。然而，绘画大师达·芬奇（Leonardo da Vinci）说得有点道理，物体越远，它看起来越蓝。为什么？

---

[1] 2006 年 8 月 24 日，经国际天文学联合会大会投票，通过新的行星定义，决议将冥王星排除行星行列，太阳系行星数量由九颗减为八颗。——译者

因为空气向四周散射的蓝光远多于红光。地球光点的蓝色来自它很厚但却透明的大气层，以及它的深海。那么白色呢？在一般的日子里，地面大约有一半为白色的带水蒸气的云所覆盖。

我们能够解释这个小小世界的淡蓝色，这是因为我们很了解它。一个刚刚来到我们太阳系边沿的外星科学家，是否能够有把握推论出海洋和云层，以及稠密大气呢，那就不一定了。举例来说，海王星是蓝色的，但这主要是由于其他原因。从那个远方的有利地点看来，地球似乎没有任何令人感兴趣的特点。

但是对于我们，情况就不同了。再看看那个光点，它就在这里。这是家园，这是我们。你所爱的每一个人，你认识的每一个人，你听说过的每一个人，曾经有过的每一个人，都在它上面度过他们的一生。我们的欢乐与痛苦聚集在一起，数以千计的自以为是的宗教、意识形态和经济学说，每一个猎人与粮秣征收员，每一个英雄与懦夫，每一个文明的缔造者与毁灭者，每一个国王与农夫，每一对年轻情侣，每一个母亲和父亲，满怀希望的孩子、发明家和探险家，每一个德高望重的教师，每一个腐败的政客，每一个"超级明星"，每一个"最高领袖"，人类历史上的每一个圣人与罪犯，都在这里——一个悬浮于阳光中的尘埃小点上生活。

在浩瀚的宇宙剧场里，地球只是一个极小的舞台。想想所有那些帝王将相杀戮得血流成河，他们的辉煌与胜利，使他们成为光点上一个部分的转眼即逝的主宰；想想这个像素的一个角落的居民对某个别的角落几乎没有区别的居民所犯的无穷无尽的残暴罪行，他们的误解何其多也，他们多么急于互相残杀，他们的仇恨如何强烈。

我们的心情，我们虚构的妄自尊大，我们在宇宙中拥有某种特权地位的错觉，都受到这个苍白光点的挑战。在庞大的包容一切的暗黑宇宙中，我们的行星是一个孤独的斑点。由于我们的低微地位和广阔无垠的空间，没有任何暗示，从别的什么地方会有救星来拯救我们脱离自己的处境。

地球是目前已知存在生命的唯一世界。至少在不远的将来，人类无法迁居到别的地方。访问是可以办到的，定居还不可能。不管你是否喜欢，就目前来说，地球还是我们生存的地方。

有人说过，天文学令人感到自卑并能培养个性。除了我们小小世界的这个远方图像外，大概没有别的更好办法可以揭示人类妄自尊大是何等愚蠢。对我来说，它强调说明，我们有责任更友好地相互交往，并且要保护和珍惜这个淡蓝色的光点——这是我们迄今所知的唯一家园。

# 第 2 章

## 光行差

> 如果把人类从这个世界上迁走，剩下的似乎都杂乱无绪，没有意向或目标……并走向一无所有。
>
> ——培根（Francis Bacon）
> 《古人的智慧》（1619）

德鲁扬（Ann Druyan）建议做一个实验：再一次回头看看前面一章谈到的淡蓝色光点。好好地看着它。随便你凝视它多久，于是就竭力使你自己相信，上帝是为了居住在这粒尘埃上约1 000万种生物中的一种而创造了整个宇宙。现在更进一步：设想一切事物都只是为了这种生物的个别生灵，或人类两性之一，或某种族或某宗教教派而创造出来的。如果这并不使你感到靠不住，那就另取一个光点吧。设想它上面居住着另一种形式的智慧生命，他们也坚持有一个上帝为他们的利益创造了一切。你对他们的主张会认真对待吗？

"你看见那颗星了吗？"

"你说的是那颗红色亮星吗？"他的女儿反问道。

"是的。你知道它也许已经不在那里了。它此刻可能已不存在了——爆炸了或者出现了别的什么情况，但它的光线仍在跨越太空，现在刚刚射到我们的眼睛。但是我们看不见它现在的样子，我们看见的是以前的它。"

很多人在第一次面对这个简单的真理时，都有一种激动惊奇的感觉。为什么？为什么竟会如此难以令人置信？在我们小小的世界里，对一切实际效果来说，光线传播都是一瞬间的事情。如果一个灯泡在发光，它当然是在我们看见它的地方发射光线，我们伸手去碰它，它确实是在那里热得烫手。如果灯丝烧坏，那么光就没有了。在灯泡报废并从插座上取走以后，我们不会在原来的地方看见它还在发光照亮房间。这个想法本身似乎是毫无意义的。但是如果我们离太阳非常远，即使它整个消失了，我们仍然看见它光耀夺目；在许多年（事实上，这要看传播得很快但并非无限快的光线穿越辽阔的太空需要多久）之后，我们可能还不知道它已经消亡了。

恒星和星系离我们非常遥远，这意味着我们在太空中看见的任何星体都属于过去——它们中有一些还是在地球形成之前的样子呢！望远镜是时间机器。很久以前，当一个早期星系开始把光线射入四周漆黑的空间时，没有一个证人会知道几十亿年后有些遥远的岩石和金属块、冰以及有机分子会聚集起来，形成一个叫作地球的地方；也不会想到生命将出现，并且会思考的生物会进化到某一天能够抓住那个星系的一丝光，并设法猜出是什么东西把它发射出来。

从现在算起大约再过 50 亿年，在地球死亡之后，在它被烧焦或甚至被太阳吞没之后，还会出现别的行星、恒星和星系，而它们对以前有过一个叫地球的地方会毫无所知。

几乎从来没有人认为这是一种偏见。与此相反，这个想法似乎是适当的和公正的，即由于出生的偶然性，我们的群体（无论是什么样的）应该在整个社会中占有一个中心位置。无论是法老王侯和金雀花王朝[1]的王位觊觎者，抢劫自己领地上过路人的贵族以及中央委员会官僚的子女们，市井恶棍与对别国的侵略者，信心十足的多数派成员，还是默默无闻的派别和受人辱骂的少数派，这种只顾自己的态度就像呼吸空气一样是自然而然的。它从毒害人类的性别歧视、种族主义、国家主义和其他死硬的沙文主义等精神污染中得到支持。有些人向我们保证说，我们比起同辈人拥有一种明显的，甚至是上帝赋予的优越性。要抵制他们的奉承，我们需要不平凡的品格和毅力。我们妄自尊大得越没有道理，我们对那一类胡言乱语的诱惑就越是招架不住。

因为科学家也是人，类似的主张侵蚀了科学家的世界观也就不足为奇了。实际上，科学史上许多重大争议（至少有一部分）是与人类是否特殊有关。几乎总是这样，从一开始便假设我们是特殊的。然而对这个前提进行严格检验后，结果往往会令人沮丧——我们并不特殊。

我们的祖先在露天居住。他们对夜空是熟悉的，就像我们大多数人对令人喜爱的电视节目一样。太阳、月亮、行星和恒星都从东方升起并在西方落下，在这中间穿越头上的天空。天体的运行不只是一种令人肃然起敬地点头和啧啧称道的规则，它还是确定时刻和季节的唯一办法。对猎人和采集者以及农业民族来说，观察天象是一桩生死攸关的大事。

太阳、月亮、行星和恒星都是构造精美的宇宙时钟的一部分，这对我们是何等幸运的事情！看起来这不是偶然的。它们都为

---

[1]　1154～1399年间的英国王朝。——译者

了一个目的，即为我们的利益而安装起来。还有谁会使用它们？它们还会有什么其他的用途？

既然太空中的发光体都绕着我们出没，难道我们是在宇宙的中心还不是显而易见的吗？这些天体清清楚楚地是受神灵力量的支配，我们赖以取得光和热的太阳尤其如此。它们都像对君王卑躬屈膝的朝臣一样，绕着我们旋转。即使我们并未预料到，对苍穹最基本的察看就说明我们是特殊的。宇宙看来是为人类设计的。细想这些情景而不因自豪与自信而感到激动，这是难以办到的。整个宇宙都是为我们创造的！我们真是了不起啊！

我们的重要地位得到日常天象观测的证实。这种令人心满意足的论证，使地球是宇宙中心的想法成为超越文化的真理。在学校里讲授它，被收入专门用语，并成为文学名著与圣经的重要内容。持不同意见的人受到责难，有时甚至折磨致死。在人类历史的长河中，没有人提出疑问，这是不足为奇的。

它是我们从事粮秣搜寻和狩猎的祖先的观点，这是无疑的。古代的伟大天文学家托勒玫（Claudius Ptolemaeus）在公元 2 世纪就知道大地是一个圆球，还知道与恒星的距离相比，它不过是"一个小点"，他宣称地球"正是在宇宙的中心"。亚里士多德（Aristotle）、柏拉图（Plato）、圣奥古斯丁、阿奎那（Thomas Aquinas），以及在 17 世纪之前 3 000 年间所有文明国家的几乎全部的伟大哲学家与科学家都有这种错觉。有些人热衷于设想日月星辰怎样能够精巧地依附在完全透明的水晶球上。这些球当然是以地球为中心的大球，可以解释世世代代天文学家精心记录的天体复杂运动。并且他们成功了：经过后来的修改，地心假说能够适当地说明在公元 2 世纪以及 16 世纪所知道的行星运动现象。

从这里出发只须做一点引申，就可以得出更加宏大的主张——即柏拉图在《蒂迈欧篇》中断言的：没有人类，世界的"完美"是不完全的。诗人和牧师多恩（John Donne）在1625年写道，"人……是一切。他不是世界的一部分，而是世界本身，仅次于上帝的光辉，他是世界存在的缘由。"

然而，不管有多少国王、教皇、哲学家、科学家和诗人都持相反的意见，在过去几千年间，地球仍顽强地坚持绕太阳旋转。你可以设想有一位严厉的外星观察家，他从古到今一直在俯视着人类，看见我们兴奋地叫嚷："宇宙是为我们创造的！我们是在中心！一切东西都效忠于我们！"他会得出结论，说我们的自作聪明是可笑的，我们的雄心壮志是可悲的，这个行星上的人尽是白痴。

但是这样的判断是太苛刻了。我们已尽力了。可是常见的现象和我们内心的愿望不幸地相符合了。在我们面前明明白白的事实似乎证实了我们的偏见，这时我们不倾向于太认真。何况只有很少一点反对的证据。

千百年来，从薄弱的对立面可以听到一点异议的声音，主张要谦逊、有远见。在科学的曙光出现时，古希腊与古罗马首先主张物质是由原子构成的哲学家 [ 诸如德谟克利特（Democritus）、伊壁鸠鲁（Epicurus）及其追随者，还有第一位科普作家卢克莱修（Lucretius）] 在一片反对声中提出，众多的世界与外星的生命形式都和我们一样，是由同样的原子构成的。他们提出空间与时间的无限性，供我们考虑。但是按西方广泛流行的信条，无论是世俗的还是僧侣的，异教的还是基督教的，原子论思想都遭到非议。相反地，人们认为：天界毕竟不像人间，天国是不变的和"完美的"，地球是可变的和"腐朽的"。古罗马政治家与哲学家西塞罗（Cicero）把这种共同的观点归纳为："在天界……没有任何侥幸或意外，没有差错，没有挫折；有的只是完美的秩序、精确性、深思熟虑和规律性。"

哲学与宗教告诫人们，众神（或上帝）远比我们要强大得多，尽管我们对他们的特权感到妒忌，并急于想反掉他们那种难以忍受的傲慢，取得公平地位。与此同时，这些教规并没有提醒人们，关于宇宙如何安排的教义是一种奇想和骗局。

哲学和宗教只是把一种见解当作必然的事情，而这种见解也许是可以用观测与实验来推翻的。但是这一点也不会使他们感到困扰。他们几乎没有想到，他们顽固坚持的一些信念原来可能是错的。别人应当遵守教规上的谦逊品德，而他们自己的教义是绝对和一贯正确的。事实上，他们有更好的理由应该比他们所主张的更谦虚。

在 16 世纪中叶，从哥白尼（N. Copernicus）开始，一场辩论正式出现了。把太阳而不是地球当作宇宙中心的图像，被认为是危险的。许多学者被迫很快向教廷保证，这种新奇的假说对传统观念并不构成严重的威胁。作为一种平分秋色的折衷方案，可以把日心体系只当作便于计算的设想，而不是真正的天文现实。这就是说，正如尽人皆知的那样，地球确实是在宇宙的中心；但是如果你想预测后年 11 月的第二个星期二木星在何处，便可让你假定太阳是在宇宙的中心。这样一来，你就可以继续作计算，而不触犯当局。[1]

17 世纪初期梵蒂冈第一流的神学家贝拉明（Robert Cardinal Bellarmine）写道："它没有什么危险，并且能满足数学家的需要。但是要肯定太阳真正是固定在天穹的中心，以及地球很快地绕太阳旋转，却是一桩危险的事情。它不仅会激怒神学家和哲学家，还会损害我们的神圣信仰，并使《圣经》也成为错误的了。"

贝拉明在另一个地方写道："信仰自由是有害的。它只不过是犯错误的自由。"

此外，如果地球是在绕太阳运动，那么每隔六个月，我们的视线从地球轨道的一侧移到另一侧时，附近的恒星就会在更远恒星的背景上，看起来是在移动，但是没有发现过这种"周年视差"。哥白尼学说的支持者辩解说，这是因为恒星极为遥远——可能比地球离太阳要远出 100 万倍。也许将来更好的望远镜会发现周年视差。地心说学者们把这当作拯救一个有毛病的假说的一根可以抓住的稻草，这是荒唐可笑的。

当伽利略把第一架天文望远镜指向天空时，潮流就转向了。他发现木星有一小批绕着它旋转的卫星，而里面的卫星比外面的转得快，这恰和哥白尼对行星绕太阳运动推断出的结果一样。伽利略发现水星与金星显示出和月亮相同的相位变化（这表示它们绕太阳运转）。进一步说，月球上有环形山以及太阳上有黑子都是对天体完美无缺论的挑战。这可能部分地引起 1 300 年前特塔利安（Tertullian）所感到的那种苦恼，当时他辩解说："如果你有理智和谦逊，就不要窥探天穹了解宇宙的命运和秘密。"

正好相反，伽利略主张我们可以通过观测和实验向自然界提出疑问。于是，"乍看起来似乎是不大可能的事实，即使在较少的理性解释情况下，也会脱掉遮掩它们的伪装，让赤裸的和简明的美显现出来"。难道不是这些连怀疑论者都想得到确认的事实，形成比神学家的一切臆测都更为可靠的对神创宇宙的认识？但是对那些坚信宗教不可能出错的人来说，如果他们的信仰与这些事实相抵触，又该怎样说呢？红衣主教们威胁这位年迈的天文学家，如果他坚持宣扬可恶的地动学说，就要对他严刑拷打。他被判处软禁在家度过他的余生。

在一两代人之后，牛顿（Issac Newton）证明，如果你承认太阳是在太阳系的中心，那么用简明优美的物理学就可以定量地解释（甚至预测）一切观测到的月球与行星的运动。但到这个时候，地心学说的流毒还未肃清。

1725 年，埋头苦干的英国业余天文学家布拉德利（James Bradley）在试图发现恒星的视差时，无意中发现了光行差。我认为"差"这个词含有发现的意外性的意思。对恒星作整整一年的观测，就发现它们在天空背景上扫描出小椭圆，并且所有的恒星都是这样。这不可能是恒星视差，因为近距恒星会有大的视差，而遥远恒星的视差测不出来。与此不同，光行差有如在加速行驶的汽车上的乘客所见的，垂直下落的雨点变成倾斜下落的了；车子开得越快，倾斜就越厉害。如果地球静居于宇宙中心，并不在绕日轨道上奔驰，布拉德利就不会发现光行差。这是地球绕太阳运转的令人不能不相信的证明。大多数天文学家都信服了，但还有一些人不相信。布拉德利认为他们是"反哥白尼主义者"。

但是到 1837 年，直接的观测用最明确的方式证明了地球确实绕日运转。争议已久的周年视差终于发现了，不是用更好的论证，而是用更好的仪器发现的。这是因为说清楚它的含义，比起解释光行差更为直截了当。周年视差的发现非常重要，它给地心学说的棺材敲进了最后一根钉子。你只需要先用左眼，然后用右眼看你的手指，就会看到它好像移动了。每个人都能够懂得视差。

到 19 世纪，所有科学界的地心主义者都改换门庭或销声匿迹了。一旦大多数天文学家被说服了，流行的舆论很快就改变了，这在若干国家只是三四代人的事。当然，在伽利略和牛顿的时代或更晚一些时候，仍然有人在反对，他们企图阻止人们接受、甚至阻止人们知道新的以太阳为宇宙中心的学说。至少私下持保留态度的人是很多的。

到 20 世纪末叶，如果还有人坚持不让步，我们可以直截了当地解决这个问题。我们能够检验人类究竟是居住在一个以地球为中心的、行星镶嵌在透明水晶球上的系统内呢，还是在一个以太阳为中心的、行星由太阳引力远距控制的体系里面。举例来说，我们用雷达探测过行星。当我们向土星的一个卫星发出信号，收不到从镶嵌着木星的比较近的水晶球上发还的无线电回波。我们的宇宙飞船到达指定目标之精确令人吃惊，与牛顿的引力理论预测的完全吻合。按照几千年来盛行的权威见解，推动金星或太阳毕恭毕敬地绕核心的地球运转的是各个"水晶球"。因此，当宇宙飞船飞往某个天体（例如火星）时，它们会撞穿"水晶球"，这时它们的仪器应听到叮当声，并探测到破裂水晶体的碎片，可是这些情况根本没有出现。

当"旅行者 1 号"从最外层行星之外审视太阳系时，它所看见的正是哥白尼和伽利略说过的，太阳是在中心，而行星是在环绕它的同心轨道上。地球绝非宇宙的中心，它只是绕日运行的小圆点之一而已。我们已经不再是局限在一个单独的世界，而是我们现在能够到达其他世界，并明确地断定我们栖息的是哪一种行星系。

把人类从宇宙中心的舞台上移开的其他方案多得不可胜数，而它们中每一个都或多或少由于类似的理由遭到抵制。我们似乎热衷于特权，引以为荣的不是我们的功绩，而是出身——仅仅因为我们是人类，并且生在地球上。我们可以把这种观点叫作以人类为中心的自大狂。

把这种自大狂推向顶峰的就是：我们是按上帝的形象塑造的观念，因此整个宇宙的创世主和统治者看起来正和我一个样子。与我的形象相似，这是怎样的一种巧合啊！多么舒服和惬意啊！公元前 6 世纪的希腊哲学家色诺芬尼（Xenophanes）了解这种观点是何等狂妄自大：

"埃塞俄比亚人认为他们的神是黑皮肤和塌鼻子的；色雷斯[1] 人却说他们的神有蓝眼睛与红头发……是的，如果牛、马或狮子有手，会用它们的手来作画，并且像人一样制作工艺品，那么马所绘出的神像马，而牛就像牛……"

过去有人称这种态度是"狭隘的"。它表现为一种朴素的期望，即把一个偏僻地区的政治集团与社会习俗扩充到一个含有许多不同传统和文化的庞大帝国；把我们所熟悉的偏僻乡村

---

[1]　爱琴海北岸的一个地区，分属于希腊和土耳其两国。——译者

看成世界的中心。乡巴佬对外界会出现的事物几乎一无所知。他们不了解自己乡下的微不足道及帝国的形形色色。他们心安理得地把自己的标准与习俗运用于地球的其他部分。但是扑通一下掉入维也纳、汉堡或纽约，他们会沮丧地认识到，自己真是井底之蛙。他们也就"非狭隘化了"。

当代科学是在未知领域中的航行，走过的每一步都留下怯懦的教训。很多旅客宁可留在家里。

# 第 3 章

## 大降级

[一位哲学家]宣称他了解全部秘密……[他]从头到脚考察了两个天外来客，并当着他们的面断言他们两个人，还有他们的世界、他们的太阳和他们的星星都纯粹是为了供人类使用而创造出来的。听到这样的言论后，我们的两位旅客禁不住大笑起来，相互跌靠在一起。

——伏尔泰（Voltaire）《哲学史》（1752）

到 17 世纪还有人希望，即使地球并非宇宙的中心，它还会是唯一的"世界"。但是伽利略的望远镜发现"月球肯定没有平滑的表面"，而其他行星看来"恰和地球本身的面目一样"。月球和行星明确无误地表明，它们都很有资格是和地球一样的世界——它们都有山脉、火山口、大气层、极区冰盖和云层，并且土星周围还有令人眼花缭乱的、前所未闻的一系列圆环。在历时几千年的哲学争论后，这场争论以肯定有利于"存在众多世界"的观点得到了解决。别的世界可能与我们的地球大不一样，未必有哪一个对生命适宜，但是地球不会是唯一的世界。

这是一系列大降级中的第二个。它贬低灵性的感受，表明我们显然是微不足道的，并在探究伽利略发现的现象中，科学对人类的骄傲造成创伤。

有些人希望："好吧，即使地球不在宇宙中心，太阳总在吧。太阳是我们的太阳，因此地球近似地还是在宇宙中心。"也许这样可以多少挽回一点我们的体面。但是到 19 世纪，观测天文学已经弄清楚了，在亿万个太阳靠自身引力聚集而成的巨大银河系中，我们的太阳不过是一颗孤独的恒星。它远非位于银河系的中心，它和伴随它的既暗又小的行星一起，处于一条不显眼的旋臂中一个平凡的位置上。我们距中心有 3 万光年。

"好吧，那我们的银河系是唯一的星系。"在为数几十亿甚至几千亿个星系中，我们的银河系不过是其中之一，它无论在质量、亮度以及所含恒星的形态与排列上，都没有引人注目之处。有些现代的深空摄影表明，银河之外的星系比起银河之内的恒星还要多。每个星系都是一个大约含有几千亿个太阳的宇宙岛。这样一幅图像深刻地启迪人类应当谦逊。

"那么，好吧，至少我们的银河系是在宇宙中心。"不是的，这也错了。当宇宙膨胀首次发现时，许多人自然而然地倾向于银河系是在膨胀中心的观念，而其他的一切星系都奔离我们。我们现在认识到，在任何一个星系上的天文学家们都会看见所有别的星系都在奔离他们。如果他们不是很细心，他们也都会得出结论，说他们是在宇宙的中心。事实上膨胀并没有中心，也没有大爆炸的发源点——至少在一般的三维空间是这样。

"也好吧，就算有几千亿个星系，每个星系都有几千亿颗恒星，但没有哪一个别的恒星拥有行星。"如果在我们的太阳系之外没有其他的行星[1]，那么在宇宙中大概不会有别的生命。这样一来，我们的唯一论便得救了。由于行星很小，仅靠反射太阳光而微弱发光，故它们难以被发现。尽管应用技术突飞猛进，

---

[1]　目前，天文学家已经在太阳系外发现了上千颗外星行星，证明在银河系的千亿颗恒星周围，行星的存在其实是一个普遍现象。——译者

在最近的恒星——半人马座 α 附近，即使有像木星这样庞大的行星环绕它运行，仍然难以察觉[1]。我们的无知使地球中心论者找到希望。

曾经有过一个科学假说（虽未得到公认，却很流行）认为我们的太阳系是由古代太阳与另一恒星在近距碰撞后形成的。被引力潮相互作用拉出的太阳物质，迅速凝结成行星。因为太空基本上是空旷的，而恒星近距碰撞极为罕有，于是人们认为现有的其他行星系很少——也许只有一个，就是在很久以前参与形成我们太阳系中行星的另一颗恒星的周围。在我从事研究工作的早期，我感到惊奇和失望，这种观点竟受到认真对待。对于其他恒星有行星的证据不存在竟被当作不存在行星的证据。

今天我们有确凿的证据表明，有一颗密度极高的恒星（编号为 B1257+12 的脉冲星，我在后面还会更多地谈到它）至少有三颗行星环绕它旋转。此外我们发现，一半以上质量与太阳相近的恒星，在早期都有环绕它们的巨大气体与尘埃盘，而行星似乎就是从这些盘中形成的。现在看来其他的行星系在宇宙中也是寻常事，甚至可能有和地球相似的世界。在今后几十年中我们应该至少能对几百颗近距恒星找出它们可能存在的较大行星。

"好吧，如果我们在空间的位置并不显示我们的特殊地位，但我们在时间上的地位却是独特的：从开天辟地之时（相差几天无所谓）起，我们就在宇宙中了。造物主把特殊责任托付给我们。"过去一度似乎很合乎情理地认为，宇宙的诞生只比人类已知的历史和我们未开化的祖先早一点。一般说来，这是在

[1] 半人马座 α 周围已经发现了一颗行星。——译者

几百年或几千年以前。声称能够说明宇宙起源的各种宗教，往往含蓄地或明确地指出宇宙创始的大致日期，即我们这个世界的诞生日。

举例来说，如果把《创世记》中所有的生育记载集合起来，你得出的地球年龄为 6000 年，也许稍多或稍少些。把宇宙的年龄说成和地球正好一样，这是犹太教、基督教等的部分人士至今仍信奉的准则，并在犹太历中明确反映出来。

但是这样一个年轻的宇宙引起一个令人尴尬的问题：有的天体是在 6 000 光年之外，这是怎么一回事呢？光在一年中走过一光年的路程，10 000 年走过 10 000 光年的路程，等等。当我看见银河系的中心时，我们看到的光在 30 000 年以前已经离开光源了。与我们的星系相似的最近的旋涡星系为仙女座中的 M31，它是在 200 万光年之外，因此我们现在见到的光是它在 200 万年前发出经过漫长旅途才到达地球的。此外，当我们观察 50 亿光年之外的遥远类星体时，我们看到的是 50 亿年前的它们，那时地球还没有形成呢（几乎可以肯定它们今天是大不一样了）！

如果我们不顾这一切，还要接受这样的宗教典籍中字面上的真理，那么该怎样协调这些数据呢？我想唯一可以接受的结论是，不久前上帝把到达地球的光线中所有的光子都做了一个有条理的安排，故意让历代天文学家误认为有星系和类星体这些东西，迫使他们得出宇宙浩瀚和这个古老虚假的结论。对这种荒谬透顶的神学理论，我还难以相信，那些对任何一本宗教书籍中神的启示多么虔诚的人，竟会认真地接受它。

除此之外，岩石的放射性年代确定、众多天体上大量的撞击坑、恒星的演化以及宇宙的膨胀，每一项都提供令人不得不信服的独立证据，表明我们的宇宙已经有好几十亿年了——尽管受人尊敬的神学家们自信地断言，一个这样古老的世界的看法直接与《圣经》的说法相抵触，而关于世界古老的信息，除了依靠信仰之外，是无论如何也无法得到的。¹这一系列的证据也应是一位骗人、恶毒的神制造的，除非世界真是比犹太教、基督教的盲从者们所设想的要古老得多。有许多信教的人都把《圣经》等当作历史典籍、道德准则与文学巨著看待，对他们来说，自然不存在这样的问题。他们会承认，这些权威著作对自然界的观点反映出在撰写它们时科学还很幼稚。

在地球出现前，岁月已在流逝。还有更长的时光流逝之后，它才会毁灭。地球有多老（大约 45 亿年）和宇宙有多老（从大爆炸算起，约 150 亿年 [1]），应当是有区别的。在宇宙创始与地球出现之间，有着漫长的时间间隔，约为宇宙年龄的 2/3。有些恒星及行星系要年轻几十亿年，有的则更古老几十亿年。但是按《创世记》第一章第一节，宇宙和地球是在同一天创造的。印度教、佛教、耆那教却倾向于不把两者混为一谈。

至于人类，我们是后来者。人类出现在宇宙时间的最后一瞬间。迄今为止，宇宙的历史在人类出现于舞台之前，已经过去了 99.998%。在极长的太古时期，我们不可能对我们的行星或生命，或任何其他事物承担任何特殊的责任，因为我们过去还不存在。

"好吧，如果我们对自己的地位或时代找不到任何特别之

---

[1]　现在最准确的关于宇宙年龄的数字是 138 亿年。——译者

处，也许我们的运动有某些特色。"牛顿和所有别的伟大经典物理学家认为，地球在太空中的速度构成一种"特别的参考系"，事实上有过这一名称。终生都对偏见和特权进行严肃批判的爱因斯坦（Albert Einstein），认为这种"绝对的"物理学是越来越声名狼藉的地球沙文主义的残余。在他看来，无论对何种观察者的速度或参考系，自然界的规律都是一样的。他以此作为自己的出发点，建立了狭义相对论。它的推论是古怪的、反直观的，并与常识大相径庭——但只对极高速度才是这样。仔细和重复的观察表明，他那理当驰名于世的理论是对世界如何构造的精确描绘，我们的常识性直观可能是错误的。我们的偏爱不能算数，我们并不是生活在一个特殊的参考框架中。

狭义相对论的一个推论是时间的"膨胀"——当观察者的运动速度接近光速时，时间变慢了。你仍然可以发现有人声称，时间变慢对于钟表和基本粒子，以及对植物、动物与微生物的生理节奏和其他节律也许都是适用的，可是对人体的生物钟不适用。有人假定，自然规律赋予人类以特别的免疫力，因此这些自然规律必定能够区分值得帮助的与不值得帮助的物质集合（事实上，爱因斯坦对狭义相对论提供的证明不容许有这样的区分）。认为人类对相对论是个例外的想法，似乎是特殊创生观念的又一种体现。

"好吧，即使我们的位置、时代、运动以及世界都不是独特的，但也许我们是绝无仅有的，我们和其他动物不一样，我们是特别创造的。宇宙的造物主对我们显然是情有独钟。"有人根据宗教和其他理由，热情地捍卫这个立场。但是，在 19 世纪中叶，达尔文（Charles Darwin）令人信服地证明，一个物种可以完全由自然过程演变成另一个物种，而这些自然过程使大自然无情地让适应的遗传特征保存下来，并把不适应的摒弃掉。"人类骄傲地自认为是神创造的伟大作品，"而达尔文在他的笔记本中简明地写道，"但是更谦虚的和我认为更真实的想法，是人类由动物进化而来。"这种人类与地球上其他生命形式深刻而密切的联系，在 20 世纪末叶已经由分子生物学这门新学科令人信服地证实了。

在每一个年代，沾沾自喜的沙文主义都受到某些科学争论的挑战。举例来说，有 20 世纪所研究的人类性的本质、无意识心理的存在，以及多种精神病和性格"缺陷"，都具有分子起因的事实。

好吧，即使我们和某些其他动物有密切关系，但我们是不一样的——不仅在程度上，还在本质上不同，这表现在一些真正重要的事情上，如推理、自觉性、工具制作、伦理观念、利他主义、宗教、语言以及高贵品格。当然，人类也像其他一切动物那样，具有某些把他们区分开来的特征（否则，我们怎能区分不同的物种），但是人类的唯一性说得言过其实了，有时夸大得很厉害。黑猩猩就能思维，有自觉性，能制作工具，有热情，等等。黑猩猩和人的活动基因有 99.6％是共同的（德鲁扬和我合著的《被遗忘的祖先影子》一书中，列举了种种证据）。

虽然通俗文艺也受人类沙文主义（加上想象力的缺乏）的影响，但有完全相反的情况出现：儿童读物和动画电影让动物穿上衣服，住进房屋，使用刀叉并会讲话。三只熊睡在床上。猫头鹰与猫咪乘一艘漂亮的嫩绿色小船下海。恐龙妈妈搂抱它们的孩子。鸸鹋发送邮件。狗开汽车。一条虫抓住小偷。宠物有人的名字。玩偶、果钳、杯子和茶盘会跳舞和发表议论。盘和匙一起跑开。在《坦克引擎托马斯》系列片中，我们甚至看到描绘得可爱的人形火车头和车厢。不管我们想的是什么，有生命的还是没生命的，我们都倾向于赋予它以人性，我们情不自禁。这些形象很容易被人们记起，孩子们显然喜爱它们。

当我们谈到"吓人的"天空，"兴风作浪的"海洋，金刚钻"对抗"摩擦，地球"吸引"经过的小行星，或者原子被"激发"，我们又一次接受了泛灵论世界观。我们把它们具体化了，我们脑海中的古老思维方法赋予无生的自然界以生命、感情和深谋远虑。

地球有自我意识的概念，近年来又流行起来，这可算是"盖娅"假设的延伸。但是对古希腊人和早期基督教徒来说，这却是寻常的信念。奥里根（Origen）怀疑是否"就其本性来说，地球也应对某种罪恶承担责任"。一大批古代学者认为星星是有生命的。这也是奥里根、圣安布罗斯（St.Ambrose，他是奥古斯丁的良师益友），甚至更够格地说，是阿奎那的见解。在公元前1世纪，西塞罗讲述过斯多噶学派关于太阳本质的哲理性主张，他说："因为太阳很像生物体内含有的那些火焰，太阳一定也是有生命的。"

泛灵论观点近年来似乎广泛流传。美国在1954年的一次调查表明，75%的人认为太阳没有生命；但在1989年，只有30%的人支持这个"轻率"的主张。对于汽车轮胎是否有某种感觉，在1954年90%的回答者否认它有情感，但在1989年只有73%。

谈到这里，我们可以承认自己了解世界的能力有缺陷——在某些情况下还很严重。特别是我们不论是否心甘情愿，似乎总是不得不把自己的本性扩展到大自然。虽然这会使世界的形象一直受到歪曲，但却有一个很大的优点——本性的扩展是情感的主要前提。

"是的，也许我们与猴子关系不大，也许是令人丢脸地有些关系，但至少我们是最优秀的生灵。除了上帝和天使，我们是宇宙中仅有的智慧生物。"有一位记者写信给我说："我对这一点和我亲身经历的任何事情一样肯定。在宇宙中其他任何地方都没有有意识的生命。因此人类回到了他作为宇宙中心的理所当然的地位。"然而受科学与科幻小说的部分影响，今天至少在美国大多数人扬弃了这个观点。这主要是由于古希腊哲学家克里西普斯（Chrysippus）提出的理由："如果谁认为在整个世界上没有任何人能超过他，那么他便是一个极为愚蠢且自高自大的人。"

但是我们至今还没有找到地外生命，这是一个确切的事实。我们现在仍是在搜寻的最早阶段，问题远未获得解决。如果我需要猜测——特别是考虑到人类沙文主义屡遭失败——我会猜想宇宙充斥着远比我们更聪明、更先进的生灵，当然我可能出错。这样的结论，充其量是根据行星为数众多，有机物到处都有，可供生物进化的时间极为漫长等而理所当然地得出的，它不是一种科学论证。这是整个科学中最迷人的问题之一。本书将谈到，我们正在创立认真研究它的手段。

对于人类能否创造出比自己更精明的智能这个有关问题，又该怎样说呢？计算机做数学演算总是胜过赤手空拳的人，还能战胜跳棋世界冠军和国际象棋大师，不仅能听懂英语及其他语言，还会讲这些语言，撰写像样的短篇故事和音乐曲谱，会从自己的错误中吸取教训，并能熟练地驾驶船舶、飞机与太空飞船。计算机的技能不断增进，它们越变越小、越快和越便宜。在人类智慧唯一性观点的孤岛上，仍有沉船的漂流人在设防，科学进步的浪潮逐年推进，拍打着它的岸边。如果在目前人类技术发展的早期，我们已能用硅和金属创造出智慧，那么在今后几十年或若干世纪又将会如何呢？一旦灵巧的机器能够制造更灵巧的机器，将会出现什么样的情景啊！

决不会完全放弃为人类寻求一个不该有的特权地位，或许对这一点最明确的象征便是物理学与天文学中所谓的人择原理，更好的名称是人类中心原理，它以各种形式出现。"弱的"人择原理只是认为，如果自然定律和物理常数——诸如光速、电子电荷、牛顿引力常数或普朗克量子力学常数——变得不一样，则那些导致人类起源的事物的演变过程原本永远不会发生。在其他定律与常数的情况下，原子便不会结合在一起，恒星演化会太快，致使附近行星上的生命没有足够的时间进化，行星上形成生命的化学元素就永远不会产生出来，等等。定律不同，便没有人类。

对下列的"弱"人择原理并没有争议：如果你能够改变自然界的定律和常数，一个大不一样的宇宙便出现了——在许多情况下，这是一个不容许有生命的宇宙[2]。单是我们存在这个事实就意味着自然界的规律有限制（但并不是把这些限制强加给自然界）。相比之下，各种"强"人择原理就显得太过火了。

它们的一些鼓吹者几乎可以推论出，自然定律与物理常数值的确定（不要问是怎样和由谁确定的）正是为了使人类终于会出现。他们说，几乎所有的其他可能的宇宙都是不适于人类居住的。就这样，宇宙是为我们创造的这种古已有之的骄傲自大又卷土重来了。

这种想法使我想起伏尔泰的《老实人》一书中的潘洛斯（Pangloss）博士。这个人物深信，尽管我们的世界有种种缺陷，却是可能有的最好的世界。这说起来就像玩桥牌，我拿到第一副牌就赢了。我明明知道自己可能拿到的牌有 $5.4 \times 10^{28}$ 种，却愚蠢地断言有一位桥牌之神，他宠爱我，从开天辟地之时起就预先特地把牌安排好，让我取胜。我们不知道在宇宙赌桌上有多少副其他会赢的牌，有多少种别的宇宙、自然规律和物理常数也能导致生命与智慧，甚至还会滋生妄自尊大的错觉。我们几乎完全不知道宇宙是怎样造就的——或者甚至不知道它是不是被造就的——因此要有效地追究这些想法是很困难的。

伏尔泰问道："为什么会有一切？"爱因斯坦的提法是要问，上帝在创造世界时是否有任何选择的余地。但是如果宇宙在时间上是无限的——如果大约150亿年前的大爆炸只是宇宙在无穷多次的收缩和膨胀中最近的一个起点——那么它从来没有被开创过，因此它为什么成为现在这样，这个问题就变得毫无意义了。

在另一方面，要是宇宙的年龄是有限的，它为什么会是现在的样子？为什么不具有大不相同的特征？哪些自然定律与其他哪些相匹配？有没有确定它们之间联系的总定律？我们能否发现它们？例如在所有可以想到的引力定律中，哪些可以和决定宏观物体真正存在的量子物理定律并存？是不是我们能够想得到的定律都是可能的，或者只有限定数目的定律由于某种原因才能存在？我们显然没有一线希望来确定哪些自然定律是"可能的"，而哪些不是。我们对自然定律之间可以"允许"有什么联系，确实连一点最起码的认识也没有。

举例来说，牛顿的万有引力定律规定，两个物体相互的引力与它们的距离平方成反比。你离地心的距离加倍，你的重量减到只有 1/4；距离变为 10 倍远，重量就仅为原来的 1/100；等等。正是这个平方反比定律使行星绕太阳和卫星绕行星的轨道是优美的圆和椭圆，也使我们的行星际飞船有了精确的轨道。令两个物体中心的距离为 $r$，我们说引力随 $1/r^2$ 变化。

但是如果这个指数不一样——如果引力定律不是 $1/r^2$，例如是 $1/r^4$——那么轨道就不是封闭的。在绕行几十亿圈之后，行星会向内盘旋，并在太阳炽热的深处烧毁；或者盘旋向外，消失在星际空间。如果宇宙不是按平方反比定律，而是按 4 次方反比定律构成的，那么早就没有供生灵栖息的行星了。

既然有各种可能的引力定律，为什么我们很幸运能够生活在一个适宜于生命的定律所控制的宇宙中呢？首先，我们当然是很"走运的"，因为如果不是这样，我们就不会在这里提出问题了。那些世代生存在行星上，总喜欢打破砂锅问到底的人们，只能在容纳行星的宇宙中才能找到，这并非秘密。其次，平方反比定律并不是唯一能够稳定存在几十亿年以上的定律。任何一个不像 $1/r^3$ 那样陡的幂律（例如 $1/r^{2.99}$ 或 $1/r$），都可以让行星在圆形轨道附近运行，即使它受到推力，情况也是这样。其他可以想象得到的自然定律也可能对生命适宜，而我们对这种可能性总是忽视了。

但是还有一点：我们有一个平方反比的引力定律，这并不是偶然的。在用包括范围更广的广义相对论来理解牛顿的理论时，我们认识到引力定律的指数是2，这是因为我们生存空间的物理维数是3。并非一切引力定律都适用，这不受上帝选择的支配。甚至把无穷多个三维宇宙交给某一位伟大的神来摆布，引力定律总归必须是平方反比定律。我们可以说，牛顿的引力在我们宇宙中并非偶然的，而是必然的。

根据广义相对论，引力来源于空间的广延性和弯曲。当我们谈到引力时，我们讲的是时空的局部起伏。这绝不是显而易见的，甚至违反常识。但是，作深刻的检验后便可知道，引力和质量的概念不可分离，它们都是时空所属几何学的衍生物。

我怀疑是否有像这样的事物，它并不普遍适用于一切人择假设。我们的生命赖以存在的定律或物理常数，原来只是一批（甚至一大批）定律与物理常数中间的一些——而别的定律和物理常数也可以与某种生命相容。我们往往没有（或不能）弄清楚其他的那些宇宙能让我们做些什么。此外，甚至宇宙的创造者也不能够随意挑选一个自然定律或物理常数。至于哪些自然定律和哪些物理常数可以供人选择，我们对这个问题顶多只是有一点零碎的了解。

进一步说，我们无法了解任何一个可供挑选的假想宇宙。我们没有验证人择假设的实验方法。即使由公认的理论——例如量子力学或引力理论——肯定地得出有这类宇宙存在，我们还不能确定是否有更好的理论可以预示并没有其他可供选择的宇宙。在那个时刻来临（如果会有这一天的话）之前，我认为，要相信作为人类中心论或唯一论的论据的人择原理仍为时过早。

最后，即使宇宙是有意识地让生命或智慧出现而创造的，在数不清的世界上还会有其他生灵。如果真是这样，这对认为我们是栖息在容许生命与智慧存在的极少数宇宙之一的人类中心论者来说，无异是一种使人气馁的安慰。

对人择原理的说法，有些地方狭隘得令人吃惊。是的，只有个别的自然定律和常数与我们的这种生命是相适应的。但是对一块岩石的形成，基本上也需要同样的定律和常数。因此，为什么不说宇宙是为了有一天出现岩石而设计的呢？并且为什么不说强和弱的"石择原理"？如果石头也能作哲理推究，我想"石择原理"也会成为知识的新领域。

按目前正在创立的一些宇宙模型，甚至整个宇宙也没有什么特殊之处。林德（Andrei Linde，以前在莫斯科列别捷夫物理研究所，现在在斯坦福大学）就把当代的强核力和弱核力以及量子物理学的理论，纳入一种新的宇宙模型。林德所设想的是一个浩瀚的宇宙，它比我们的宇宙要大得多——也许在空间和时间两方面都延伸到无穷大——它拥有的不是区区 150 亿光年的半径和 150 亿年的年龄。这样的宇宙和一般了解的宇宙一样，也有一种"量子云絮"[1]，在它里面比电子小得多的结构到处形成、变形和消散，并且空空如也的空间中的起伏形成基本粒子对——例如电子与正电子。在量子泡组成的泡沫中，绝大部分量子泡都是亚微观的，但是有小部分膨胀、变大，并达到可观的宇宙尺度。它们离我们太远——比一般承认的宇宙尺度，即 150 亿光年，要远得多——因此如果它们存在，似乎是完全无法

---

[1]　原文为"quantum fluff"。——译者

取得和发现的。

这些其他的宇宙，大多在达到最大范围后会坍缩，收缩成一点，并永远消失。别的一些宇宙会振荡，还有其他的会无限制地膨胀。在不同的宇宙中有不同的自然定律。林德主张，我们所栖息的宇宙的物理规律对宇宙的增大、暴胀、膨胀以及星系、恒星、行星和生命都是相宜的。我们设想自己的宇宙是唯一的，但它不过是大量（也许是无穷多个）同样确凿、同样独立、同样孤立的宇宙中的一个。有些宇宙有生命，而另一些却没有。这样看来，可观测的宇宙正是一个非常大、无限古老、完全观测不到的大宇宙中新近形成的穷乡僻壤。如果类似这样的想法是对的，甚至连我们自认为是生活在唯一宇宙中的这一点残留的骄傲（它应当是奄奄一息的了）也被否定了。

无论现在有无依据，也许某一天人类会研制出一种工具来窥视邻近的宇宙，那里的物理定律大不相同，于是我们会了解到还可能有什么别的天地。或者邻近宇宙中的居民也能窥视我们的宇宙。当然，我们作这种猜想已经远远超越了知识的界限。但是如果真有林德式的大宇宙，那么就还有一次令人惊讶的、毁灭性的反狭隘地方主义在等待着我们。

我们的能力还远不能在近期内任何时候创造出新的宇宙。强人择原理的想法还无法证实（虽然林德的宇宙确有某些可以检验之处）。且不谈地外生命，如果说人类中心论的自我安慰性主张现已退却到不接受检验的地步，那么一系列的（至少是大部分）反对人类沙文主义的科学论战似乎都赢了。

由哲学家康德（Immanuel Kant）总结出的，人们长期信奉的观念，即"没有人……整个宇宙便只是一片荒芜，一切空虚，并且没有最后的结局"，现在发现这是自我放纵的傻话。一种"平庸原理"似乎适用于我们的一切环境。人类在过去无法预见到，已经反复和彻底检验过的证据会与人类位于宇宙中心的论断水火不相容。但是大部分争论现都已得到最后解决，尽管结论令人痛苦，它肯定是支持这一句简练的话：在宇宙戏剧中，我们不是主角。

也许别的某种智慧生物是主角，也许根本就没有主角。对这两种情形，我们都有充分的理由保持谦虚。

# 第 4 章

## 并非为我们造的宇宙

信念之海浩瀚，
昔日环绕岸边。
层层巨浪翻卷，
我今倾听忧伤。
怒涛起伏往返，
屏息思绪万千。
晚风吹拂远方，
卵石裸露世间。

——阿诺尔德（Matthew Arnold）[1]

《多佛海滨》（1867）

我们常说，"落日真美"或"日出前我已起床"。无论科学家有什么论断，在日常谈话中我们往往不理睬他们的发现。我们不说地球在旋转，而说太阳升起和下落。不妨试用哥白尼式的说法，难道你会讲"比利（Billy），在地球转得够多，把太阳遮掩到此处地平线下的时候，你就回家吧"？你这句话还没说完，比利早就转身走掉了。我们甚至还没有找到一种优雅的习惯用语来准确表达日心学说的见解。我们是在中心，而一切天体都绕我们运转，这在我们的语言中已经根深蒂固了，我们也这样教孩子。我们是披着哥白尼外衣的顽固守旧的地心说信徒。[1]

---

[1] 英国诗人（1822～1888）。——译者

1633 年，罗马天主教廷谴责伽利略宣扬地球环绕太阳旋转。现在让我们比较详细地了解这场著名的辩论。伽利略在他对比两种假设——地心宇宙与日心宇宙——的著作的序言中写道：

"通过对天文现象的研究，哥白尼的假说会得到证实，它最后必然取得绝对的胜利。"

后来他在该书中承认："我还不能充分地钦佩（哥白尼及其追随者），他们全靠智慧的力量就强行违反自己的知觉，而选择理智的推论，摒弃直觉明明白白向他们显示的经验……"

教廷在对伽利略的起诉书中宣称："认为地球既不是宇宙的中心，又并非静止不动，而是有周日自转，这种学说是荒谬的。从心理学和神学两方面来说，它都是虚假的，至少是一个信念错误。"

伽利略回答说："地球在运动而太阳固定不动的学说受到谴责，根据是《圣经》在多处说太阳在运动而地球固定不动……诚心诚意地说，《圣经》不会说谎。但是谁也不能否认，它往往深奥难解，它的真义难于发现，并且超越单纯的书面含义。我想在讨论自然界的问题时，我们不应当从《圣经》，而是从实验与论证出发。"

但是在伽利略的认罪书（1633 年 6 月 22 日）中，他被迫说道："承宗教法庭告诫：要完全摒弃太阳是不动的宇宙中心，而地球在动且并非宇宙中心的错误见解，……我已经……怀疑以前持有和相信过的太阳是不动的宇宙中心，而地球在动且并非宇宙中心的异端邪说……我怀着赤诚之心和真实的信念发誓，我诅咒并痛恨那一类谬误邪说，以及违背神圣天主教廷的一切错误和任何教派。"

直至 1832 年，教会才把伽利略的著作从天主教徒禁读书目中撤销（谁要是阅读禁书，会受到极严厉的惩罚）。

从伽利略的时代以来，教皇对近代科学感到的焦虑不安已经减退和消失了。在近代历史上，这方面高潮的标志是 1864 年庇护九世的《批谬纲领》。这位教皇还主持了梵蒂冈教廷会议，在他的坚持下，首次公布了教皇一贯正确的训示。下面是一些片断：

"神的启示是完美的，因此，它不需要接连不断和无限期的发展，以便适应人类理智的进步……在理智光芒的指引下，任何人都不能不信奉和立誓加入他真诚信仰的宗教……教廷有权断然确定天主教为唯一真正的宗教……甚至在今天，仍然需要确认天主教是唯一的国教，并取缔一切其他形式的信仰……民间对每一种信仰的自由选择，以及给所有人以公开发表意见与想法的充分权利，会很容易造成民众的道德和心灵的腐败……罗马教皇不能够也不应该与进步、自由主义以及近代文明达成和解或表示赞同。"

虽然是太迟了并且是很勉强地，教廷为了维护它的信誉，在 1992 年否定了它对伽利略的谴责。尽管如此，它仍然不能完全认清自己这样做的含义。教皇约翰·保罗二世在 1992 年的一次演讲中辩解说：

"从启蒙时代开始直到今天，伽利略案件一直是一种'虚构的故事'，它从事件中捏造出来的形象与真实情况大不一样。依照这种看法，伽利略案件象征着天主教廷被假定为抵制科学进步，或'武断地'用愚民政策来反对对真理的自由探索。"

但是当宗教法庭把年老体弱的伽利略带进教廷的地牢并向

他展示刑具时，无疑承认并要求有这样的理解。这只不过是对科学的警告和压制，一直到诸如周年视差这种令人不得不信服的证据已经取得的时候，才勉强改头换面。这也是对讨论与争辩的恐惧。对不同观点进行审查，并恐吓迫害其支持者，这暴露出教会宗旨本身对表面上要予以保护的教区居民并不信任。为什么要对伽利略进行威胁和软禁？难道真理在谬误面前不能捍卫自己吗？

尽管如此，教皇继续补充说道："当时的神学家在坚信地球的中心地位时出了错，这在一定程度上是由于从《圣经》的字面意义来了解物理世界的结构而造成的。"

在这里确实有相当大的进步——虽然原教旨主义信念的拥护者在听教皇说《圣经》在字面上并不总是对的时候，会感到垂头丧气。但是如果《圣经》并非每处都对，那么哪些部分是神授的，而哪些部分难免有错并且是人为的呢？一旦我们承认《圣经》有谬误（或者退一步承认当时的愚昧），那么《圣经》怎么能成为伦理和道德的绝对正确指南呢？现在能否让某些教派和个人把《圣经》中他们所喜欢的部分当成是真实可靠的，而把引起麻烦和累赘的部分扬弃掉呢？举例来说，禁止凶杀对社会是重要的，但是如果认为神对凶杀未必会惩罚，那么会不会有更多的人认为他们杀了人可以不受惩罚？

许多人认为哥白尼和伽利略不怀好意，破坏了社会秩序。实际上无论来自何方的对《圣经》字面真理的挑战，都会有这样的下场。我们容易看到科学怎样开始使人们紧张不安。那些把神话长期流传的人不受批评，而对神话提出怀疑的人却成为众矢之的。

我们的祖先从自身的经历来推测起源。难道他们还有别的办法吗？因此，宇宙是从一只宇宙之蛋孵化出来的，或是一位母神与父神性交受孕而生的，或者是造物主作坊的一种产品——也许是多次有缺陷的试制的最后一次成品。因此宇宙比我们所看见的大不了多少，比我们的书面记录或口头传说古老不了许多，并且与我们所知道的相差无几。

我们的宇宙学说倾向于采用熟悉的事物。尽管尽力探寻，但并无太多创新。在西方，天国是安静和松软的，而地狱就像是一个火山的内部。在许多传说中，这两个领域都由以天神或魔鬼为首的统治集团管理，有神论者谈论王中之王，每一种文化都把管理宇宙的政治体系设想得与人间的颇为类似，很少有人认为这种相似是值得怀疑的。

后来科学发展起来，并让我们了解到自己并非一切事物的准则，有我们想象不到的奇异事情；另外宇宙也不一定像我们所想的那样舒适与合情合理。我们已经知道我们的常识有某些特异性质。科学已经把人的自我意识推进到一个更高的水平。这肯定是进步的过程，也是走向成熟的一步。它与哥白尼之前的观念之幼稚和自我陶醉形成强烈的对比。

但是为什么我们一定要设想宇宙是为我们创造的？为什么这个想法如此令人神往？为什么我们培育它？是否我们的自尊心太强烈，因此除了一个为我们定做的宇宙之外，就不行？

当然，这种想法所仰赖的是我们的虚荣。狄摩西尼（Demosthenes）[1] 说："一个人需要什么，他就把它想成真实的。"阿奎那高兴地承认："信念之光让我们看见自己所相信的东西。"

---

[1] 古雅典雄辩家和民主派政治家（公元前 384 ~ 公元前 332 年）。——译者

但是我想还会有别的东西。灵长类动物有一种种族优越感。无论我们出生在哪一个小的群体，我们对它都怀着热爱和忠诚；而认为其他群体的成员都卑不足道，应当排斥与仇视。就一个旁观者看来，同一种族的两个群体实际上是一模一样的，很难找出差异。对我们在动物王国中最相近的亲戚，即黑猩猩来说，情况正是这样。德鲁扬和我已经谈论过，在几百万年前，从这个观点来看待世界会形成多么重大的进化意识，然而在今天这就变得很危险了。甚至当时以狩猎、采集为生的人群成员——他们的技能与我们目前全球文明的技术水平相差何其大也——也把他们所在的无论哪一个小团伙都正正经经地说成是"人们"。他们之外的任何人都是异种，甚至不是人。

如果这是观察世界的一种自然方式，那么我们每一次对自己在宇宙中的地位做出一种朴素的判断——没有经过仔细和严格的科学检验的判断——几乎总是选定自己的群体与环境是在中心，这就不足为奇了。进一步说，我们总要相信这是客观事实，而不是哗众取宠。

这样看来，一群饶舌的科学家滔滔不绝地向我们宣讲，"你是寻常的，你并不重要，你不配有特权，你并没有什么了不起，"这并不令人太感兴趣。听得多了，甚至不易激动的人对这种咒语以及坚持说教的人都会产生厌烦。看来科学家从贬低人类中正在获得某种奇怪的满足。为什么他们不能找到我们优越的地方？让我们兴高采烈吧！吹捧我们吧！在这些辩论中，科学以它让人泄气的曼陀罗[1]，使人感到它是冷冰冰的、疏远的、冷漠无情的、孤独的、对人类需求毫无反应的。

---

[1]　古印度宗教的祈祷词或咒语。——译者

再说，如果我们并不重要，不在中心，不是上帝的宝贝，那么我们根据神学建立的道德准则有什么意义呢？人类在宇宙中真实地位的发现长期以来遇到激烈的对抗，至今仍有许多争议的残迹，地心学说支持者的用心有时昭然若揭。试举一例，下面是英国评论性刊物《观察家》在1892年发表的一篇未经署名的揭露问题的评议：

"很清楚的事情是行星的日心运动的发现，使我们的地球在太阳系中蜕化到它固有的、'卑不足道的'地位，也促使地球上占优势的种族迄今受指导和约束的道德准则，退化到一个类似的、但远非固有的、'卑不足道的'地位。许多奉命撰稿的作家笔下的自然科学并非一贯正确，而是错误百出，这便过分地动摇了人们对他们的道德伦理和宗教学说的信任感，这无疑是造成道德准则蜕化的部分原因。但是更多的仅仅是由于人类完全认识到自身的'卑不足道'，因为他发现他栖息的场所只是宇宙的一个偏僻角落，而不是太阳、月球和星星都绕之旋转的中心世界。人类无疑会感到，并且早已经常感到，自己要成为任何特殊的神灵培育或关注的对象，是太不够格了。如果把地球当作一座蚁山，人的一生看作是在许多小洞洞进进出出寻找食物与阳光的蚂蚁的一生，那么十分肯定，对人类一生的责任不必太重视，并且可以用一种深刻的宿命论和绝望，而不是抱着新希望，来看待人类的追求……

至少就目前而言，我们的视界已经够广阔了……直到我们对已有的无限广阔的视界感到习以为常，我们在思考它们时不会像通常一样心慌意乱，而渴望得到更为广阔的视界还为时过早。"

　　我们从哲学和宗教真想得到什么？是缓解剂？治疗？还是安慰？我们是否要再次相信无稽之谈，或是了解我们的真实处境？为了宇宙和我们的一厢情愿不符合就心灰意冷，这似乎太孩子气了。你不难想到，把这种失望写下来并付印，对成年人来说真是难为情。时新的做法不是责怪宇宙——它似乎真是空空洞洞的，而是责怪我们了解宇宙的工具，就是科学。

　　萧伯纳（George Bernard Shaw）在他的剧本《圣琼》的序言中，描写过科学消灭我们所轻信的观念，把一个陌生的世界观强加于我们，并恫吓我们的信仰：

　　"在中世纪，人们相信大地是平的，对此他们至少有自己的知觉可以作证。现在我们相信它是圆的，并不是因为有百分之一的人能够为这个古怪的信念提供物理依据，而是因为近代科学已经说服我们，凡是明明白白的事物，没有哪一件是真的，而不可思议的、不大可能的、异常的、庞大的、微观的、无情的或者荒谬绝伦的事物却是科学的。"

　　一个更新近的和十分有启发意义的例子，是英国新闻工作者阿普尔亚德（Bryan Appleyard）所写的《了解现在：科学和当代人的灵魂》。这本书阐明了全世界许多人都感觉到，但令人难以说出来的东西。阿普尔亚德的坦率使人耳目一新。他是一个真正的信徒，他不愿让我们陷入近代科学与传统宗教之间矛盾的泥沼中。

　　他痛惜说，"科学夺走了我们的宗教。"他渴望得到的是哪一种宗教呢？在他所要的宗教中，"人类是整个体系的要害、心脏和最终目的。它肯定把我们自己置于整个世界之上。"……"我们是终点、目的，也是伟大的太空圆穹绕之旋转的合理枢轴。"

他渴望一个"天主教正统的宇宙"，在它里面"可以看出整个世界是为演出一场救世戏剧而制造的一架机器"。阿普尔亚德的用意是，尽管有明确的指令，一个女人和一个男人违令吃了一只苹果，这个反抗行动把宇宙转换成控制他们后代子孙的一种机构。

对比起来，近代科学认为"我们是偶然出现的。我们是宇宙的产物，而不是宇宙的目的。当代的人最后什么也不是，他在宇宙中不起作用"。科学是"精神上的腐蚀剂，它激起对古代权威和传统的仇恨。它不能和任何事物真正地共存"……

"科学不知不觉地说服我们抛弃自我，我们真正的自我"。它揭示"缄默、异样的自然界景象"……"人类不能和这样揭示的事物共存，遗留下来仅有的德行便是自慰的谎言"。人类很渺小，这是一个难以忍受的负担，想到它比什么都使人难堪。

在缅怀庇护九世的一段文字中，阿普尔亚德甚至诋毁这样的事实："可以指望一个近代的民主社会容纳若干个互相抵触的宗教信仰，它们不得不遵从一定数量的共同禁令，但没有别的限制。它们不得相互烧毁对方的教堂，但是，他们可以否认甚至辱骂对方的上帝。这是有效的、科学的行动方式。"

但是还有什么选择？把一个难以确定的世界执拗地说成是可以确定的？采用一种自慰的信仰体系，不管它与事实相差多远？如果我们不知道什么是真的，怎么能面对现实呢？由于实际原因，我们不能过多地生活在幻想世界。我们要不要审查彼此的宗教并烧毁彼此的教堂呢？我们怎么能够认定，数以千计的人类信仰体系中哪一个是没有争议的、无所不在的和非信不可的呢？

　　这些引文表明，面对着宇宙——它的宏伟和华丽，尤其是它的冷漠——我们多么缺乏胆量。科学告诉我们，因为我们有欺骗自己的才能，因此主观性不能任意支配一切。这是阿普尔亚德如此不信任科学的一个理由。科学似乎是太理性化、太按步就班，也太不顾个人情感了。它的结论都来自对自然界疑问的解决，而全然不是为满足人们的需要而预先设计的。阿普尔亚德为中庸的主张感到痛惜。他向往绝对正确的教义，废除审判，以及履行信仰而不是质询的义务。他不领会人们难免会出差错。他认为，无论是在我们的社会组织里还是对宇宙的认识中，都不需要把改正错误形成制度。

　　这就是当父母不在时婴儿的生气哭泣。但是大多数人终于弄清楚了事情的真相，原来是父母本会绝对保证小孩不受伤害，但是有人要父母去办事时他们不得不痛苦地走开。大多数人终于找到了适应于宇宙的办法——尤其是在掌握思考工具的时候。

　　在科学的年代，阿普尔亚德抱怨说："我们传授给自己孩子的只是这样的信念：包括培育我们的文化在内，没有一样东西是真实的、不可更改的或持久的。"对于我们遗产的不合适方面，他的话何等正确。但是把没有根据的必然事物加进去，它是否会变得更加丰富？他嘲笑"认为科学和宗教是可以轻易分开的独立领域的这种虔诚希望"。与此相反，"科学就其目前的情况来说，与宗教绝对是水火不相容的"。

　　然而阿普尔亚德是否真的要说，现在有些宗教对世界的本质发表直言不讳的错误声明而想不引起争议是难以办到的？我们认识到，甚至备受尊敬的宗教领袖（他们是他们那个时代的产物，正像我们是我们这个时代的产物一样），也可能出了差错。

各个宗教之间有矛盾，就琐碎小事来说，诸如走进礼拜堂时应该戴帽还是脱帽，是否应当吃牛肉而不吃猪肉，或反之，可吃猪肉而不能吃牛肉，等等；直到最重要的问题，例如有没有神灵，只是一个上帝还是有许多神。

科学把我们中的许多人带入如霍桑（Nathaniel Hawthorne）[1] 所描绘的梅尔维尔的心情，"他既不能信教，又不能为他的无信仰而感到宽慰。"或者如卢梭（Jean-Jacques Rousseau）[2] 所说的："他们没有说服我，但他们使我烦恼。他们的论证震动了我，但从没有令我信服……要阻止一个人去相信他渴望得到的东西是困难的。"由于世俗和宗教的权威所倡导的信仰体系都被破坏了，一般来说，对权威的尊重大概会遭到侵蚀。教训是明明白白的：甚至政治领袖也必然会对接受错误的教条留神。这不是科学的失误，而是它的一个恩惠。

当然，世界观的一致是令人宽慰的，而意见冲突会使人不安，并要求我们付出更多。但是除非我们不顾一切证据，坚持认为我们的祖先是十全十美的，那么知识的进步要求我们取消然后重新组合他们所达成的一致。

在某些方面，就引起敬畏的程度来说，科学远远超过宗教。任何一个主要的宗教几乎都不会审视科学并得出结论说，"这比我们想象的更好！宇宙比我们的先哲们所说的更大、更宏伟、更精巧、更优美。上帝必然是比我们想象的更伟大。"这是为什么呢？与此相反，他们会说，"不，不，不！我的神是一个很小的神，我要他以后还是这样。"近代科学揭示出宇宙的宏

---

[1] 美国小说家（1804 ~ 1864）。——译者
[2] 法国启蒙思想家、哲学家、文学家（1712 ~ 1778）。——译者

伟壮丽，一个强调宇宙如此宏伟壮丽的宗教，无论是老的还是新的，也许能博得传统信仰很难得到的尊重与敬畏。这样一个宗教迟早会出现。

如果你活在两三千年以前，那么坚持认为宇宙是为我们而创造的，就不是一桩丢脸的事情。它是与当年人们所知的任何事物都符合的有吸引力的命题；它是当年人们中间最有学问的人毫无保留地宣讲的学说。但是从那时以来人类已有许多发现。今天还捍卫这样一种见解就是存心不顾证据和毫无自知之明。

然而，对我们许多人来说，消除认知上的这种狭隘观念却依然令人痛恨。即使它们不能主宰一切，它们也会伤害信心——不像早期随社会功利而起伏的人类为宇宙中心的信念那样走运。我们是为了一个目的才渴望在这个位置上，至于证据，除了自我欺骗之外却一点也没有。列夫·托尔斯泰( L.Tolstoy )曾写道："生活中毫无意义的荒唐事，便是人类能够取得的仅有的无可争辩的知识。"我们的自高自大接连被戳穿，这使我们的时代背着累积而成的沉重包袱。我们是后来者；我们生活在宇宙的荒野中；我们来自微生物和污泥；猿猴是我们的远亲；我们的思想和感觉并不完全由自己控制；其他地方可能还有更灵巧的大不一样的生灵。除了这一切之外，我们正在把自己的行星搅得一团糟，并正在对自己构成威胁。

我们脚下的陷阱之门打开了。我们发现自己正在坠入无底深渊。我们迷失在一大片黑暗之中，谁也不会派人来搜寻。面对着如此严峻的现实，我们总想闭上眼睛，假装我们是在安全和舒适的家里，而认为下坠只不过是一场噩梦。

我们对自己在宇宙中的地位缺乏共识。对于我们种族的目标，并没有一个公认的长远见解——也许除了单纯的求生存。尤其是在艰苦岁月，我们极度渴望得到鼓励，不愿接受接连不断的大降级和希望破灭，而非常乐意听到我们是特殊的——即使证据薄得像一张纸也并不在意。如果用一点神话和宗教仪式就能让我们度过似乎是没有尽头的漫漫长夜，我们之中谁又会不同情和理解呢？

但是，如果我们的目标是获得深奥的知识，而不是肤浅的信念，那么从这个新前景所得到的会是远远超过失掉的东西。我们一旦克服了由于人类渺小而引起的恐惧感，就会发现自己是站在一个辽阔的和令人敬畏的宇宙的入口处，这个宇宙使曾让我们的祖先感到惬意的以人类为中心的舞台，无论在时间、空间和潜力上都绝对地相形见绌。我们透过数十亿光年的空间去观察大爆炸之后不久的宇宙，并探索物质的精细结构。我们窥视我们这个行星的核心，以及我们的恒星的炽热的内部。我们从解读遗传密码来了解地球上每种生灵的形形色色的技能和习性。我们揭示记录人类自身起源的隐秘篇章，并怀着一定的痛苦更好地了解我们的本性与前景。我们发展和改良农业。如果没有农业，我们几乎全体都会饿死。我们发明了医药和疫苗来拯救亿万人的生命。我们用光的速度进行通信，并且一个半小时就可以绕行地球一圈。我们已经向 70 多个星球发送了数十个飞行器，并向恒星发射了 4 个空间飞船[1]。我们有权为自己的成就而欢欣鼓舞，为人类能看得这样远和评价自己的价值而感

---

[1]　正在飞往冥王星的"新视野"号探测器是第 5 个注定会离开太阳系而飞往星际空间的人造航天器。——译者

到自豪。我们能够这样做，在一定程度上靠的正是戳穿我们自命不凡的科学。

对我们的祖先来说，自然界有许多可怕的东西——闪电、暴风雨、地震、火山、瘟疫、旱灾、长冬。宗教之所以出现，部分地是由于对大自然暴乱的一面不甚了解，就试图抚慰和控制它。科学革命让我们隐约看到一个潜在的有秩序的宇宙，它具有天体朴实的和谐〔开普勒（Johannes Kepler）的用语〕。如果我们了解大自然，就有希望控制它，或至少减轻它造成的祸害。在这个意义上，科学带来了希望。

大多数反狭隘地方主义的争论起初都没有想到它们的实际意义。热情而好奇的人类希望了解他们的真实环境，他们及其世界是怎样的独一无二或平淡无奇，他们的最初来源和命运，以及宇宙如何运转。奇怪的是，有一些这样的争议产生了最深刻的实际效果。正是牛顿用来解释行星绕日运行的数学推理方法，导致了我们现代世界的大部分技术。工业革命，尽管有种种缺点，仍然是农业国家摆脱贫困的全球模式。这些争论具有国计民生方面的效果。

也可能是另外一种情况。也可能人类不愿接受，或总的来说，并不想了解一个令人不安的宇宙，也不愿意对流行的学识见解提出挑战。尽管在每一个时代都有人反对这种挑战，值得大加赞扬的是，我们仍让自己根据证据得出一个乍看起来令人沮丧的结论：宇宙非常庞大，极为古老，相比之下，我们个人和历史的经历都显得渺小和低下；在这个宇宙中每天都有若干个太阳诞生和若干个天体湮没；在这个宇宙中新近出现的人类只是依附在一团暗黑的泥土上。

　　如果我们被安置在一个为我们定造的花园里，而园内别的物件供我们随心所欲地使用，这该是令人多么惬意啊！在西方传说中有一个与此相似的著名故事，只是花园里并非每样东西都是供我们使用的。有一株特殊的树不归我们分享，这就是智慧之树。在这个故事里，知识、理解和智慧对我们都是禁物，我们注定要成为一无所知的，但是我们毫无办法。我们渴求知识——你可以说，我们生来就是知识饥饿者。这是我们一切苦难的根源。特别要谈到，正是由于这个缘故，我们不再住在花园里面，我们找到的东西太多了。我想，只要我们没有好奇心，也很恭顺，我们便可以用自高自大和中心地位来安慰自己，并告诉自己，宇宙就是为我们创造的。然而当好奇心开始使我们着迷时，要探索、要了解宇宙的真相，我们就把自己赶出了伊甸园。手持闪闪发光的宝剑的天使在极乐园门口站岗，阻止我们回去。园丁们就成了流放犯和浪荡者。有时候我们会为那个失掉的世界而悲痛，但我认为这是感情脆弱和多愁善感的表现。我们不可能永远幸福地停留在一无所知的状态中。

　　在这个宇宙中，想起来好像许多东西都是专门设计出来的。我们每一次碰到它们，都宽慰地松一口气。我们永远都希望找到，或者至少是有把握地推断出一位设计者。但是事与愿违，我们一次又一次地发现自然过程——例如星球碰撞创造世界、基因库的自然选择、甚至一壶开水的对流图像——能够从紊乱中得出秩序，并引诱我们去推断并不存在的目的。在日常生活中——在青少年的卧室里或在国家的政治中——我们常常感到紊乱是自然而然的，而秩序是上面强加的。宇宙的规律性比我们对普通境况常说的秩序更为深刻。所有的秩序，无论是简单的还是复杂的，似乎都来自在大爆炸（或更早）时创立的自然定律，而不是一位不完美的神祇干预迟了所造成的结果。"上帝可以在琐碎事情中找到"，这是德国学者沃伯格（Aby Warburg）的一句名言。但是除了高度的优美和精确外，生活中的琐事，甚至宇宙还显示出随意、临时应急的事先安排和大量的计划不周。我们该怎样弄明白这件事情：一幢大厦在建造早期就被建筑师抛弃了？

至少是现有的证据以及自然规律，都不需要一位设计师。也许有一位，但他是藏而不现，极不愿意被发现。这似乎往往是一种非常渺茫的希望。

于是我们的生活以及我们的脆弱行星的意义，只能靠我们自己的智慧与勇气来决定。我们是生活意义的守护神。我们渴望有一位天父来照管我们，宽恕我们的谬误，从我们的幼稚错误中挽救我们。但是知识比无知更为可取。信奉令人难堪的真理远比叫人开心的无稽之谈要好得多了。

如果我们需要有某种宇宙的目的，那就让我们为自己找一个有意义的目标吧。

# 第 5 章

## 地球上有智慧生命吗

> 他们旅行了很长一段时间，并没有发现什么东西。最后他们察觉到一个小光点，这就是地球……[但是]他们没有丝毫的理由会猜想到，我们和这个星球上的同胞们有生存的荣誉。
>
> ——伏尔泰《哲学史》（1752）

在我们的大城市及其周围一些地区，天然的景观几乎都消失了。你可以认出大街、小巷、汽车、停车场、广告牌、玻璃和钢制的纪念碑，但是看不见一棵树或一片绿地，也见不到任何动物——当然除人以外。人是很多的。只有当你穿过摩天大楼之间的峡谷，抬头仰望才能认出一颗星星或一片蓝天——它们提醒你，在人类出现之前老早就有什么东西了。但是大城市明亮的灯光使星光变淡了。甚至蓝天有时也不见，工业污染把它变成褐色的了。

我们每天在这样的地方上班，不难取得这样的印象。我们为了自己的利益和方便，已经使地球改变了多少啊！但是在几百千米之上或下都没有人烟。除了在地球的表面有一个薄薄的生命层，偶尔有一艘勇猛的宇宙飞船，以及一些无线电干扰之外，我们对宇宙的影响等于零。宇宙对我们毫无所知。

你是一位外来的探险家，经过在漆黑的星际空间中漫长旅行后进入太阳系。你从远处考察这颗平凡恒星的一小撮行星——

有的是灰的，有的是蓝的、红的、黄的。你感兴趣的是它们是什么样的世界，它们的环境是稳定的还是在变化，尤其想知道的是有没有生命和智慧。你对地球预先并无所知。你刚刚才发现它的存在。

让我们设想出一个天界规则：只能看，不能摸。你可以从这些天体旁边飞过，可以绕它们飞行，但严格禁止着陆。受这样的限制，你能否判断地球有什么样的环境，以及是否有什么人在它上面生活？

你接近地球时，对它整体的最初印象是白色的云、白色的极冠、褐色的大陆以及掩盖它 2/3 表面的某种蓝色的物质。当你凭它发射的红外辐射来测量这个世界的温度时，你发现大多数纬度地区都是在水的冰点之上，而极冠是在冰点之下。水是宇宙中一种很丰富的物质，因此你认为，极冠由固态水组成的，以及云由固态和液态水组成，这些都是合理的猜测。

蓝色物质是大量的液态水——深达几千米，这个想法也会使你感兴趣。但是至少对这个太阳系来说，这种联想是奇特的，因为液态水组成的海洋在其他任何星体的表面都不存在。如果你从可见光和近红外光谱找到泄露其化学成分的若干特征，你就肯定发现了极冠中的水冰，以及空气中形成云的大量水蒸气。水蒸气存在的数量必然很大，其实这是因为由液态水组成的海洋会蒸发。奇怪的假设就这样证实了。

用光谱仪进一步发现地球上的空气有 1/5 是氧气（$O_2$）。在太阳系中其他行星上没有这样大量的氧。那么，它从何而来？太阳的强紫外光把水（$H_2O$）分解成氧与氢，而氢是最轻的气体，它很快就逃逸到太空中去了。这肯定是 $O_2$ 的一个来源，可是它不足以说明有如此大量的氧。

　　另外一个可能性是太阳发射的大量普通可见光使地球上的水分解开——只是如果没有生命，还不知道有什么方法能这样做。为此必须有植物——含有能强烈吸收可见光的色素的生物，它用所储存的两个光子能量，把一个水分子分解，保留 H 与排出 O，然后用这样分离出来的氢去合成有机分子，而植物便必须分布在地球上许多地区。对这些事情全都可以提出许多问题。如果你是一个优秀的、善于发现问题的科学家，就会了解到这样多的 $O_2$ 还不足以证明生命的存在，但是它肯定可以成为猜测的依据。

　　有了这么多氧，你发现大气里有臭氧（$O_3$）就不足为奇了，这是因为紫外光可以把氧分子（$O_2$）变成臭氧，然后臭氧吸收危险的紫外辐射。因此，如果说氧是来自生命，那么就有一种奇妙的感觉，即生命在保护它自己。但是这里谈到的生命也许仅是能进行光合作用的植物，而不包含具有高级智慧的生物。

　　当你更仔细地察看大陆时，就会发现大致说来有两类地区。一类展现出在许多行星上都可找到的普通岩石与矿物的光谱。另一类显示的是某种不寻常的东西：一种覆盖辽阔区域，并强烈吸收红光的物质（太阳射出的当然是各种颜色的光，但最强的是黄光）。这种色素可能正是必需的作用剂，它使普通的可见光能够把水分解并形成空气中的氧。这是又一个说服力稍强的了解生命的线索。由色素形成的并不是到处都有的病菌，而是行星表面的充沛生命。色素实际上是叶绿素，它吸收蓝光和红光，并且是植物呈绿色的原因。你看见的是一个长满了植物的行星。

因此我们发现地球至少拥有在这个太阳系里独有的三个特征——海洋、氧气和生命。不难想象它们相互有关，海洋是丰富多彩的生命出现的地方，而氧是它的产品。

如果你仔细看看地球的红外光谱，就会发现空气中的一些次要的成分。除水蒸气外，还有二氧化碳（$CO_2$）、甲烷（$CH_4$）和别的气体，它们吸收地球在夜间向太空发散的热量。这些气体使地球变暖。要是没有它们，地球各处便都在水的冰点之下。于是你发现了地球的温室效应。

甲烷与氧在同一个大气中共存，这是一件奇怪事情。化学原理很清楚：$O_2$ 过多时，$CH_4$ 应当全部转变成 $H_2O$ 与 $CO_2$。这个过程效率很高，因此全部地球大气中不应有一个分子是甲烷。与此不同，你却可以发现每一百万个分子中就有一个是甲烷。这是多么大的差异。它意味着什么呢？

唯一可能的解释是，甲烷进入地球大气非常快，它与 $O_2$ 的反应跟不上。这甲烷全都来自何处？也许它是从地球内部深层渗漏出来的——但是定量说来，这个看法似乎靠不住，何况火星与金星都没有这样多的甲烷。仅有的其他说法都是生物学的，所得结论不要求对生命的化学作任何假设，也不管生命看起来像什么，而只需了解甲烷在含氧的大气中如何不稳定。实际上，甲烷来自沼泽中的细菌、稻谷的栽培、植物的燃烧，来自油井的天然气以及牛的肠胃气胀。在含氧的大气中，甲烷是生命的一个征兆。

从行星际空间可以察觉牛的体内肠道活动，这件事使人感到有一点难堪，尤其在我们珍视的许多事物实际并非如此的时候。但是一位从地球旁边飞过的外星人的科学家目前还不能推断出沼泽、稻谷、火焰、石油或牛。他能推断出的只是生命。

到这里为止我们所讨论过的一切生命征兆都属于比较简单的形态（牛的瘤胃中的甲烷是由该处寄生的细菌产生的）。如果你的航天器是在一亿年以前飞经地球（那还是恐龙的时代，没有人，也没有技术），你就仍然会看到氧和臭氧、叶绿素色素，以及远多得多的甲烷。然而在现在，你的仪器正在发现的不仅是生命的征兆，而且是高科技的信号——甚至在 100 年前这种信号都还不可能检测到。

现在你检测到一种特别的来自地球的无线电波。无线电波不一定象征生命和高智慧。许多自然过程可以产生无线电波。你已经发现其他的，显然无人栖息的行星发出的无线电辐射——这是由行星的强磁场所俘获的电子产生的，也可以由分隔这些磁场与行星际磁场的冲击波波前的混沌运动产生，还可能由闪电产生（无线电"啸声"一般都由高音调延伸到低音调，然后重新开始）。这些无线电辐射有的是连续的，有的重复爆发，有的持续几分钟后就消失了。

但这是不一样的：来自地球的一部分无线电发射正是在无线电波开始从地球电离层泄漏出来的频率上，而电离层是在平流层上面能反射与吸收无线电波的带电区域。每一个发射都有一个固定的中心频率，叠加在它上面的是一个调制信号（复杂的断断续续的信号序列）。磁场中的电子、冲击波和闪电放电都不能产生与此类似的现象，唯一可能的解释似乎是高智慧生命。无论断断续续的无线电信号意味着什么，你认为无线电发射来自地球上的技术这一结论总是成立的。你不需要译出电文就可以肯定它是一份电报（我们不妨假定，这个电报真的是美国海军传送给远处核潜艇的信息）。

因此，你作为一位外星的探险家，会知道地球上至少有一种生物已经掌握了无线电技术。这是哪一种生物呢？是不是制造甲烷的生灵？是产生氧气的生物？是用色素把大地染成绿色的生物？或者是其他的生物，更灵巧的生物，在突然降落的航天飞船上无法用别的方法发现的生物？为了搜寻这个具有高度发达技术的生物，你也许要以越来越精细的分辨率来察看地球——即使你寻求的不是那些生物本身，至少也是他们制成的物品。

你起先用一架小望远镜观察，这时你能分辨的最小细节的尺度为1～2千米。你认不出雄伟的建筑、奇特的物体、大地的人工改造，也看不见生命的形迹。你看见的是不断运动中的稠密大气。充沛的水源一定会蒸发，然后是降雨。月球上明显可见的古老的撞击坑，在相距不远的地球上几乎完全没有。因此应当有一系列过程，使新的陆地产生出来，然后又被侵蚀掉，这些变化过程所需的时间比地球的年龄短得多。流水不用说是有的。如果你用越来越精细的分辨率观察，就会发现山脉、河谷以及表示我们的行星在地质上很活跃的其他许多迹象。也有被植物环绕的奇怪地方，但是它们本身没有植物，它们看起来就像是风景画上褪色的污点。

当你用大约100米的分辨率来察看地球时，一切都变样了。你发现这个行星上覆盖着直线、正方形、长方形、圆圈——有的在河边上挤成一团，或偎依在低山坡上面，有的伸展在平面之上；但在沙漠或高山上很少见，在海洋中绝对没有。对它们的规律性、复杂性及分布，除了用生命和智慧，很难加以解释，虽然对它们的功能与目的更深刻的理解可能是难以捉摸的。也许你只能得出这个结论：处于统治地位的生物同时热衷于占有领土和欧几里得几何图形。用这样的分辨率，你不能看见他们，更不用说了解他们了。

你会发现许多没有植被的小块区域都具有棋盘状的基本几何图形，这些是这个行星上的城市。不仅在城市中，在大部分土地上面都有为数众多的直线、正方形、长方形和圆圈。你会发现城市的暗黑区域都高度几何化了，只有少数植被地段——它们本身具有高度规则的边界——还保持原状，偶尔有三角形，在一个城市里甚至有五角形。

当你用一米或更好的分辨率拍照时，就会发现城市中纵横交错的直线以及把这些城市与其他城市连接起来的长直线，都充满着流线型的和五彩缤纷的几米长的物体。它们在一个长长的有秩序的行列中，一个接一个地彬彬有礼地缓慢行进。它们很有耐心，一列物体停下来，让另一列在垂直方向上能继续移动。按一定的周期，这种关照又反转过来。在夜里它们打开前面的两盏亮灯，这样可以看清它们正在走向哪里。少数特别的物体开进小房子，它们的工作日结束了，晚上便休息了。大多数却是无家可归，就在街道上睡觉。

终于弄清楚了！你已经找到一切技术的源泉，就是这个行星上占统治地位的生命形式。城市的大街和乡间的道路显然都是为他们的利益修建的。你可以相信你正在真正开始了解地球上的生命，并且你也许是对的。

如果分辨率再稍有改进，你会发现那种偶然会进入和离开占统治地位的生物体的微小寄生物。然而它们发挥某种更深刻的作用，这是因为一个不动的统治生物体，在它被寄生物再感染后往往就会又一次起动，并且就在寄生物被排除之前会再次停止。这是令人费解的。但是谁也没有说过地球上的生命很容易了解。

你到目前为止所察看过的图像都是靠反射的太阳光，即在地球的白昼一面拍摄的。当你拍摄夜晚的大地，就会发现一件最有趣的事情：地球被照亮了。最明亮的地区靠近北极圈，它是由北极光照亮的。这种光不是生物制造的，而是由在地球磁场的作用下向下流动的来自太阳的电子与质子产生的。你所见到的其他一切东西都是来自于生物。灯光容易辨认地勾画出你在白天看到的陆地，许多陆地和你已经测绘出的城市相对应。城市集中在靠近海岸线的地方，在大陆内地却较为分散。也许占统治地位的生物体极想得到海水，也可能航海船只对商业和移民一度很重要。

然而有些光点并非来自城市。例如，在非洲北部、中东和西伯利亚，在比较荒芜的土地上有一些非常明亮的光点——它们原来是来自正在燃烧的油井和天然气井。在日本海，在你首次观看的那一天，有一个奇怪的、三角形的明亮区域。在白昼看来，它是在空旷的大海中，这不是城市，它会是什么呢？事实上它是日本的鱿鱼捕捞船队，它用光耀夺目的灯光来吸引鱿鱼群入网。在别的日子，这个明亮图案在太平洋上流动，到处捕鱼。就实际效果来说，你在这里发现的是寿司。

我认为让人头脑清醒的是，你从太空很容易发现的是地球上生物的一些零星事物——反刍动物的肠胃习性、日本的烹饪与能毁灭200个城市的游弋潜艇的通信工具——然而我们许多宏伟建筑、最伟大的土木工程、我们的相互关心，这些都几乎完全看不见，这值得深省。

　　到此为止，你的地球探险可以认为是极为成功的。你已经概略认识了环境，察觉了生命，发现了高智慧生物的显现，你可能已经证认出占据统治地位的种族，他们与几何学和直线图像结下了不解之缘。对这颗行星肯定值得进行更长期与更仔细的研究。这正是你现在把你的太空飞行器驶入环绕地球轨道的原因。

　　俯视这个行星，你会发现新的疑团。在地球各处，大烟囱正在把二氧化碳和有毒化学制品倾注到空气中，在道路上奔驰的统治这个行星的生灵也是这样做的。但是二氧化碳是一种温室气体，正如你所看到的，它在大气中的含量年复一年地持续增长。甲烷及其他温室气体也都如此。如果这种情况保持下去，这颗行星的温度将不断升高。你用光谱方法还发现另一种注入空气的分子，这就是氯氟烃。它们不仅是温室气体，还会严重破坏起保护作用的臭氧层。

　　你更仔细地察看南美洲的中部地区——你现在知道，这是一大片雨林。每天晚上你都会看见几千处大火。在白天，你发现这个地区云雾缭绕。数年后，在整个地球上你看到森林越来越少，而长着稀疏灌木的沙漠越来越多。

　　你往下看，望见大海岛马达加斯加。它的河流都呈褐色，在周围的大海中产生大片的污垢。这是正在被冲刷入海的表土层，冲刷的速度很快，再过几十年，全部表土层都会流失光。你会注意到，同样的事情在这个行星上各处河口都在发生。

但是没有表土层就意味着没有农业。在 21 世纪，人们将吃什么？他们将呼吸什么？他们将怎样对付一个不断变化，更为危险的环境？

从你环绕地球视察，你可以看到有的东西毫无疑问是搞错了。占据统治地位的生物体——不管他们是谁——费了很大的劲来改造地面，同时也在摧毁他们的臭氧层和他们的森林，侵蚀他们的表土层，并且对自己行星上的气候正在进行大规模的、无法控制的试验。他们是否注意到了正在发生的是什么事情？他们对自己的命运会漠不关心吗？难道他们不能齐心协力来维护好养育他们全体的环境吗？

你想，也许现在是再次断定地球上是否有智慧生命的时候了。

### 寻找其他地方的生命：一次校准

从地球出发的空间飞船现在已经飞过几十颗行星、卫星、彗星和小行星。飞船上装有照相机、测量热量与无线电波的仪器、测定化学成分的光谱仪，以及一大批其他装置。我们在太阳系的任何地方都没有找到生命的迹象。但是你也许怀疑我们检测出其他地方的生命（尤其是与我们所知道的不一样的生命）的能力。直到不久以前，我们从来没有进行过一次明显的校准试验：让一艘现代化的行星际空间飞船飞近地球，看看我们能否检测出我们自己。在 1990 年 12 月 8 日，这一切都改变了。

"伽利略号"是美国国家宇航局设计的一艘航天器，用于探测木星这颗巨行星，以及它的卫星和光环。它以一位英勇的意大利科学家来命名，这位科学家为推翻地心邪说发挥了核心作用。正是他第一个看清了木星的面貌，并发现了它的 4 颗大卫星。为了到达木星，这艘宇宙飞船需要飞过金星（一次）和地球（两次）的旁边，并靠这些行星的引力来加速，否则它没有足够的力量来到达它的目的地。这种必要的轨道设计使我们破天荒第一次从外空系统地观察地球。

"伽利略号"飞过离地球表面只有 950 千米（约为 600 英里）的上空。除了少数例外情况（包括显示物体尺度小于 1 千米的图片以及地球的夜间照片），本章描述的许多空间飞船所得资料实际上都是"伽利略号"取得的。用它的资料，我们能够推断出含氧的大气、水、云、海洋、极区积冰、生命以及智慧。把为探测其他行星而研制的仪器与方案，用来监视我们自己行星的环境卫生——国家宇航局正在认真从事这项工作——这项任务，宇航员赖德（Sally Ride）称它为"对行星地球的使命"。

在用"伽利略号"检测地球生命的国家宇航局科研组里，和我一道工作的其他成员有康内尔大学的汤普森（W.Reid Thompson）博士、喷气推进实验室的卡尔森（Robert Carlson）博士、衣阿华大学的格内特（Donald Gurnett）博士，以及科罗拉多大学的霍德（Charles Hord）博士。

我们事先对于地球上必定具有何种生命不作任何假设，就用"伽利略号"成功地检测到地球上的生命，这使我们增强信心，认为我们在其他行星上找不到生命这个否定性的结果是有意义的。难道这个判断是人类为宇宙中心论的、地心论的或是狭隘地方主义的？我认为并非如此。我们并不只是在寻找和我们同样的生物。任何分布很广的光合作用色素、任何与大气中其他气体显著不平衡的气体、任何地表上表现为高度几何化的图案、处于夜半球上的任何稳定的灯光构形、任何非天体物理的无线电发射源，都可以表示生命的存在。我们在地球上找到的当然只是我们的类型，但是在其他地方原本会检测到许多其他的类型。我们没有发现它们。对第三颗行星（即地球）的这种考察加强了我们的无把握的结论，即在太阳系的一切星体中，只有我们的地球有幸拥有生命。

我们刚开始搜寻。也许有生命隐藏在火星或木星、木卫二或土卫六上面；也许像我们这样生命丰富多彩的世界，在银河系中比比皆是；也许我们即将做出这样的发现。但是就现实的知识来说，目前地球是唯一的，还不知道别的星体上有微生物，更不用说科技文明了。

# 第6章

## "旅行者号"的胜利

> 他们乘船下海，在大海上做生意；他们看见
> 了上帝的杰作和他在深处的奇迹。
>
> ——赞美诗，107（约公元前 150 年）

我们给孩子们提出的理想会影响他们的未来。重要的问题是，那是一些什么样的理想。它们往往是一些靠自己能力能达到愿望的预言。梦想即是图像。

我并不认为描绘最可怕的未来是不负责任的。如果我们想避免它们，我们就必须知道它们是可能的。可是哪里是可供选择的办法？哪里是发挥促进与鼓舞作用的梦想？我们渴望把使我们引为自豪的世界现实图像交给孩子们。可是描绘人类目标图像的人在哪里？对充满希望的未来的理想在哪里？科学技术是改善人类生活的工具，而不是指着我们脑袋一触即发的一支枪。那么对科技的理想又在何方？

国家宇航局在它的常规工作中提出这样的理想。但是在 20 世纪 80 年代与 90 年代初期，许多人都把美国的太空计划视为一系列灾难：在执行一项以放置一颗通信卫星为主旨的任务时，7 位勇敢的美国人丧生了，而这颗卫星本来可以较低成本且不需要有任何人冒风险的方式发射；一架价值 10 亿美元的望远镜在分辨率很差的情况下送上太空；向木星发射的一艘太空飞船的主天线——它对于向地面发回资料是必不可少的——打不开；一个探测器在快要绕火星运转时丢失了。

每当国家宇航局把几名宇航员送入在 320 千米（200 英里）高处的一个小密封舱，无穷无尽地绕地球旋转，什么地方都去不了，而把这说成是探测时，有些人感到畏缩了。和遥控装置探测的光辉成就相比，载人飞行取得的基础科学发现少得令人吃惊。除了修配研制失误或发生故障的卫星，或者发射原本恰好也可用无人火箭助推器送上天的卫星之外，从 20 世纪 70 年代以来，载人航天飞行似乎没有取得与所花代价相称的成就。也有一些人把国家宇航局看作为实现把武器送入太空的奢侈计划而使用的一匹掩蔽用的假马 [1]，全然不顾在许多情况下绕地飞行的武器只是一只坐以待毙的鸭子 [2]。于是有许多症状显示国家宇航局是一个衰老的、动脉硬化的、谨小慎微的、没有雄心壮志的官僚机构。也许这种动向正在开始逆转。

但是这些批评——它们中的许多肯定是正确的——不应让我们对同一时期中国家宇航局的成就视而不见：对天王星和海王星系统的首次探测，对哈勃太空望远镜在其运转轨道上进行检修，证明星系的存在与大爆炸理论相符，对小行星的首批近距观测，对金星从南极到北极的勘测，对臭氧的损耗进行监测，证明在一个近邻星系的中心存在一个质量为太阳的 10 亿倍的黑洞，以及美国与俄罗斯联合太空作业的历史性实施。

太空计划具有深远的、梦幻般的、甚至革命性的内涵。通信卫星把我们的行星联成一体，成为环球经济的中枢，并且通过电视经常体现我们是生活在一个全球大家庭里这样一个重要的现实。气象卫星预报天气，减少飓风和龙卷风造成的人员伤亡，

---

[1] 意即掩饰用的借口。——译者
[2] 意即容易受到攻击的目标。——译者

并避免每年成十上百亿美元的农产品损失。军事侦察与限制武器等条约核实卫星，使各个国家以及全世界的文明变得更为安全；在一个拥有成千上万件核武器的世界上，它们让各方面头脑发热的狂人镇静下来；它们是让一个苦难的和难以捉摸的行星能够生存下来的主要工具。

现在全球卫星定位系统已经在运转，因此借助几个卫星可以通过无线电三角测量定出你的位置。手上拿着像现在的短波收音机那样小的仪器，你就可以精确读出你所在的经纬度值。将要坠毁的飞机，陷入浓雾中或浅海中的船只，或者在陌生城市中开汽车的人，都决不会再因迷失方向而遭殃。

天文卫星以前所未有的清晰度从绕地轨道向外凝视，就可以研究从近邻恒星拥有行星的可能性一直到宇宙的起源与命运等种种问题。行星探测器对我们太阳系中千姿百态的其他星体进行近距观察，把它们的命运与我们的地球进行对比。

所有这些活动都是有远见的、大有希望的、激动人心的，也是节省费用的，它们不需要使用载人航天器。未来的国家宇航局所面临的，也是本书所讨论的一个关键问题，便是就载人空间飞行所声称的辩解是不是有道理和可行的，值得为它花费那样大的代价吗？

但是，首先还是让我们考虑在行星中间航行的遥控空间飞行器所展现的大有希望的前景。

"旅行者1号"和"旅行者2号"是为人类敞开太阳系，并为子孙后代开辟新途径的两艘飞船。在它们于1977年8月和9月发射之前，我们对太阳系的行星部分几乎是一无所知。

在发射后的 12 年间，它们向我们提供第一批关于许多新星球的详尽资料与特写镜头，而过去在地面望远镜的目镜中，这些新星球有的看起来是模糊的圆面，有的仅是光点，有的我们连它们的存在都没有想过。这两个航天器现在还在发回大量资料。

这些航天器让我们了解其他世界的奇观、我们世界的唯一性和脆弱性以及宇宙的起源和终结。它们使我们接近太阳系的大部分区域——就范围的广度与众多的数量上来说都是这样。正是这些飞船首先探测了也许会成为我们未来后裔家园的星体。

目前美国的运载火箭的威力都不够大，难以单靠火箭的推进在几年里把这样的一艘太空飞船送达木星或更远处。但是我们是聪明的（也是幸运的），还有别的办法：我们能够（像"伽利略号"做过的那样）飞到一个天体的近旁，让它的引力把我们推向下一个天体，这叫作引力支援。除了独出心裁，我们几乎没有花费什么。这有点像玩旋转木马，在它转过来时抓住在它上面的一根柱子，就会使你加速并转到某个新方向。航天器的加速被行星绕日轨道运动的减速抵消掉一部分。但是因为与航天器相比，行星的质量要大得多，因此行星几乎一点也未慢下来。每一艘"旅行者号"太空飞船都从木星的引力获得近每小时 64 000 千米（40 000 英里）的速度增值。反过来，木星绕太阳的运动则变慢了。这有多少呢？从现在算起 50 亿年之后，当我们的太阳变成一颗膨胀的红巨星时，木星与 20 世纪后期"旅行者号"尚未飞越它时的情况相比，将向太阳移近 1 毫米。

"旅行者 2 号"利用罕见的"行星联珠"天象，它飞到木星近旁，受到加速而驶向土星，再由土星到天王星，从天王星到海王星，然后经海王星飞向恒星。但是你并不能在你希望的任何时候都这样办：这种天体"联珠"游戏的上一次机会是在杰斐逊（Thomas Jefferson）[1]当总统时出现的。那时人们处于仅在马背上、独木舟里和帆船上进行探测的时期（当时汽船是即将出现的新技术）。

由于缺少足够的资金，国家宇航局的喷气推进实验室仅承担得起建造最远到土星仍能工作的飞船。超过它，就一筹莫展了。然而卓越的工程设计——事实上是用无线电把指令发往飞船的喷气推进实验室工程师们具有非凡才能，他们及时排除了飞船的故障——使得两个航天器都能继续前进，去探测天王星和海王星。目前，它们正在从距太阳已知最远的行星之外的空间，把它们的发现用信号发送回来。

往往我们更多听到的是探险带回来的辉煌成果，而不是运载它们的船只，也不是造船工人。情况总是这样的。甚至那些使人醉心于哥伦布（Christopher Columbus）航行的历史书籍，对"尼娜号"、"平塔号"和"圣玛丽亚号"船只的建造者以及这些轻快帆船的原理都谈得不多。这些太空飞船，以及它们的设计人、建造者、导航员和操纵人员，都是为了很明确的和平目标而发展的科学技术所能取得的成就的范例。那些科学家和工程师应都是为美国追求卓越成就和国际优势地位的模范人物，应当把他们印在我们的邮票上。

对木星、土星、天王星和海王星这四颗巨行星中的每一颗，上述两艘或其中一艘太空飞船研究了行星本身及其环带和卫星。1979 年，它们在木星附近经受了为置人于死地的辐射剂量 1 000

---

[1]　美国第三任总统（1743～1826），于 1801～1809 年连任两届。——译者

倍的被俘获带电质点的袭击。在这种辐射的全部包围中，它们发现了这颗最大行星的若干个环，在地球之外首次看到的一些活火山，以及在一个没有空气的星球上可能存在的地下海。此外还有许多惊人的发现。1980 年和 1981 年，它们在冰暴袭击中幸免于难，并且发现了不是几个，而是几千个新的环。它们考察了相对来说不久之前曾神秘融化了的冰冻卫星，以及一个可能拥有液态碳氢化合物海洋（上面漂浮着有机物质云）的大星体[1]。

1986 年 1 月 25 日，"旅行者 2 号"进入天王星系统并报道了一系列奇异事件。这次会合只持续了几个小时，但是如实传回地球的信息，使我们对这颗蓝绿色行星（包括它的 15 个卫星、漆黑的环系和俘获的高能带电粒子带）的认识发生了一场革命。1989 年 8 月 25 日，"旅行者 2 号"掠过海王星系统，并观察到在遥远太阳的微弱照耀下千变万化的云彩图案；还有一个古怪的卫星，在它上面，稀薄得令人惊异的大气中的风吹起有机微粒的卷流。直到 1992 年，已经飞越了已知最外面的行星，两个"旅行者号"航天器还接收到无线电辐射，它可以认为是来自更遥远的太阳风层顶——即太阳风让位给恒星风的地方[2]。

因为我们栖息在地球上，我们不得不通过一个使图像变形的大气海洋凝视遥远的星体。它们所发射的紫外光、红外光和无线电波，大部分都不能穿透我们的大气。因此容易了解，为什么我们的太空飞船已经革新了对太阳系的研究：我们升到彻

---

[1] 这里是指土星的最大卫星——土卫六泰坦，现已证实土卫六上存在液态碳氢化合物湖泊。——译者

[2] "旅行者 1 号"已经飞离了太阳风顶层。——译者

底透明的真空的太空，像"旅行者号"那样接近我们的目标，飞过它们旁边，或者绕它们运转，甚至在它们表面着陆。

这些航天器已经向地球发回 4 万亿比特的信息，这大约相当于 100 000 卷百科全书。我在《宇宙》中描述了"旅行者 1 号"和"旅行者 2 号"与木星系统的会合。下面我要谈谈与土星、天王星及海王星的会合。

在"旅行者 2 号"正要与天王星系统会合之前，任务设计人员已设定好了一个最后的操纵动作，即让航天器上的推进系统短暂点火以校正航天器的位置，使它在急驰飞翔的卫星中间按照预定的航线穿过。但是实际情况是这种航线改正已经不必要了。在沿一条弧形路径飞行 50 亿千米之后，飞船还是在离设计轨迹的 200 千米范围之内。其精度已大致相当于抛出一根针，让它穿过 50 千米之外的针眼；或者在华盛顿开枪，击中在达拉斯的一头牛的眼睛。

行星蕴藏的珍贵信息由无线电传回地球。但是地球毕竟太远，地面上的射电望远镜收集到海王星的信号时，其接收功率只有 $10^{-16}$ 瓦（在小数点与 1 之间有 15 个零）。这种微弱信号与一盏普通台灯的功率相比，有如一个原子的直径与地月之间距离之比。要收到这样的信号，就像听到一只变形虫的"脚步"声。

"旅行者号"的任务是在 20 世纪 60 年代后期设想的，1972 年获得第一笔经费。但是直到两艘飞船完成对木星的侦察后，这个任务（包括与天王星及海王星的会合）才得到最后的批准。两个航天器的发射升空，用的是一个不能再度使用的"大力神／半人马"助推火箭组合。每个"旅行者号"重约一吨，可以塞满一间小屋。每一个所需功率约为 400 瓦——比一个普通美国家庭的能耗少得多——由一台把放射性钚转换成电力的发电机提供（如果必须依靠太阳能，那么当飞船离太阳越来越远时，它所能得到的能量就迅速减少。如果不是用了核能，"旅行者"除了从木星也许发回一点点资料外，就根本没有外太阳系的资料发送回来了）。

在航天器内部有电流通过，就会产生颇强的磁场，足以干扰测量行星际磁场的灵敏仪器。因此磁强计是放在一根长吊杆的末端，远远离开引起不良效果的电流。这根吊杆与其他伸出的部件，使"旅行者号"航天器看起来有点像一头豪猪。照相机、红外和紫外光谱仪以及一架称为照相偏振测量仪的仪器都放在一个扫描平台上，此平台按指令绕支架转动，使各种装置对准所观测星体。只要天线的指向是正确的，航天器就必定知道地球是在何方，因此信息可以传送回来。它还需要知道太阳以及至少一颗亮星的位置，这样一来它可以确定自己在三维空间中的方位，并正确指向任何一个在附近通过的星体。如果你不能把照相机对准，飞船就无法把几十亿千米外的图像很好地传送回来。

每一个航天器的成本大致都和一架现代战略轰炸机一样昂贵。但是和轰炸机不一样，"旅行者号"一旦发射出去，就不能收回库房进行修配。因此飞船上的计算机及电子仪器都设计得很累赘。许多关键性的部件，包括主要的无线电接收机在内，都至少有一个备件——一旦需要就可投入使用。每当一个"旅行者号"航天器出现故障，计算机就使用树形逻辑程序中处理意外事故的分支来制定一套适当的动作程序。要是这不能解决问题，飞船就发电报回家求救。

太空飞船离地球越来越远,无线电往返传递的时间也变长,当"旅行者号"在海王星的距离处时,这个时间接近 11 个小时。因此,一旦出现紧急情况,飞船需要知道怎样让自己进入一个等待地球指令的安全待命状态。随着航天器的老化,它的机械部件和计算机系统的失灵会越来越多;然而直到现在还没有出现过严重的记忆能力衰退和某些自动装置的阿尔茨海默氏病[1]。

这并不是说"旅行者号"航天器是完美无缺的。严重威胁探测任务的令人神经极度紧张的事故确实出现过。每一次都委派一批工程师——有的人从一开头就参加"旅行者号"计划——组成一个特别小组来"处理"问题。他们研究有关的科技资料,并运用他们对失灵部件原有的经验,他们用从未发射过的、完全一样的"旅行者号"航天器设备来做实验,或甚至制作许多个失灵的部件,来对它们的失灵方式进行某种统计研究。

1978 年 4 月,在发射将近 8 个月之后,飞船正在接近小行星带,这时遗漏了一个地面指令——这是一个人为的差错——使"旅行者 2 号"上的计算机未与主要的无线电接收机连接,而误连到它的备用机上了。在接下来地面向航天器发送指令时,备用接收机未能锁住来自地球的信号,这是因为一个叫作跟踪环形电容器的部件失灵了。在"旅行者 2 号"完全失掉联系 7 天之后,它的故障警戒软件突然命令备用接收机断开,并让主接收机接通。然而主接收机在片刻之后神秘地失灵了,再也听不到它的声音了(直到今天,谁也不知道究竟为什么)。为了完成任务,航天器上的电脑此刻愚蠢地坚持要使用已经失灵的主接收机。就这样,由于人为的和计算机的一连串不幸的差错,

---

[1] 早老性痴呆。——译者

飞船现在处于真正的危险之中。谁也想不出一个办法让"旅行者 2 号"恢复使用备用接收机。但即使这办到了,由于电容器失效,备用接收机也不能收到来自地球的指令。许多设计人员曾经担心,这样一来一切都完蛋了。

但是在一个星期对地球指令冷漠地毫无反应之后,飞船终于接受了两个接收机之间自动转换的指令,并编入了这台反复无常的船载计算机的程序中。也就在那一个星期,喷气推进实验室工程师们设计出一个创新的指令频率控制程序,来保证让受过损伤的备用接收机也能理解主要的命令。

工程师们现在至少初步地能够和飞船恢复联系了。不幸的是备用接收机现在变得很不稳定,它对航天器各个部件通电和断电时散发的热量极为灵敏。在随后的几个月中,喷气推进实验室的工程师们通过自己设计与进行的一些试验,彻底弄清楚了大多数航天器操作模式受热的影响:哪些因素会阻碍,而哪些会容许接收来自地球的指令?

有了这样的知识,备用接收机的难题就完全解决了。此后它收到了地球上发出的关于如何收集木星、土星、天王星与海王星系统资料的全部指令。就这样,工程师们拯救了飞行任务(为了保障安全,在"旅行者 2 号"后来的大部分飞行中,在与下一个行星会合之前,总是先把一套按计划进行的收集资料的程序存储在船载的计算机中,这样一来,即使航天器再次听不见来自家园的请求,也不碍事)。

另一个令人痛心的失败,是在 1981 年 8 月"旅行者 2 号"刚从土星背面出现(就地球上看来)后,扫描平台发疯似的摇摆不定——在靠近土星的十分短暂时间内指向各处,有时指向环，有时指向卫星或行星本身。突然，平台卡住了。扫描平台卡住不动是一个使人急得发疯的困难处境：要知道航天器正在飞越从来没有看见过的奇景，今后好几年或几十年我们将再也不能看见它们了，而漠不关心的飞船固定不动地向外望着太空，什么也没有看到。

扫描平台由带齿轮组的促动器驱动。因此喷气推进实验室工程师们起先在一次模拟试验中使用一个同样的飞行促动器，它在转动 348 次后失灵了，而航天器上的促动器转动了 352 次后失灵。问题原来出在润滑失灵。知道这一点是好的，可是怎样对付它呢？很清楚，无法给"旅行者号"追加一个加油器。

工程师们考虑，他们用交替地加热和冷却的办法能否使失灵的促动器再次起动呢？也许由此产生的热应力会引起促动器的部件以不同的速率膨胀和收缩，并使它松动。他们在实验室里用特制的促动器来试验这个设想，于是兴高采烈地发现，用这个办法他们可以让扫描平台在空间重新起动。设计人员还想出办法及早地诊断促动器失灵的任何别的迹象，因而有足够时间环绕这个问题开展工作。此后，"旅行者 2 号"的扫描平台运作得完美无缺。由于这项工作，才有了在天王星与海王星系统中拍到的全部图片。工程师们又赢得了一次胜利。

"旅行者 1 号"和"旅行者 2 号"按设计都只用于探测木星系统与土星系统。它们的轨道确实能让它们通过天王星及海王星，但是从来没有正式公开宣布过，把这两个行星也作为"旅行者号"探测的目标。这是因为原来早有预料航天器会存在那样长的一段时间。因为我们希望"旅行者 1 号"能够飞到土卫六这个神秘世界附近，受到土星引力影响，它进入了一条再也不能碰到任何一个已知星体的飞行路线。飞越天王星和海王星并取得辉煌成功的正是"旅行者 2 号"。这些星体离我们都很遥远,那里的太阳光越来越暗淡,发回地球的无线电信号也越来越微弱。这些都是意料中的事,但仍然是喷气推进实验室工程师和科学家们所要解决的非常严重的问题。

由于天王星与海王星都很暗,"旅行者号"的电视摄像机不得不作长时间的曝光。但是航天器在飞驰〔例如经过天王星系统时,它的速度约为每小时 56 000 千米(35 000 英里)〕,因此图像便会变得模糊不清。作为补偿,在曝光时间内整个飞船需要转动来抵消这种运动,这就像你在一辆开动的汽车上拍摄街景照片时,向相反方向转动镜头那样。这件事说起来容易,但实际上并非如此:你必须抵消最单纯的运动。在失重的情况下,仅仅是飞船上的磁带记录仪的开动和停止都会使航天器轻轻摇晃,并达到使图像模糊的程度。

解决这个问题的办法,是给航天器上极为灵敏的小型火箭发动机(称为推进器)发出指令,在每次收集数据过程的开始和结束时,推进器喷出一点气体,使整个航天器稍微转动一点,这样就可补偿磁带记录仪的轻微摇晃。为了解决在地球上接收的无线电信号太微弱的问题,工程师们设计出一种新的、更有效的办法来记录和传送资料,并把地上的各个射电望远镜用电子线路连接起来,这样可以提高灵敏度。整个说来,用许多判据来评估,照相系统对天王星和海王星的运作,比起土星甚至木星都要好一些。

"旅行者号"的探测还没有结束。当然有可能某个至关紧要的子系统明天就会失灵,但是就钚能源的放射性衰变来说,两个"旅行者号"航天器大概一直到2015年都能向地球送回资料。

"旅行者号"是一种有智慧的存在物——一部分是自动机械的人工智慧，一部分是人的智慧。它把人的知觉扩展到遥远的星体。对于简单问题和短期任务来说，它依仗的是自觉的智慧；但是对复杂问题与长期任务而言，它就须求助于喷气推进实验室工程师们的集体智慧及经验。这种动向肯定还会发展。两架"旅行者号"航天器体现出20世纪70年代早期的技术。如果是在今天为同样使命设计太空飞船，它们就会采用在人工智能、微型化、快速数据处理、自行诊断与修配的能力，以及从经验吸取教训等方面的惊人进展，此外，它们还会便宜得多。

就许多对人过于危险的环境来说——无论是在地球上还是在太空中，未来属于机器与人的合作，而两个"旅行者号"可以认为是这方面的前例和先驱。在此不妨只提到几个有潜力的应用领域：核事故、矿井灾难、海底探测与考古发掘、潜行到火山内部以及家务劳动。对这些行业来说，有一支由灵巧、机动、紧凑和听人指挥的机器人组成的特种预备部队，来诊断和修复它们自身的故障，情况就大不一样了。在不久的将来，这样的部队很可能会越来越多。

由政府制造的任何东西都会成为一场灾难，这在现今已经是习以为常的看法了。可是两个"旅行者号"航天器是由政府（还与同样吓唬人的学术界合作）研制的。它们按价、按时制成，大大超过原来设计的规格以及研制人最美好的梦想。这些优良的机器并不是要控制、威胁、伤害或者摧毁什么东西，它们代表我们本性中想寻根究底的成分，想要自由自在地遨游太阳系和更遥远的太空。这种技术所发现的宝藏属于世界各地的人民，可为全人类所利用。有人厌恶美国的大部分政策,也有人赞同它的一切;但是近几十年来,美国的所作所为只有少数受到普遍一致的赞誉,太空探测技术便是其中的一项。"旅行者号"从发射到与海王星会合,每一年只花费每一个美国人不到一分钱。我认为对行星的探测,是我们不仅对美国,也是对全人类做得最好的事情之一。

# 第 7 章

## 在土星的众多卫星之间

你让自己像君主一样端坐在土星的卫星之间。

————梅尔维尔《白鲸》第 107 章（1851）

　　有这样一个星体，它的大小介于月球与火星之间，它的上层空气带电，并起伏波动——空气是从邻近的典型的带环行星流进来的，行星上永恒的褐色多云天空带有一种奇特的赭橘色，而真正的生命物质从天空掉到下边未知的表面上。这个星体太遥远了，从太阳发出的光要经过一个多小时才能射到它上面。至于航天器就要好些年了。它在许多方面都还是个谜——包括它是否拥有大海。然而我们所了解的情况恰足以说明，在可达宇宙中的某个地方可能有某些变化过程目前还在进行，而早在洪荒时代它们已经在地球上出现过了，正是这些过程导致生命的起源。

　　在我们的星球上进行着一个持久的——在某些方面来说是十分成功的——物质演化的实验。已知最古老化石的年龄大约有 36 亿年。当然，早在这以前很久生命就开始出现了。但是在 42 亿或 43 亿年以前，地球还在遭受它形成过程最后阶段的折磨，那时生命还不可能存在。剧烈的碰撞使表面熔化，把海洋化为蒸汽，并且把最后撞击以来聚积的大气驱赶到太空中去。因此大约在 40 亿年前有一个相当短暂的时间之窗——大约只有 1 亿年——我们的最远代祖先开始出现了。一旦条件许可，生命就很快就以某种方式滋长起来。

最早的生物很可能是笨拙的，远逊于今天还活着的最低级微生物——也许只能勉强为自己制作粗糙的复制品。但是首先由达尔文有条有理描述过的自然选择这一重要过程，是一个威力巨大的工具。它把最幼稚的生物体演变成为千姿百态和美丽多彩的生物世界。

在一个无生命的地球上，受物理与化学规律驱使而自然产生的若干碎片、成分和基本单元，形成了最早的生物体。地球上一切生命的基本单元叫作有机分子，即以碳为主要成分的分子。在多得不可胜数的可能存在的有机分子中，只有极少数与生命有关系。最重要的有两类，即氨基酸（它是蛋白质的构成单元）和核苷酸（这是细胞核酸的构成单元）。

但是，就在生命出现之前，这些分子从何而来呢？只有两个可能性：来自地球之外或地球内部。我们知道，比现在多得多的彗星和小行星曾经撞击过地球。这些小天体是复杂有机分子的丰富宝库，而在碰撞时有些这样的分子幸存下来了。现在我要谈的不是外来的，而是在地球上自生的有机体，即在原始地球的大气与水域中产生的有机分子。

不幸的是，我们对早期大气成分的了解不太多，而在某些大气中有机分子远比在其他大气中更容易形成。早期大气不可能有大量的氧，这是因为氧是由绿色植物产生的，而那时还没有任何绿色植物。很可能以前氢要多一些，因为氢在宇宙中含量极丰，并且氢比其他任何原子都更容易从地球高层大气逃逸到太空中去（由于氢很轻）。如果我们能够设想出若干种可能的早期大气，就可以在实验室里复制，输入一些能量，看看会产生哪些有机分子，以及有多少。近年来这类实验是饶有趣味的和大有指望的。但是我们对原始大气的情况一无所知，很难找到它们之间的关系。

我们所需要的是一个真实的星体，它的大气仍然保存那样丰富的氢，在其他方面它要与地球甚为相似，现在它还大量产生构成生命的有机物，通过它我们可以找到自己的起源。在太阳系里只有一个这样的星体[1]，就是土星的大卫星土卫六。它的直径约为 5 150 千米（3 200 英里），比地球的一半略小一点。它绕土星运转一周需要 16 个地球日。

没有哪个星球会与任何其他星球一模一样。土卫六至少有一个重要方面与原始地球大不相同：它离太阳太远，表面极为寒冷，约为零下 180℃，远低于水的冰点。生命刚刚出现时的地球和现在一样，表面上主要是海洋，但在土卫六上面根本不可能有液态水构成的海洋（我们以后会谈到，由别的物质形成的海洋是另外一回事了）。然而低温也是有利的，这是因为分子一旦在土卫六上合成，它们往往便固定不变。温度越高，分子分离就越快。在过去 40 亿年间，分子像雨点一般落在土卫六上，有如从天而降的吗哪（manna）[1]，它们可能还在那里，大部分没有变化，处于深冻状态，等待着地球上的化学家去研究。

在 17 世纪，由于望远镜的发明，许多新天体被发现了。1610 年，伽利略首次观察到木星的四颗大卫星。这就像是一个小型的太阳系，小月亮们绕着木星旋转，犹如哥白尼所设想的行星绕着太阳旋转一样。这对地球中心主义者是又一次打击。45 年后，著名的荷兰物理学家惠更斯（Christianus Huygens）发

---

[1] 基督教《圣经》中所说的古以色列人经过旷野时获得的神赐食物。——译者

现了有一个卫星[1]在绕土星运动，并给它取名为泰坦（Titan）。它是 15 亿千米（约 10 亿英里）以外的一个光点，因反射太阳光而微弱可见。从发现它之时起（那时欧洲男人披着长长的卷发），到第二次世界大战期间（这时美国男人流行短发），除了知道它有一种奇特的黄褐色外，对这颗卫星几乎没有任何新的发现。甚至从原理上来说，地面望远镜几乎不可能认清它的神秘面目。在 20 世纪初期，西班牙天文学家索拉（J. Comas Solá）报告说，有微弱和间接的证据表明它有大气。

在某种意义上说，我的成长与土卫六有关。我在芝加哥大学在柯伊伯（Gerard P. Kuiper）指导下撰写博士论文，而这位天文学家明确地发现土卫六有大气。柯伊伯是荷兰人，因此可以说他是惠更斯在学术上的嫡系传人。1944 年，柯伊伯在对土卫六作光谱观测时，惊奇地发现它有甲烷气体的光谱特征。当他把望远镜指向土卫六时，甲烷的特征出现[3]；把望远镜移开，这种特征就一点也没有了。但是不能认为卫星有相当可观的大气，地球的卫星，月球就肯定没有大气。柯伊伯认为，虽然土卫六的重力比地球小，但它还是能保留大气，这是因为它的高层大气非常冷，这样一来，分子运动不够快，不会有大量分子达到逃逸速度并向太空散失。

柯伊伯的一个学生丹尼尔·哈里斯（Daniel Harris）断定土卫六是红的。也许我们看见的是一个火星那样的铁锈色的表面。如果你想更多地了解土卫六，不妨测量它所反射的太阳光的偏振。一般的太阳光是非偏振的。现在我在康内尔大学的同事韦韦尔卡（Joseph Veverka），是以前我在哈佛大学的研究生，因

---

[1]　按后来的编号，这颗卫星即土卫六。——译者

此也可以说是柯伊伯的徒孙。韦韦尔卡在他于 1970 年前后完成的博士论文中，测量了土卫六的偏振，并发现它随土卫六与太阳、地球的相对位置而变化。但是这种变化与其他星体（例如月球）所显示的偏振变化大不一样。韦韦尔卡的结论是，这种变化的特征与土卫六上面有范围很大的云或雾相符。在我们用望远镜观察土卫六的时候，看不见它的表面。我们对它表面的情况一无所知，根本不知道它的表面离云层有多远。

因此，在 20 世纪 70 年代初期，可以认为从惠更斯开始的学术传人的一项成就，就是我们至少知道了土卫六拥有一个甲烷含量丰富的稠密大气，此外它大概是被一层淡红色隆云笼罩着或被气雾所包围。但是什么样的云会是红色的呢？在 70 年代初，我的同事哈尔（Bishun Khare）和我在康内尔做了一些实验。我们用紫外光或电子使各种甲烷含量丰富的气体发光，并产生红色或褐色的固体；这些物质沾在我们做反应试验的玻璃器皿的内表面。我认为，如果富含甲烷的土卫六大气有红褐色的云，这些云会很像我们在实验室里做出来的东西。我们用"泥土"的希腊词，把这种物质称为"索林"（tholin）。起先我们对它的成分了解得很少。它是由我们原有的分子分裂而得出的有机混合物，是由碳、氢、氮原子和分子碎片重新组合产生的。

"有机"这个词在生物学方面并没有特殊的含义。它在化学上使用了长达一个多世纪，指的仅是由碳原子构成的分子（除了少数诸如一氧化碳和二氧化碳这样很简单的分子）。因为地球上的生命以有机分子为基础，并且因为过了一段时间之后地球上才有生命，所以在第一个有机体出现前，在我们地球上必定有某种制造有机分子的过程。我认为类似的过程今天也许正在土卫六上发生。

在我们对土卫六的认识中，具有划时代意义的事件是"旅行者 1 号"和"旅行者 2 号"分别于 1980 年和 1981 年到达土星系统。

"旅行者号"的紫外、红外与无线电仪器测量出了土卫六大气——从隐而不见的表面到太空边缘——的压力和温度。我们弄清楚了到云层顶部有多高。我们发现土卫六的空气和今天的地球一样，主要由氮组成。正如柯伊伯发现的，另一个重要成分是甲烷，就是以碳为基础的有机分子在那里产生的起始物质。

还找到了一些呈气态的简单分子，主要是碳氢化合物和腈。它们中间最复杂的有 4 个"重"（碳和／或氮）原子。碳氢化合物是仅由碳与氢原子组成的分子，对此我们熟悉的有天然气、石油和蜡（它们与糖及淀粉之类的碳水化合物完全不同，碳水化合物含有氧原子）。腈是一个碳原子和一个氮原子用某种特殊方式结合而成的分子。最著名的腈是 HCN，即氰化氢。它是一种能够致命的气体。但是氰化氢参与了地球上形成生命的过程。

在土卫六的高层大气中找到了这些简单的有机分子——即使只有百万分之一或十亿分之一——是发人深省的。原始地球的大气会与此相似吗？土卫六的大气浓度约为现今地球大气的 10 倍，而早期地球也可能有过比现在更稠密的大气。

除此之外，"旅行者号"在土星周围还发现了由行星磁场所俘获的高能电子与质子形成的一个大区域。土卫六绕土星运转时，在这个磁层中穿进穿出。电子束（加上太阳的紫外光）

射到土卫六的高层大气中，正像原始地球的大气拦截带电粒子（加上太阳的紫外光）那样。

因此，用紫外光和电子在很低的压力下照射氮与甲烷的特定混合物，并找出由此形成的更为复杂的分子，这就是一个自然而然的想法了。我们能否模拟出正在土卫六高层大气中进行的过程？在康内尔大学我们的实验室里，我和我的同事汤普森（一位关键人物）一起，复制出了土卫六上产生的一些有机气体。土卫六上最简单的碳氢化合物是由太阳的紫外光产生的。但是一切其他的在实验室里最容易用电子做成的气体产品，都与"旅行者号"在土卫六上所发现的相对应，并且成分相同。二者呈一一对应。我们在实验室找到的气体，将在对土卫六以后的研究中设法寻找。我们造出的最复杂的有机气体拥有 6 ~ 7 个碳原子和 / 或氮原子。这些分子成品可以形成索林。

在"旅行者 1 号"接近土卫六时，我们曾经希望天气能转好。从远处看去，土卫六像一个小圆盘；在靠得最近时，我们的照相机视场只能看到它的一个小区域。如果雾和云有一个裂口——即使只有几千米大——在我们扫描圆面时就会看到一部分隐蔽的表面。可是缺口连一点踪迹也没有。这个世界被封闭了。地球上没有人知道土卫六的表面有什么东西。如果在那里有一个观测者，他在普通可见光的波段内抬头仰望，根本看不见云层之上的壮观景象，也看不到土星和它的宏伟光环。

通过"旅行者号"、在绕地轨道上的"国际紫外探险者"以及地面望远镜的测量，我们对掩盖土卫六表面的橙褐色雾粒子已经了解得相当多了：它们吸收的是哪些颜色的光；它们允许大量通过的是哪些颜色的光；它们使通过的光线偏转了多少；以及它们有多大（它们大部分和香烟喷雾中的粒子一样大）。"光学性质"当然和雾粒子的成分有关。

哈尔和我与美国田纳西州橡树岭国家实验室的荒川（Edward Arakawa）合作，测量了土卫六索林的光学性质。我们发现原来它与真正的土卫六雾极为相似。没有其他的待选物质（无论是矿物的还是有机的）能与土卫六的光学性质相符。因此我们可以明确地宣称已经弄清楚了土卫六雾的底细——在土卫六大气的高层形成，缓慢地坠落，并在它的表面大量积聚。这种物质是什么东西组成的呢？

要想知道一种复杂有机固体的确切成分是非常困难的。举例来说，虽然长时期以来我们的经济离不开煤，但我们对煤的化学组成至今还没完全弄清楚。但是我们对土卫六的索林已经有所了解。它含有地球上生命的许多重要组成材料。的确，如果你把土卫六的索林滴入水中，就会形成大量的氨基酸、蛋白质的基本成分和核苷酸盐基，以及脱氧核糖核酸（DNA）与核糖核酸（RNA）的组成材料。这样形成的氨基酸，在地球上的生物体内分布很广。其他的属于完全不同的种类。此外还有一大批其他的有机分子，它们有些与生命有关，有些则无关。在过去 40 亿年中，极其大量的有机分子从大气沉积到土卫六的表面上。如果在以往的漫长岁月中，它们都处于深冻和不变的状态，那么积累的物质至少应该有几十米（100 英尺）厚，最高的估计为 1 千米厚。

但是你也许会认为，在水的冰点之下 180℃时，氨基酸决不会形成。把索林滴入水中可能对早期地球有重大作用，但对土卫六似乎不同。然而彗星和小行星偶尔会撞击到土卫六的表面（土星的其他近距卫星上面有大量撞击坑，而土卫六的大气并没有厚到足以阻止巨大的、高速的物体落到它的表面）。虽然我们从来没有看见过土卫六的表面，可是行星科学家们却对它的成分有所了解。土卫六的平均密度是在冰和岩石的密度之间，大概会两者兼而有之。在邻近的星体上冰与岩石都很丰富，而有的几乎纯粹由冰形成。如果土卫六的表面是冰，一次高速的彗星碰撞便会使冰暂时融化。汤普森和我估计，土卫六表面上的任何一处，都有50%以上的机会曾经一度融化过，而这种碰撞融化和泥浆平均几乎要保持1 000年。

这样就形成一种大不相同的经历。地球上的生命大概是在海洋或潮汐浅塘里出现的。地球上的生命主要由水形成，水在物理和化学两方面都起了重大作用。的确，我们这些迷恋着水的生物难以想象出没有水的生命。如果在我们地球上生命的起源经历了不到1亿年，是否可能这在土卫六上只要1 000年呢？有了掺和到液态水中的索林，甚至只要1 000年，土卫六的表面可能就会以比我们想象的要大得多的步伐向生命起源演进。

在我参加了一次在法国图卢兹举行的，由欧洲空间局主办的关于土卫六学术讨论会后回家时，不禁这样想：尽管有了这些认识，我们对土卫六的了解仍然是少得可怜。虽然在土卫六上不可能有液态水的海洋，但液态碳氢化合物的海洋就是另一回事了。在土卫六表面之上的低空，估计有甲烷的云，而甲烷是最多的碳氢化合物。次多的碳氢化合物乙烷（$C_2H_6$）应当像地面附近水蒸气变成液体那样，在土卫六表面凝聚出来（地面温度一般是在冰点与熔点之间）。在土卫六存在期间，应当已经聚积出液态碳氢化合物的浩瀚海洋，它们可能远在雾与云之下。但是，这并不意味着它们对我们来说是完全无法达到的——这是因为无线电波容易穿透土卫六的大气以及悬浮在它里面的、缓慢下落的细小粒子。

在图卢兹，加利福尼亚理工学院的米勒曼（Duane O.Muhleman）向我们讲述了一个技术上非常困难的重大成果：用加州莫哈韦沙漠的射电望远镜，将一组无线电脉冲射向土卫六，穿过它的雾和云直达它的表面，然后反射到太空，并返回地球。为此，在新墨西哥州索科罗附近的一个射电望远镜阵接收到了大为减弱了的信号。这真了不起！如果土卫六有一个由岩石或冰覆盖着的表面，那么由它反射的雷达脉冲，在地球上应当能够检测到。但是，假如是碳氢化合物海洋掩盖着土卫六，米勒曼就什么也看不到：液态碳氢化合物对这些无线电波的吸收很强，于是就不会有回波返回地球。事实上，当土卫六的某些经度区转向地球时，米勒曼的庞大雷达系统就接收到反射电波，但是并非所有的经度区都是这样。不错，你可以说土卫六既有海洋也有大陆，而把信号反射回地球的是大陆。但是如果在这方面土卫六与地球相似——对某些子午线（例如通过欧洲到非洲的）主要是陆地，而对另一些子午线（如通过太平洋中部的）则基本上是大海，那么我们必定碰到另外一个问题：

土卫六绕土星运转的轨道并不是一个正圆。它显然是扁的，或者说呈椭圆形。然而，如果土卫六拥有广阔的海洋，那么，它绕之旋转的巨行星土星就会在土卫六上引起显著的潮汐，由此产生的潮汐摩擦，定会使土卫六的轨道在远短于太阳系年龄的时期内变成圆形。德莫特（Stanley Dermont）和我在1982年发表的一篇题为"土卫六海洋的潮汐"的学术论文中论证道，由于这个原因，土卫六要么是一个全部是海洋，要么是一个完全为陆地的世界。如果不是这样，在浅海地区潮汐的摩擦就会起到作用。湖泊和岛屿虽可以存在，但是别的就没有了，于是土卫六的轨道就会和我们现在看到的大不一样。

这样一来，我们就有三种学术论点：一个认为这个世界几乎完全被碳氢化合物的海洋所覆盖；另一个观点认为它是大陆与海洋兼而有之；第三个要求我们选择，土卫六是辽阔的海洋，或者全是陆地。要知道答案会是什么，这是一件很有趣的事[1]。

我上面讲述的是一种科学进展报告。明天可能会有新的发现，使这些谜团和矛盾全部澄清。也许米勒曼的雷达探测结果有某个差错，但很难查出错在哪里；也许德莫特和我所做的潮汐对土卫六轨道演化作用的计算有某处出错，可是至今还没有人能发现任何错误。此外，难以解释在土卫六表面的乙烷怎么能够免于凝固。尽管温度很低，也许几十亿年来仍有某种化学变化；也许从天而降的彗星撞击与火山或其他大地结构变化结合起来，加上宇宙射线的作用，可以使液态碳氢化合物凝结，并变成某种能把无线电波反射回太空的复杂有机固体。或者也许反射无线电波的有机物只是浮在海的表面。可是液态的碳氢化合物的密度很小，因此每一种已知的有机固体，除非是泡沫极多的，都会像一块石头那样沉入土卫六的海洋。

---

[1] 经过"卡西尼"探测飞船及"惠更斯"着陆器对土卫六的探测，现已确定土卫六的大部分表面由"陆地"构成，但在两极地区存在大量液态海洋，或者说是湖泊。——译者

现在德莫特和我在怀疑，当我们设想土卫六上面有大陆与海洋时，我们是否过分拘泥于我们在自己星球上得到的经验，我们的思考是否太地球沙文主义了。土星系统中其他卫星的表面尽是破损的、坑凹的地带，还有大量的撞击坑。如果我们想象液态碳氢化合物在一个这样的星球上缓慢地聚积起来，于是出现的不是布满全球的海洋，而是互相隔离的并没有完全装满液态碳氢化合物的大塘。许多圆形的石油海，有的直径超过 160 千米（100 英里），坑坑洼洼地分布在卫星的表面。但是远处的土星不会激起可以察觉的波浪；并且惯常会想到，那里没有船，没有游泳者，没有玩冲浪的人，也没有人钓鱼。按我们的计算，在这种情况下潮汐摩擦可以忽略不计，因而土卫六的拉长的椭圆轨道不会变成圆形。在开始得到表面的雷达或近红外图像之前，我们不能了解确切的情况。但是可以认为，我们目前遇到的难题的答案大概是：土卫六拥有许多碳氢化合物的圆形大湖泊，在有些经度多一些，有些经度少一些。

我们是否应当指望有一个覆盖着深厚索林沉积物的冰冻表面；一个碳氢化合物海洋，它各处有一些盖满有机物的岛屿；一个布满坑状湖泊的世界；或者还有什么我们想不到的更微妙的东西？这不只是一个学术问题，因为一艘将要飞往土卫六的太空飞船正在设计中。如果一切顺利，一个由美国国家宇航局和欧洲空间局联合研制的，名为"卡西尼"的航天器将于 1997 年 10 月发射。这艘飞船将两次飞经金星，一次飞经地球和一次飞经木星，以便取得引力加速；在航行 7 年后它将进入环绕土星的轨道。飞船每一次到达土卫六附近时，将用包括雷达在内的一整套仪器来考察这颗卫星。因为"卡西尼"离土卫六会近得多，它能够分辨出土卫六表面上用米勒曼的地面仪表（这是土卫六探测的先驱）无法察觉的许多细节。表面情况还可以用近红外光察看。在 2004 年夏天的某个时候，我们手里可能就会有土卫六隐而不见的表面图。

"卡西尼"还携带一个进入土卫六大气的探测器，它的名字很适当，叫"惠更斯"，它将与航天器的主体分离，并垂直降落到土卫六的大气中。一个大降落伞会打开，仪器包会穿过有机物形成的雾和甲烷云层，缓慢地坠入低层大气。它在降落时将考察有机化合物。如果在着陆时没有坠毁，它还将考察这个星体的表面[1]。

一切都无法担保。但是飞行任务在技术上是可行的，硬件正在制作。一批志同道合的、令人难忘的专家（包括许多年轻的欧洲科学家）正在埋头苦干，并且有关各国似乎都很认真对待这个项目。它大概会实现。或许在不太遥远的将来，穿越 16 亿千米（10 亿英里）的行星际空间，仪器将会传来土卫六在拥有生命的道路上已经走了多远的信息。

---

[1] "惠更斯"成功了，软着陆在土卫六的表面，使得土卫六成为人类迄今为止实现探测器软着陆的最遥远的一颗星球。——译者

# 第 8 章

## 第一颗新行星

我恳求你,你不会希望有理由说明为何有这样多的行星吧,你会吗?这个烦恼已经有人解决了……

——开普勒《哥白尼天文学概论》
第四卷(1621)

在人类创造出文明之前,我们的祖先主要是在露天生活。在制造出人工光源,出现大气污染以及有了现代的各种夜间娱乐之前,人们经常观察星星。当然,为了编制历法的实际需求是有的,但还有更多的原因。甚至在今天,城市里精疲力竭的居民,一旦望见无数闪闪发光的星星装点的晴朗夜空,也会精神为之一振。许多年来,每次看到这种景色,我都会感到兴奋。

在每一种文化里,天象与宗教神话总是交织在一起。我躺在旷野里,苍穹环绕着我。它的规模令我折服,它是多么浩瀚,多么悠远,相比起来我就显得很渺小。可是我并不感到自己被天国遗弃了。我是它的一部分——肯定是微小的一部分,但是和那种无与伦比的浩瀚相比,任何事物都是微不足道的。当我全神贯注于恒星、行星及其运动时,我无法抑制地感到这是一种机械、时钟式和高度精密的运作。无论我们的抱负多么伟大,它的无比规模总使我们显得很渺小和卑不足道。

在人类历史上大多数伟大的发明——从石制工具与火的利用到文字——都是无名的恩人做出的。我们对远古事件的记忆是很差的。我们不知道首先察觉行星与恒星不一样的祖先叫什么名字，他或她应当是活在几万年甚至几十万年以前。但是全世界的人终于了解到，装饰夜空的明亮光点中有 5 个——只有 5 个——与别的光点步伐不一致，它们往往在几个月内古怪地运行，好像它们有自己的主见。

和这些行星一样，太阳和月亮也有奇怪的视运动。这样一来，在天界漫游的星体总数为 7 个。这 7 个星体对古代人都很重要，因此他们用神灵来给它们命名。不是随便哪个古老的神，而是主要的、为首的神，是指点其他神灵（以及世间凡人）如何行动的神。巴比伦人把其中一个明亮而缓慢移动的行星[1]用马杜克（Marduk）来命名，斯堪的纳维亚人用奥丁（Odin），希腊人用宙斯（Zeus），罗马人用朱庇特（Jupiter），他们都是神中之王。罗马人把暗淡、快速移动和离太阳不远的一颗行星[2]叫作墨丘利（Mercury），意为众神的使者；把最亮的一颗行星[3]称为维纳斯（Venus），即爱情和美丽之女神；对一颗血红色的行星[4]用战争之神来命名，即马尔斯（Mars）；至于其中一颗行动最迟缓的叫萨图恩（Saturn）[5]，是时间之神。这些是我们祖先所能提出的最好的隐喻和暗示。他们除了肉眼之外，没有科学仪器，他们局限在地球上，并且根本不知道地球也是一颗行星[1]。

到了要制定星期的时候——星期这个时间间隔与日、月和年都不一样，没有真实的天文含义——人们把它定为 7 天，

---

[1]　指木星。——译者

[2]　指水星。——译者

[3]　指金星。——译者

[4]　指火星。——译者

[5]　指土星。——译者

每一天都用夜空中这 7 个反常的星体之一来命名。我们不难找到这种定名的痕迹。在英语中，星期六（Saturday）是土星（Saturn）之日；星期日（Sunday）和星期一（Mo[o]nday）是够清楚的了[1]；星期二至星期五是用撒克逊人与其同种族的曾入侵凯尔特 / 罗马不列颠的条顿人的神来命名的。举例来说，星期三（Wednesday）是奥丁（Odin）［或沃丁（Wodin）］的日子，如果我们按现在的拼音把它说成是"韦恩的日子"（Wedn's Day）就更清楚了；星期四（Thursday）是雷神（Thor）的日子；星期五（Friday）是爱情女神（Freya）的日子。一星期的最后一天仍用罗马神的名字，其余的都已变成德语了。

在所有罗曼语族的语言（如法语、西班牙语和意大利语）中，这种联系更为明显。这是因为它们都起源于古代拉丁语，而在这种语言里，一周的日子（从星期天开始），是依次用太阳、月亮、火星、水星、木星、金星和土星来命名的。（太阳日成为上帝的日子。）他们原本可按相应的天体亮度次序来为日子定名，即按太阳、月亮、金星、木星、火星、土星与水星的次序，排出星期日、星期一、星期五、星期四、星期二、星期六和星期三，但是他们没有这样做。如果在拉丁语系中一周的日子是按与太阳的距离的次序来排列，就会成为：星期天、星期三、星期五、星期一、星期二、星期四、星期六。然而回溯到为行星、神灵和周日取名的时候，谁也不知道行星的这种次序。周日的排列次序似乎是任意的，虽然可能承认了太阳的首要地位。

7 尊神灵、7 个日子和 7 个星体——太阳、月球与五颗漫游的行星——的这种结合，在世界各地广为流传。7 这个数字开始

[1] 星期日是太阳（Sun）日，星期一是月亮（Moon）日。——译者

取得神奇的含义。以前人们认为有七重天，即以地球为中心的 7 个透明球壳，是它们使天体运转。最外面的球壳，即第七重天，是假想中的"恒"星居留的地方。一共有 7 个创世日（如果我们把上帝的休息日也包括在内），人的头上有 7 窍，有 7 项美德，7 宗罪恶 [1]，苏美尔 [2] 神话里有 7 个恶魔，希腊字母中有 7 个元音（每一个都属于一位行星之神），炼金术士认为有 7 位主管命运之神，摩尼教有 7 本巨著，基督教有 7 次圣餐，古希腊有 7 位圣人，此外还有 7 种炼金的"丹源"（金、银、铁、汞、铅、锡和铜——金至今还与太阳有关，银与月亮有关，铁与火星有关，等等）。第 7 个儿子的第 7 个儿子具有超自然的魔力。7 是一个"幸运"数字。《新约全书》的《启示录》中谈到，把一卷圣谕的 7 张封条打开时，7 只喇叭就会一齐吹响，7 个碗一齐盛满。圣奥古斯丁含糊地论证过 7 的神秘的重要性。他的理由是，3 是"第一个为奇数的整数"（那么 1 算什么呢），"4 是第一个偶数"（2 又算什么呢），并且"它们合起来便是 7"，如此等等。甚至在今天，像这样的穿凿附会还在苟延残喘。

　　甚至有人不相信伽利略发现的 4 个木卫（还不是行星呢）的存在，理由是它损害了 7 这个数字的优越地位。随着哥白尼体系逐渐为人们接受，地球进入行星的行列，而太阳和月球去掉了。这样一来，似乎只有 6 个行星（水星、金星、地球、火星、木星与土星）。于是有人杜撰出学术依据来论证，为什么必须是 6 个。举例来说，6 是第一个"完全"数，等于它的除数之和（1+2+3），这就是证明。还有无论如何只有 6 个创世日，而不

---

[1] 宗教认为该罚入地狱的 7 宗重罪，指骄、贪、欲、怒、馋、妒、懒。——译者

[2] 古代幼发拉底河下游地区。——译者

是 7 个。人们找出各种理由来迎合行星由 7 个变成 6 个。

到了那些善于玩弄数字神秘主义的人也接受哥白尼体系的时候，这种自欺欺人的思维模式便从行星转移到卫星。地球有一个卫星，木星有 4 个伽利略卫星，加在一起是 5 个，显然还缺了一个（请不要忘记，6 是第一个完全数）。当惠更斯在 1655 年发现土卫六时，他和其他许多人都确信，这是最后一个了：6 个行星，6 颗卫星，而上帝在他的天国里。

哈佛大学的科学史专家科恩（I. Bernard Cohen）指出，惠更斯确实放弃了对其他卫星的探寻，这是因为从上述论证再也没有其他卫星了。16 年以后，令惠更斯啼笑皆非的是他在场时，巴黎天文台的卡西尼[2]发现了第七颗卫星，即土卫八。它是一个古怪的星体，它的一个半球是黑的，而另一个是白的；它的轨道是在土卫六之外。不久后，卡西尼又发现了另一颗土星卫星，即土卫五。这是在土卫六之内的卫星。

对玩弄数字游戏的人来说，又一个机会来了。这一次是专门应用于阿谀奉承恩主。卡西尼把行星数（6）与卫星数（8）相加，得到 14。当时碰巧的是，为卡西尼兴建天文台并支付薪金的人是法国的路易十四，号称太阳国王。这位天文学家急急忙忙地把这两颗新卫星"奉献"给他的君王，并宣称路易已经"征服"了太阳系的尽头。谨言慎行的卡西尼于是中断了对其他卫星的探寻。科恩认为，大概他害怕再发现一颗卫星会触犯路易——他是一个不能被嘲弄的帝王，他可以粗暴地把他的臣民定为叛逆的新教徒，并投入地牢。尽管如此，12 年后，卡西尼重新进行探索，并发现——无疑是战战兢兢地——另外两颗卫星（幸好人们没有一脉相承地这样做，否则法兰西波旁王朝就会有 70

多个叫路易的国王，那就麻烦了）。

在 18 世纪后叶，当新天体陆续发现时，这个玩弄数字论证的势力大为削弱了。然而在 1781 年，当人们听说用望远镜发现了一颗新行星的时候，仍然有一种真正的惊奇之感。相比之下，新卫星不太引人注意，尤其是在前面 6 个或 8 个发现之后。但是，还有新的行星可以发现，并且人们还创制出发现它的工具，这两件事既令人惊异又使人感到是理所当然的。如果有一颗前所不知的行星，就可能还有许多颗——在我们太阳系以及其他恒星附近都会如此。谁也不知道，在漆黑的天空里，究竟还有多少尚未发现的新世界？

这次的发现甚至并非由一位职业天文学家，而是由威廉·赫歇尔（William Hershel）做出的。他是一位音乐家，他的家人跟另一位英国化了的德国人（也就是后来美洲殖民地的压迫者英王乔治三世）的家庭一同来到英国。赫歇尔希望用他的庇护人来命名这颗行星，即称它为乔治（实际上是"乔治之星"）；然而幸运的是，这个名字并没有流传下来（天文学家似乎都热衷于讨好君王）。赫歇尔发现的这颗行星后来被称为天王星（Uranus，这是每一代讲英语的 9 岁的孩子都听不厌的故事）。它以古代天神命名，而按希腊神话，是萨图恩（土星名）的父亲，因此是奥林匹亚众神的祖父。

我们不再把太阳和月球当作行星，并且——忽略不计相对不重要的小行星与彗星——把天王星认作按与太阳的距离排列的第七颗行星（水星、金星、地球、火星、木星、土星、天王星、海王星、冥王星）。它是古人不知道的第一颗行星。外面的 4

颗行星（类木行星）与 4 颗内行星（类地行星）原来是大不相同的。冥王星是一个独特的例子。

随着岁月的推移和天文仪器质量的改进，我们对遥远的天王星开始了解得较多了。向我们反射暗淡太阳光的不是固体表面，而是大气与云——正如土卫六、金星、木星、土星及海王星那样。天王星的空气由氢和氦这两种最简单的气体组成，还有甲烷与其他碳氢化合物。地球上观测者看得到的云层之下就是厚实的大气，它含有大量的氨、硫化氢，特别还有水。

在木星和土星的大气深处，压力大到把原子中的电子挤出，并使空气呈金属性。在质量较小的天王星上似乎没有出现这种情况，这是因为它的大气深处的压力小一些。然而只有通过天王星对其卫星微妙的引力，可以研究根本看不到的更深处，发现在上面大气的沉重压力下，那里是一个岩石般的表面。那是一个隐而不见的与地球相似的庞大行星，它被浩大的空气掩盖和包裹起来。

地球表面的温度是由地球拦截的太阳光保持住的。太阳一旦离去，地球就会很快冷却——远不只是像南北两极那样冷，也不仅海洋会冻结，而是严寒甚至于使空气凝固，形成覆盖整个地球 10 米厚的氧与氮的冰层。从炽热的地球内部渗透出来的一点点热量不足以融化这些隆冰。对木星、土星和海王星而言，情况就不一样了。从它们内部倾泻而出的热量与它们从太阳获得的辐射热大致相等。把太阳"关掉"，它们所受的影响并不很大。

但是天王星就是另一回事了，它在类木行星中是反常的。天王星像地球：真正从内部渗出的热量很少。我们不了解为什么会是这样，为什么在许多方面与海王星很相似的天王星却缺少一个强大的内部热源。由于这个以及别的原因，我们不能说已经了解这些巨大星体的内部深层的情况。

天王星是"躺下来"绕太阳旋转的 [1]。在 20 世纪 90 年代，它的南极受太阳照射，20 世纪末地球上的观测者察看天王星时，他们所见到的正是这个极。天王星绕太阳运转一周需要 84 个地球年。因此在 21 世纪 30 年代，其北极将朝向太阳（也是朝向地球），到 21 世纪 70 年代，南极会又一次对着太阳，在中间这段时期，地面天文学家所看见的主要是它的赤道区域。

所有其他行星都是"直立地"在轨道上自转。谁也不能肯定天王星反常自转的原因。最有可能的假说是，在它早期历史上的某个时候（总是几十亿年之前），一颗在很扁的轨道上运行的，大小与地球差不多的凶猛行星撞上了它。这样的碰撞，如果曾发生过，一定早已使天王星系统乱成一团。也未可知，这一场古代的浩劫总应该留下一些别的痕迹让我们去发现。但是天王星太遥远，要揭开它的奥秘并非易事。

1977 年，由埃利奥特（James Elliot）（当时在康内尔大学）领导的一批科学家偶然发现，天王星也像土星那样有环。当时这些科学家为观测天王星掩一颗恒星，乘一架美国国家宇航局特制的飞机——柯伊伯机载天文台——正飞越印度洋（正因为天王星相对于遥远的群星在缓慢地移动，这种掩星现象才常常发生）。观测者大吃一惊地发现，恒星就在运行到天王星及其大气背后之前闪烁了几次，随后在它从天王星及其大气背后刚出现后又闪了几次。因为在掩星前后闪耀的情况是一样的，这

---

[1]　天王星的自转轴在黄道面上。——译者

次的发现（以及后来的大量工作）表明天王星拥有 9 个很薄很暗的围绕行星的环，于是天王星在天空中看来像有若干黑圈环绕的一个靶心。

地球上的观测者了解到，在这些环的外面是当时已知的 5 颗卫星的同心轨道。这 5 颗卫星都是用莎士比亚的《仲夏夜之梦》和《暴风雨》，以及蒲伯（Alexander Pope）的《卷发遇劫记》中的人物命名的。具体来说，天卫五是米兰达（Miranda），天卫一是埃里厄尔（Ariel），天卫二是乌姆勃里厄尔（Umbriel），天卫三是泰坦尼亚（Titania），天卫四是奥伯龙（Oberon）。它们之中有两颗是赫歇尔本人发现的。5 颗卫星中最里面的一颗，即天卫五，直到 1948 年才由我的老师柯伊伯发现 [3]。回想一下，当时认为发现天王星的一颗新卫星是一项多么了不起的成就。后来由反射的近红外光连续发现 5 个卫星的表面都有一般水冰的光谱特征，这不足为奇——天王星距太阳太远了，因此它在正午时的亮度还不如日落后地面的亮度，温度极低，任何水都必然结成冰。

我们对天王星系统——这颗行星、它的光环和它的卫星——的认识，在 1986 年 1 月 24 扫开始有了一场革命。在那一天，"旅行者 2 号"飞行了 8 年半之后到达离天卫五很近的区域，并"击中"了天空中的靶心——天王星。于是天王星的引力把它推向海王星。这艘太空飞船发回了 4 300 张天王星系统的近距照片以及大量其他资料，还发现天王星周围有一个强辐射带，它由该行星磁场俘获的电子和质子形成。"旅行者 2 号"穿过辐射带，顺便测量它的磁场及俘获的带电粒子的强度。它还检测出由加速的俘获电子产生的无线电波发出的不和谐声音，其音色、和声及细节都在不断变化，但收听到的主要是最强音。这种类似现象在木星与土星上都有发现，后来在海王星上也有发现，但每个行星始终都有其特定的主旋律和对位特征。

地球磁场的南北极与地理南北极很靠近。天王星的磁轴和自转轴有约为 60° 的交角。还没有人了解为什么会是这样。有人曾认为我们正好赶上天王星磁场的南北两极在对调，这种情况在地球上定期发生。还有人提出这也是古代那次猛烈碰撞的后果，把天王星弄得改变了自转轴方向。但是我们不知道孰是孰非。

天王星发射的紫外光远比它从太阳接收到的要强，这很可能是由磁层泄漏出的带电粒子冲击高层大气所产生的。太空飞船从天王星系统里的一个有利位置观察到一颗亮星在通过天王星的环时所发生的闪烁。从地球上看去，飞船运行到天王星背后，因此它发送回来的无线电信号在切线方向穿过天王星的大气，这可用来探测直到甲烷云层之下的大气。由此有人推断，有一个也许厚达 8000 千米的浩大深邃的超热液态水所构成的海洋在空气中飘浮。

与天王星会合的最辉煌的成就是拍到的照片。用"旅行者 2 号"的两部电视摄像机，我们还发现了 10 个新卫星，测定了在云层中天王星一天的长度（约为 17 小时），还研究了一打左右的环。最为壮观的是过去知道的天王星五大卫星这次拍到了照片，其中最小一颗，即柯伊伯的天卫五的照片尤为突出。它的表面布满了断裂的山谷、平行的山脊、悬崖峭壁、低矮的山脉、撞击坑以及一度熔化的表面物质形成的冻结河流。对于一个远离太阳的小而冰冷的星体来说，很难预料到会有这种混乱的景观。这个表层也许是在好久以前的某个时代熔化和重新形成的，那时天王星、天卫五与天卫一之间的引力共振从该行星里面汲取能量并注入天卫五的内部。或许我们看到的是那次把天王星弄得改变自转轴方向的原始碰撞所留下的痕迹。或者（只是凭想象），天卫五一度被一颗猛撞上来的天体全部摧毁、并爆裂成一大堆碎块，许多碎块仍留存在天卫五的轨道上。这些碎块缓慢地相撞，由万有引力而相互吸引，于是重新聚合成今天这样一个乱糟糟、破烂不堪、未经修补的天卫五。

对我来说，看到黑黝黝的天卫五的照片，我感到甚为震惊，因为我清楚地记得它只是一个几乎被天王星的光芒淹没了的微弱光点，多亏天文学家的本领和耐心，克服很大困难才发现了它。仅仅过了半个人生，它就从一个未经发现的世界变成一个探测目的地，它的古老而奇特的奥秘至少有一部分已被揭示出来了。

# 第 9 章

## 太阳系边缘的一艘美国飞船

> ……在特里顿（Triton）[1] 湖的岸边……
> 我愿倾诉心中的秘密。
>
> ——欧里庇得斯（Euripides）[2]《伊翁》
> （Ion）（约公元前 413 年）

在"旅行者 2 号"贯穿太阳系的宏伟征途中，海王星是最后一站。一般认为它是倒数第二颗行星，冥王星是最外面的一颗。但是由于冥王星的轨道是很扁的椭圆，所以近年来海王星变成最外面的行星，一直到 1999 年都是这样。由于海王星离太阳非常远，它的云层上部的典型温度约为 -240℃。如果没有来自内部的热量，它还会更冷一些。海王星沿星际夜空的边缘滑行。它太遥远了，以至于在它的天空中太阳只不过是一颗极亮的恒星而已。

究竟有多远呢？它太遥远了，甚至从 1846 年被发现之后，它还没有绕太阳运行一整圈，即一个海王星年还没有过完呢[1]。它太遥远了，以至于用肉眼看不见。它太遥远了，以至于比其他任何东西都跑得快的光线，也要用 5 个多小时才能从海王星传到地球。

1989 年，当"旅行者 2 号"飞经海王星系统时，它的照相机、光谱仪、粒子与磁场探测器以及其他仪器，全都发疯似的忙着

[1] 特里顿也是本章要详细讨论的海卫一的名字。——译者。
[2] 古希腊三大悲剧作家之一（约公元前 480 ～ 约公元前 406）。——译者

考察这个行星、它的卫星和它的环。这个行星本身和它的姊妹星木星、土星与天王星一样,是一颗巨行星。每颗行星的核心都与地球相似,但是这4个庞大气团都披上复杂而笨重的伪装。木星和土星都有辽阔的大气和相对说来较小的岩石及冰块组成的内核。而天王星和海王星则基本上由岩石与冰组成,它们被稠密的大气包裹起来,不让我们看见。

海王星有地球的4倍大。当我们向下看见它冰冷、严峻的蓝色外表时,我们又只见到大气与云层,而看不见固体表面。和天王星相似,海王星的大气主要由氢与氦组成,有少量的甲烷以及一点点其他的碳氢化合物。也可能有些氮。大概是由甲烷晶体组成的亮云,飘浮在成分未知的更深厚的云层之上。我们从云的运动发现有强劲的风,其速度接近当地的声速。还发现一个大暗斑,奇怪的是它所处的纬度几乎与木星的大红斑相同。蔚蓝的颜色看来对这个以海神命名的行星是相宜的。

在这个暗淡发光、寒冷、多风暴和遥远的星球周围,也有一套环。它们每一个都由无数多个沿轨道运行的物体组成,这些物体小到似烟灰中的微粒,大到犹如小型卡车。和其他类本行星的环相似,海王星环似乎是短命的。计算表明,引力和太阳辐射会使它们在远短于太阳系年龄的时期内瓦解。如果它们很快被毁掉,而我们偏偏看见它们,只能是因为它们不久前才形成。可是这些环是怎样形成的呢?

在海王星系统中最大的卫星是海卫一[2]。它绕海王星运转一周几乎需要6个地球日,它运转的方向与其母行星自转的方向相反(如果我们把海王星自转说成是逆时针方向,那么海卫一绕海王星运转就是顺时针方向)。在太阳系的大卫星中,这种情况是独一无二的。海卫一拥有一个含氮丰富的大气，这与土卫六颇为相似。但是由于海卫一的大气和雾要稀薄得多，所以我们可以看见它的表面，其表面的景观是多样的、宏伟壮丽的。这是一个冰的世界——有氮冰、甲烷冰，也许下面还有我们较为熟悉的水冰及岩石；表面上有撞击水潭，它们似乎被液体淹没后再冻结起来（因此海卫一上面曾经有过湖泊）；还有撞击坑；长而纵横交错的山谷；覆盖着新降氮雪的辽阔平原；像甜瓜表皮似的起皱的地形；以及大致平行的、长而暗黑的条纹，它们似乎是由风刮出来，然后留存在冰冻表面上的——虽然海卫一的大气十分稀薄，其厚度大约只有地球的万分之一。

海卫一上面的坑全都保持原始状态，它们好像是由一个巨大的铣床铣出来的。没有陡峭的断壁或隐约可见的起伏地形，甚至虽有定期降雪和积雪蒸发，似乎几十亿年来海卫一的表面没有受到侵蚀。因此这颗卫星形成时的撞击坑，想必已经由某种早期全球表面的改变而填满和掩盖了。海卫一绕海王星运转的方向与海王星自转的方向相反，这与地月系以及太阳系里大多数大卫星的情况都不一样。如果海卫一是由形成海王星的同一个旋转的盘状星云产生的，那么它绕海王星旋转的方向就应当与海王星自转的方向相同。因此，海卫一不是原来在海王星周围的那个原始星云产生的，而是在其他某个地方——也许远在冥王星之外——产生，然后在它偶然运动到离海王星很近的地方时，被海王星的引力俘获的。这个事件应该在海卫一上面引起巨大的固体潮，于是使表面融化，并使过去的地形完全改观。

海卫一有些地方的表面就像地球南极洲新降的雪那样明亮和洁白（因此这是整个太阳系中可能供滑雪运动员大显身手的

绝无仅有的地方）。其他的地方有颜色——从粉红到褐色。一种可能的解释是：新降的氮、甲烷与其他碳氢化合物的雪受到太阳紫外光的辐照，也受到海卫一在穿过海王星磁场时所俘获的电子的辐照。我们知道，这种辐照会使雪（和相应的气体一样）转化成复杂、暗黑、微红的有机沉积物，即冰冻的索林。并没有产生生物体，但也含有与 40 亿年前地球上生命起源有关的某些分子相似的成分。

那里的冬天，表面上冰雪层层堆积（感谢上苍，我们的冬季只有海卫一的 4% 那样长）。到了春天，它们缓慢变化，越来越多的淡红色有机分子积累起来。在夏季，冰雪蒸发掉了，由此释放出的气体穿越半个星体，迁移到正处于冬天的半球，并在那里又一次变成冰雪，把表面掩盖起来。但是淡红的有机分子不会蒸发，因而也不转移地方，它们成为停滞的沉积物；到下一个冬季又被新雪掩盖，新雪再受到辐照，于是到第二年的夏天，淡红色有机分子的堆积层更厚了。随着时间的推移，大量有机物在海卫一的表面堆积，这可能就是它的表面有精致的彩色花样的原因。

这些条纹发端于小而暗的源区，也许是由于春夏两季的热气使表面之下的积雪挥发了。当雪水蒸发时，气体像喷泉一样流出，把不太容易挥发的表面积雪及暗黑有机物吹走。占优势的低速风把暗黑有机物带走，有机物慢慢从稀薄的空气中下沉，并积聚在表面上，于是形成条纹状的外貌。这至少是海卫一近期历史的一种可能情景。

海卫一大概有由光滑氮冰组成的季节性大极冠，在它下面有若干层暗黑的有机物质。氮雪似乎不久前才降落到赤道区。

对于大气如此稀薄的一个星体来说，降雪、气体喷泉、由风吹起的有机尘埃以及高纬度薄雾，都是过去完全预料不到的。

为什么空气这样稀薄？因为海卫一离太阳太远了。假如你用某种方法能够把这个星体搬进绕土星旋转的轨道，那么氮和甲烷冰块会很快蒸发，于是形成一个由气态氮与甲烷组成的稠密得多的大气，并且辐射会产生一层不透明的索林雾。它就会成为一个很像土卫六的世界。反之，如果你把土卫六移到绕海王星的轨道上，它的大气几乎会整个冻结成雪与冰，索林会落下，而不再进入大气，空气将变成清澈的，且用普通光就可以看见其表面。它也就会变成一个与海卫一非常相似的世界。

这两个星体并非一模一样。土卫六内部所含的冰似乎远多于海卫一，而岩石却少得多。土卫六的直径几乎为海卫一的两倍。尽管如此，如果把它们放到离太阳同等距离处，它们看起来就像一对姊妹。西南研究所的斯特恩（Alan Stern）提出，它们是在太阳系早期形成的一大群富含氮与甲烷的小天体中的两个成员。尚待太空飞船去访问的冥王星看起来也是这个天体群的一个成员，在冥王星外面还可能有更多个等待我们去发现。所有这些星体的稀薄大气和冰冻的表面都受到辐照——如果没有其他东西，至少是受到宇宙线的辐射——并且富含氮的有机化合物正在形成。看来，构成生命的物质不仅在土卫六上面存在，而且遍布我们行星系的寒冷和暗淡的外围地区。

近来又发现了另外一类小天体，它们的轨道使它们至少有一部分时间是在海王星与冥王星之外。它们有时被称为小行星，更可能是不活动的彗星（当然没有尾巴，在离太阳这样远的地方，它们的冰块不容易蒸发）。但是它们比我们所知道的一般彗星要大得多。它们可能是从冥王星轨道到最近恒星一半距离处的一大批小天体的先驱。这些新天体可能是奥尔特彗星云的成员，而奥尔特彗星云的最里面的区域用我的导师柯伊伯的名字命名，称为柯伊伯带，因为他第一个提出它的存在。像哈雷彗星这样的短周期彗星就是在柯伊伯带内产生的。它们受引力牵引，掠过太阳系的内区，它们的尾巴变大，并为我们的天空增添光彩。

回溯到 19 世纪后叶，这些天体的构成材料（这在当时只是假设）称为"星子"（planetesimal）。我认为这个词与"无穷小"（infinitesimal）甚为相似：你需要有无穷多个无穷小的量才能做成一样东西。诚然，并不是说要形成一个行星真需要无穷个星子，但确实要有极大量的星子。举例来说，要用几万亿个 1 千米大小的物体才能聚积成一颗质量和地球一样的行星。过去有一段时间，在太阳系的行星区域曾经有过大量的小天体。现在它们大多消失了——抛入星际空间，落进太阳或者变为构成卫星与行星的材料。但是在海王星和冥王星外面，没有聚积起来的、被遗弃的及剩余的小天体还留存下来——少数稍大的约为 100 千米，而数目多得惊人的大约 1 千米和更小的物体像雨点一般洒向太阳系的外围，一直远到奥尔特云的边界。

从这个意义上说，在海王星和冥王星外面还有行星，但是它们不像类木行星那样大，甚至比不上冥王星。但是在冥王星之外的空间，可能会有隐藏在黑暗中，理所当然应称为行星的更大天体，也说不准呢[1]！它们离我们越远，我们便越难察觉它

---

[1]　冥王星外已经发现了多颗大小与冥王星不相上下的星球，其中一颗甚至比冥王星更大，这也导致冥王星在 2006 年被踢出了太阳系行星的行列，降级成为一颗矮行星。——译者

们。然而它们不会刚好在海王星外面，否则它们的引力便会明显改变海王星和冥王星的轨道，以及"先驱者"10号、11号和"旅行者"1号、2号的轨道。

新近发现的彗星体（就像名为1992QB和1993FW那样的），并不是这个意义上的行星。如果我们的检测极限刚好把它们包括在内，那么很可能在它们中间还有更多个停留在太阳系外围等待我们去发现。它们太遥远了，从地球上很难看到它们；它们太遥远了，要飞行很长距离才能接近它们。但是我们有能力研制出到达冥王星及更远处的小型快速飞船。向冥王星及其卫星发射一艘飞船是很有意义的；如果办得到，让它近距飞越柯伊伯彗星带的一个成员 [1]。

天王星和海王星的与地球类似的岩石内核，似乎是首先吸积而成的，然后它们从形成行星的太古星云中，以引力吸取大量的氢和氦气体。它们最初存在于雹暴中。它们的引力只够在冰冻小天体靠得太近时把它们赶跑，赶到行星区域之外很远处，加入奥尔特彗星云。同样的过程也使木星和土星成为富含气体的巨大行星。可是它们的引力太强，因而不能使奥尔特云增长。这是因为冰冻小天体走到它们附近时，就被它们的引力完全赶出太阳系，于是命中注定要在恒星之间漆黑的茫茫太空中永远漂泊。

可爱的彗星有时使人类感到迷惘和敬畏，它们使内行星与外太阳系的卫星遍布撞击坑，也常会危害地球上的生命。如果天王星和海王星在45亿年前没有形成为巨行星，那么我们就不会知道彗星，也不会感到它们的威胁了。

---

[1] 已经飞向冥王星的"新视野"控测飞船就肩负着这一使命。——译者

　　说到这里，我想简短地穿插谈谈远在海王星与冥王星之外的行星，即其他恒星的行星。

　　在许多近邻恒星的周围，都有绕它们旋转的气体和尘埃薄盘，薄盘往往伸展到距所属恒星几百天文单位[1]的地方（太阳系最外围的行星，即海王星与冥王星，离太阳约40天文单位）。比较年轻的类太阳恒星，比起较老的恒星，更可能有盘。在有些情况下，就像唱片那样，盘的中央有一个洞。洞边离恒星也许有30或40天文单位。举例来说，环绕织女星和波江座 ε 星的盘就是如此。围绕绘架星座 β 星的盘中央的洞，它的边缘离恒星只有15天文单位。确有可能，这些没有尘埃的内区已经被不久前在该处形成的行星弄干净了。实际上，已经有人预料到我们的行星系在早期历史上会有这种清扫过程。随着观测的改进，我们也许会看到含尘埃与无尘埃区域的能够泄露内情的细微结构，这会显示出太小、太暗因而难以直接看见的行星的存在[2]。光谱资料表明，这些盘状物在剧烈扰动，它们的物质落向中心恒星。物质大概是来自在盘内形成的彗星，看不见的行星使彗星偏离原轨道，而彗星在距中心星太近的地方会蒸发。

　　由于行星小，靠反射的光线发光，因此它们往往会淹没在中心恒星的光芒中。尽管如此，天文学家正在多方努力寻找在近邻恒星周围已经完全成形的行星。办法是：当暗黑的行星置身于恒星与地球上观测者之间时，可以察觉星光的短暂变暗；或者探测恒星在受到一个看不见的绕行伴星有时这样有时那样的吸引而产生的微小摆动。航天技术的灵敏度要高得多。在一

---

[1]　1天文单位等于太阳与地球之间的平均距离，即约为1.496亿千米。——译者
[2]　上述恒星周围均已明确发现外星行星的存在。——译者

颗近邻恒星附近绕行的类木行星，比该恒星要暗弱约 10 亿倍。尽管如此，新一代的地面望远镜可以补偿地球大气的闪烁，就可能仅在短短几个小时的观测时间内很快检测出这样的行星。而一颗近邻恒星的类地行星会更暗弱 100 倍，但是现在看来，一艘在地球大气之上飞行的、造价比较便宜的太空飞船，也许就能探测到其他的类地行星。这样的研究至今还没有任何一项获得成功，可是我们显然已经接近于可以检测到绕近邻恒星运转的至少是与木星一般大的行星——假如有这样的行星可供我们去发现的话[1]。

最近的一个最重要也是碰运气的发现，是对一颗约 1 300 光年之外的难以想象的恒星找到一个真正的行星系，而使用的是极意料不到的技术。编号为 B1257+12 的脉冲星是一颗快速自转的中子星，一个密度大到难以置信程度的恒星，也是一颗大质量恒星在遭受一次超新星爆发后的残骸。它的自转周期测量之精确令人惊异，即每 0. 006 218 531 938 818 7 秒钟转动一周，就是说这颗脉冲星每分钟大约自转一万次。

它的强磁场所俘获的带电粒子产生射向地球的无线电波，每秒钟约闪烁 160 次。目前在宾夕法尼亚州立大学的沃尔兹赞（Alexander Wolszczan）于 1991 年对闪烁频率有极小但仍可察觉的变化提出了尝试性的解释：由于行星的存在，脉冲星才会有细小的反复运动。1994 年，他研究了几年间微秒数量级的计时残差，证实了预料中的这些行星之间的引力相互作用；这是一些真正的新行星，而不是中子星表面的"星震"（或其他什

---

[1]　"开普勒"探测飞船便实现了这一想法，它在大气层之上监测一小片天空中的几十万颗恒星，已经发现了上千颗围绕太阳系外恒星运转的行星。——译者

么东西），现有的证据是确凿无疑的。或者，如沃尔兹赞所说，是"无可辩驳的"；一个新的太阳系是"毫不含糊地"证实了。和所有其他技术都不一样，使用脉冲星计时法发现靠近的类地行星比较容易，而更远的类木行星倒比较难以检测出来。

重量约为地球 2.8 倍的行星 C，在距离为 0.47 天文单位处，每 98 天绕脉冲星旋转一周；具有大约 3.4 个地球质量的行星 B 在 0.36 天文单位处，它的一年为 67 个地球日。更小的行星 A 离脉冲星更近，质量约为地球质量的 1.5%，距离为 0.19 天文单位。粗略地说，行星 B 到脉冲星的距离大致相当于水星到太阳的距离；行星 C 的距离在水星和金星的距离之间；而行星 A 比这两个行星都更靠里，质量大致与月球一样，而距离是水星至太阳的距离的一半左右。我们不知道，这些行星是由产生脉冲星的超新星爆发中不知怎么地幸存的一个早期行星系遗留下来的呢？还是由继超新星爆发后出现的星周吸积盘形成的？但是，无论是哪一种情况，我们现在都已经知道，宇宙中还有其他的地球。

脉冲星 B1257+12 发出的能量约为太阳的 4.7 倍。但是和太阳不同，它的大部分能量不是在可见光，而是在带电粒子的猛烈风暴中。设想这种粒子碰撞行星并使它们受热，于是甚至在 1 天文单位处，行星的表面温度都会达到水的正常沸点之上约 280℃，这比金星的温度还要高。

这些暗黑和灼热的行星似乎对生命不适宜，但是离 B1257+12 更远的其他一些行星却可能是适宜的（由观测资料推断，在 B1257+12 系统中至少还有一颗更靠外的较冷行星）。当然，我们甚至还不知道这些星体是否保留着它们的大气。也许超新星爆发（如果它们当时就已存在）把任何大气都赶跑了。看起来我们确实检测出了一个可以认识的行星系。在未来几十年中，围绕着一般的类太阳恒星以及白矮星、脉冲星和其他处于恒星演化最后状态的星体，我们可能还会发现更多的行星系。

到最后，我们会有一个行星系清单——也许每个行星系都有类地行星、类木行星，或许还有新类型的行星。我们要用光谱方法和其他方法来考察这些新世界。我们要寻找新的地球与其他的生命。

"旅行者号"飞船在太阳系外围的任何一个星体中，都没有发现生命的征兆，更不用提有智慧的生物了。找到了大量有机物质——这也许是组成生命的原料，也是生命的预兆——但是就我们迄今所知道的情况来说，没有发现生命。在它们的大气中没有氧，也没有远离化学平衡的气体（例如地球大气中的甲烷）。许多行星世界都涂着微妙的色彩，但是没有哪一个具有特别的、鲜明的吸收征兆，就像覆盖地球表面大部分的叶绿素。"旅行者号"对极少数星体能够分辨出小到 1 千米宽的细节。按这样的标准，即使我们自己的科技文明已经移植到太阳系外围，"旅行者号"也不会察觉。但是值得提到，我们没有发现有规则的图案，没有几何形象；没有对小圆圈、三角形、正方形或长方形的偏爱。在夜间的半球上，没有稳定光点的集合。在任何这些星体的表面，都找不到被技术文明改造过的征兆。

类木行星是丰富的无线电波发射源。一部分电波来自在它们磁场中俘获的大量带电粒子束，一部分来自闪电，还有一部分来自它们炽热的内部。但是任何这种辐射，都不具备智慧生命的特征——大概这方面的专家都这样看。

当然，我们的思路也许太狭窄，我们可能遗漏了某种东西。举例来说，在土卫六的大气中有少量的二氧化碳，这会使它的氮／甲烷大气偏离化学平衡。我想二氧化碳可能来自不断劈劈啪啪地落进土卫六大气的彗星——但也许并非如此。或许在富含甲烷的表面上有某种难以理解的东西在产生二氧化碳。

天卫五和海卫一的表面，和我们所知道的其他任何卫星的表面都不一样。它们上面有广阔的锯齿状地形以及十字形的直线，甚至头脑清醒的行星地质学家也一度开玩笑似的把它们说成是"公路"。我们（勉强地）把这些地形理解为断层和地壳碰撞的结果，但是当然我们可能出错。

表面上的有机物斑点——有时像在海卫一上面那样，有精细的花纹——来自带电质点在简单碳氢化合物冰块中引起的化学反应，由此产生较为复杂的有机物质，而这一切都与生命的媒介作用无关。但是当然我们可能出错。

我们从四颗类木行星全都接收到的复杂形态的无线电天电干扰、爆音和哨声，一般来说可用等离子体物理和热辐射来解释（对大量细节还不太清楚）。当然我们也可能出错。

在几十个天体中，还没有找到像"伽利略号"太空飞船经过地球时所发现的明显的、引人注目的生命象征。生命是当作最后一招的假设，只是在你没有别的办法来解释你看到的事物时，才借助于它。如果让我来裁判，我会说，我们研究过的任何一个世界都没有生命（当然我们自己的世界例外）。但是我可能弄错了。不管是对是错，我的判断只适用于这个太阳系。也许在某一次新的探测时，我们会发现某种不一样的、令人吃惊的、用行星科学的一般手段完全无法解释的事物——于是我们就会战战兢兢地、小心翼翼地向生物学解释慢慢转移。然而，就目前情况来说，还没有任何东西要求我们走这一步。到现在为止，太阳系仅有的生命就是来自地球的生命。在天王星与海王星系统中，唯一的生命迹象便是"旅行者号"本身。

在我们确认其他恒星的行星，以及发现大小和质量都与地球大致相等的其他世界的时候，我们会仔细考察它们是否有生命。甚至在一个我们从未想到的世界上，会有可以检测到的稠密含氧大气。对地球来说，有氧便是有生命的征兆。一个含氧的大气以及可以察觉到的甲烷，就像调制的无线电波发射一样，几乎可以肯定是生命的象征。有朝一日，当我们在早晨喝咖啡的时候，可能会听到宣布，从我们的探测或另一个行星系的探测中发现了生命的新闻。


"旅行者号"空间飞船是飞往恒星的。它们从太阳系逃逸出来，沿轨道每天几乎要飞驰160万千米（100万英里）。木星、土星、天王星和海王星的引力场都以很高的速度把它们抛射出来，使它们终于摆脱太阳引力对它们的约束。

它们是否已经脱离了太阳系？答案与你怎样定义"太阳王国"的边界有密切关系。如果边界是最外面的相当大的行星的轨道，那么"旅行者"航天器早已跑出去了，因为大概没有还未发现的和海王星大小相近的行星。假如你指的是最外面的行星，那么在海王星与冥王星之外很远的地方，可能还有和海卫一相似的其他行星。要是这样，那么"旅行者1号"和"旅行者2号"仍然是在太阳系范围之内。如果你把太阳系的外部边缘定为太阳风层顶——在此处，行星际粒子与磁场被恒星际粒子与磁场所取代——那么两艘"旅行者号"飞船都还没有离开太阳系，再过不多的几十年，它们可能会飞出去[1]。³ 但是，如果你把太阳系的边缘定义为太阳不再能控制星体在轨道上绕它运转的距离，那么"旅行者"在几百个世纪内都不会离开太阳系。

在天空的任一方向上，都有被太阳引力轻轻抓住的数以万亿计或更多的彗星，它们聚积成浩大的群体，这就是奥尔特云。两艘太空飞船要再过大约 20 000 年才能穿过奥尔特云。在这之后，它们终于向太阳作漫长的告别，摆脱曾经把它们和太阳束缚在一起的引力的羁绊，两个"旅行者号"才会驶向星际空间的汪洋大海。只有到那个时候，它们的第二阶段探测才算开始。

那时它们的无线电发射机早已失效，两艘太空飞船在漫长的岁月中将在宁静、寒冷而又漆黑的星际空间漫游，几乎没有任何东西会侵蚀它们。一旦飞出太阳系，它们在 10 亿年或更长的时期内会保持完整无损，它们将绕银河系的中心运行。

我们不知道在银河系里是否还有其他的智慧生物在从事太空探测。如果他们确实存在，我们不知道他们有多少，更不知道他们在何方。但是至少有一次机会，在遥远未来的某个时候，一个"旅行者号"会被外星人的飞船截获，并进行考察。

由于这个缘故，当每个"旅行者号"离开地球飞向行星与恒星时，它都携带着一张镀金的唱片，将唱片装在一个镀金的、亮如明镜的封套内。尤其值得提到的是，唱片录有下列信息：59 种人类语言和一种鲸鱼语音的问候语；一套 12 分钟的声音集成，包括亲吻、婴儿啼哭，以及一位热恋中的青年女子静思

---

[1]　2013 年 9 月，NASA 宣布确认"旅行者 1 号"已经离开太阳风顶层。——译者

时的脑电波图；116 张被编码的图片，内容包括人类的科学、文明和我们自身；还有 90 分钟地球上最流行的音乐——东方的和西方的，古典的和民间的，包括那瓦霍人[1]的夜间颂歌、日本大戏的片段、俾格米[2]少女的成人礼歌曲、秘鲁的婚礼歌、一首 3 000 年前谱成的中国古琴曲"流水"；还有巴赫（Bach）、贝多芬（Beethoven）、莫扎特（Mozart）、斯特拉文斯基（Stravinsky）、路易斯·阿姆斯特朗（Louis Armstrong）、布林德·威利·约翰逊（Blind Willie Johnson）以及查克·贝里（Chuck Berry）等音乐家的作品。

太空几乎是空无一物的，因此任何一艘"旅行者号"飞船实际上都没有机会进入另一个太阳系——即使宇宙中每一颗恒星都有行星伴随，情况仍然如此。只有在遥远的将来，当某个地方的外星人在星际空间的深处发现"旅行者号"时，我们自认为是用容易了解的科学符号书写在唱片封套上的说明书才会有人阅读，唱片的内容也才会有人了解。因为两个"旅行者号"将永远绕银河系中心运转，唱片有足够长的时间让人发现——如果有外星人来发现的话。

我们不知道他们对唱片内容会了解多少。可以肯定，他们听不懂问候的话，但是问候的意向可能听得出来（我们认为见面时不说一声"你好"是不礼貌的）。我们假想中的外星人必定和我们不大一样，因为他们是从另一个世界独立进化出来的。我们是否真正相信他们能够了解我们送去的全部信息？每次听到人们所关心的这些事情，我都感到不安。然而，我还是宽慰

---

[1] 美国西南部的印第安人。——译者
[2] 中非、东南亚和大洋洲的一个身材矮小的民族。——译者

自己：不管"旅行者号"的唱片有多少内容弄不懂，任何一艘发现它的外星飞船都会用另一种标准来评估我们。每个"旅行者号"本身就是一个信息，它们的探险精神，它们对自己目标的崇高追求，它们完全无意伤害别人，以及它们的设计和性能的出众，这两位机器人雄辩地替我们诉说这一切。

但是那些外星人一定是比我们高明得多的科学家与工程师——否则他们绝对不能在星际空间找到并回收这小小的、无声的太空飞船——也许他们会毫无困难地了解镀金唱片所传达的信息。也许他们会认识到我们社会的不稳定性，以及我们的技术与我们的智慧多么不相称。他们可能会猜想，我们在发射"旅行者号"之后，是否已经毁灭了自己，还是继续从事更伟大的事业？

也许这些唱片永远不会被截取。也许在 50 亿年内谁也不会碰到它们。50 亿年是漫长的岁月。在 50 亿年中，全体人类想必都已灭绝，或者进化成其他生灵，不会有什么人造的东西会留存在地球上，大陆想必已完全变样或毁灭，而太阳的演化想必已把地球烧成焦土或者把它还转化成一大堆紊乱的原子。

到那个时候，两艘"旅行者号"飞船远离家乡，不会受到这些远方事件的影响，它们怀着对这个不复存在的星球的追忆，仍会继续飞翔。

# 第 10 章

---

## 神圣的黑暗

> 在一切视觉印象中，深邃的天空和感情最为
> 接近。
>
> ——柯勒律治（Samuel Taylor Coleridge）[1]
>
> 《札记》（1805）

五月晨空晴朗无云的蔚蓝色，或是海上日落的红色和橙色，都会引起人们的惊奇、诗兴，并激励他们去钻研科学。无论我们生活在地球上什么地方，不管我们操何种语言，有什么习俗和政治观点，我们都拥有同一个天空。我们中间大多数人企盼的都是蔚蓝色的天空。如果有一天早上日出时醒来，发现一丝云彩都没有的天空是漆黑的，或是黄的或绿的，我们都会理所当然地大吃一惊。（洛杉矶和墨西哥城的居民们对褐色的天空已经渐渐变得习以为常，而伦敦与西雅图的市民却习惯于看见灰色的天——但是连他们也都仍然认为蓝色的天空才算是正常的。）

可是确实有一些星体，它们的天空是黑的或黄的，甚至可能是绿色的。天空的颜色是一个世界的特征。如果把我扑通一声扔到太阳系中任何一个行星上面，不让我去感受它的重力，不让我看看地面，只许我匆匆地瞧一下太阳和天空，我想本人就能够相当满意地告诉你我在何处。熟悉的蓝色天幕，点缀着洁白的羊毛状云团，这就是我们世界的特征。法语中的常用语

---

[1] 英国浪漫主义诗人和文艺批评家（1772～1834）。——译者

"*sacre-bleu*！"大致的意思是"天哪"，直译出来便是"神圣的蓝色！"真的，假如地球有一面正式的旗帜，它就应该是这种颜色。

鸟儿在蓝天飞翔，云彩悬挂在蓝天上，人们赞美蓝天，并经常穿过它，太阳和星星的光线照射它。但它是什么？它是由什么形成的？它的边缘在哪里？它有多大？它的蓝色从何而来？如果全人类共享同一蓝天，如果它是我们世界的象征，那么我们就应当对它有所了解。蓝天是什么呢？

1957 年 8 月，人类第一次上升到蓝天之上并四处眺望。一位退休的空军军官和内科医生西蒙斯（David Simons）成为有史以来上升到最高处的人。他独自驾驶一个气球，飞到 30 千米（100 000 英尺）之上，并且透过气球的厚玻璃窗瞥见一个不同的天空。加利福尼亚大学欧文分校医学院教授西蒙斯博士回忆说，那是暗黑和深紫色的天空。他已经到达地面上看见的蓝色被太空的完全漆黑所取代的过渡区域。

自从西蒙斯那次几乎被人们遗忘的飞行以来，许多国家的人都飞到过大气层之上。人们（以及机器人）多次在太空的直接体验清楚地说明，即使在白昼，天空也是黑的。太阳把太空船照得亮堂堂的，下面的地球也是一片明亮，可是上面的天空像夜晚一样漆黑。

下面是加加林（Yuri Cagarin）在 1961 年 4 月 12 日驾乘"东方 1 号"作人类第一次太空飞行的回忆：

"天空是漆黑的，在黑色天空的背景上，星星看起来要亮一些，也更为清楚。地球有一个很特别的、很美丽的蓝色晕圈，你观察地平线时，可以很清楚地看见它。色彩平稳地转变，从嫩蓝到蓝色，再到深蓝，又到紫色，然后变成太空的漆黑色。这个转变太美了。"

白昼天空的蔚蓝色，显然与大气有某种关系。可是当你向餐桌对面望去，你的同伴不会是蓝色的。天空的蓝色必定不是一点点空气，而是大量空气造成的。如果你从太空仔细地观看地球，就会看到有一条薄薄的蓝带把地球围住，这便是低层大气。在这条带的顶部，你可以看出蓝天逐渐消退成漆黑的太空。这就是西蒙斯第一次进入和加加林第一次从上面观察到的过渡区。在常规的太空飞行中，你从蓝带的底层出发，起飞后几分钟就完全穿过它，然后进入无边无际的空间，在那里如果没有精心研制的生命维持系统，连吸一口空气也办不到。人类生命的存在实有赖于蓝天，我们说它是柔和的、神圣的，这完全正确。

我们在白天看见天空是蓝的，这是因为我们头上和周围的大气在反射太阳光。在一个无云的夜晚，天空是黑的，这是因为没有一个很强的光源被大气反射。不知怎么的，大气总喜欢向我们反射蓝光。这该如何说呢？

太阳的可见光包含多种颜色——紫、蓝、绿、黄、橙、红——它们对应于波长各不相同的光（波长是波动在空气或空间传播时，从一个波峰到下一个波峰的距离）。紫光与蓝光的波长最短，而橙色与红色光波的波长最长。我们看出来的颜色，便是我们的眼睛和头脑"读"出的光的波长（我们也许可以合理地把光的波长，比如说，转换成听的音调，而不是看的颜色，可是我们的感官进化的结果并非如此）。

当光谱中所有这些彩虹颜色像在太阳光里面那样混合起来，就几乎成为白光。这些光波在 8 分钟内穿越 1.5 亿千米（9 300

万英里），一齐从太阳传到地球。它们射进主要由氮和氧分子组成的大气，有些波被空气反射回太空，有些在到达地面之前被反射到各个方面，并且可以用肉眼看出（也有一些被云层或地面反射回太空）。大气对光波的这种全方位反射，叫作"散射"。

但是空气分子对各种光波的散射情况是很不相同的。波长比分子尺度大得多的光波被散射的机会较少；它们把分子遮掩住了，几乎不受分子的影响。波长与分子大小相近的光波就散射得多一些。波动不容易绕过和它们大小差不多的障碍物（你从码头上的木桩散射的水波，或从水龙头的滴水在澡盆里形成的波碰上橡皮小鸭，就可以了解波被物体挡住的情形了）。波长越短的光（如紫光和蓝光）比起波长较长的光（像橙色与红色的光），越容易被散射。当我们在无云的白昼抬头仰望并赞美蓝天时，我们看到的是优先散射的短波太阳光。这种散射称为瑞利散射，用以纪念对这种现象首先做出合理解释的英国物理学家瑞利（Lord Rayleigh）。也是由于这个缘故，香烟的烟雾呈蓝色，因烟雾中的粒子小到与蓝光的波长大致相当。

那么落日为什么是红的呢？大气把阳光中的蓝色成分散射掉后，剩下的便是落日的红色了。因为大气层是固态地球用重力吸引住的在其四周的一个气体薄层，在日落或日出时，太阳光斜穿大气层要比在中午直穿大气层经过更长的路程。由于紫波与蓝波在更长的路程中比太阳当顶时被散射得更多，我们望着太阳时看到的只是剩余部分，即阳光中几乎没有散射掉的波段，尤其是橙色和红色的光。这样，蓝天形成了红的落日（中午的太阳看来有些偏黄，这一方面是因为太阳发射的黄光稍多于其他颜色的光，另一方面还由于即使在太阳当头时，地球大气还是散射掉了太阳光中的一些蓝光）。

有人说科学家不懂得浪漫，他们对推理的爱好使世界丧失了美丽与神秘。但是了解世界实际上怎样运作，难道就不激动人心吗？白光是由各种颜色合成的；颜色是我们识别光线波长的方式；透明的空气会反射光线，并在反射中把不同的光波区分开来；天空的蓝色与落日的红色是同样的原因造成的。难道这些都不令人兴奋吗？对落日有所了解并不损害人们对于它的浪漫情调。

因为大多数简单分子的大小都相差无几（大致是 1 厘米的亿分之一），所以地球上天空的蓝色与大气的成分关系不大——只要大气不吸收光线。氧和氮分子都不吸收可见光，它们只把光散射到其他方向上去。然而有些别的分子却能“吞食”光线。汽车引擎和工业燃烧产生的氮的氧化物，真的会吸收光，因此它们是烟雾中暗棕色的来由。吸收和散射一样，也能使天空变色。

其他的星体，如水星、地球的月亮以及其他行星的大多数卫星都是很小的星体：它们的重力很微弱，因此它们不能保留自己的大气，于是大气会慢慢地向太空流散。这样一来，近乎真空的空间会延伸到它们的表面。太阳光在传播途中既不被散射也不被吸收，会毫无阻拦地射到它们的表面。这些星体的天空是漆黑的，甚至在正午也是这样。至今为止只有 12 个人，即“阿波罗”11 号、12 号、14 号、15 号、16 号和 17 号的登月宇航员目睹过这种情景。

下表列出在本书撰写时已知的太阳系内全部卫星的清单（它们几乎有一半是由“旅行者号”发现的）。它们的天空都是漆黑的，但是土卫六，也许还有海卫一，是例外，这两颗卫星很大，因此它们有大气。所有的小行星的天空也都是漆黑的。

金星的大气大约为地球的 90 倍。它不像地球那样主要为氧和氮，而是二氧化碳。但是二氧化碳也不吸收可见光。如果金星没有云层，从金星表面望见的天空会是什么样子呢？在视线上有这样厚的大气，不仅是紫光和蓝光，而且所有其他颜色——绿、黄、橙、红——的光都被散射掉了。大气太厚了，几乎没有一点蓝光会射到金星的表面上；一层又一层的大气把蓝光反射回太空。这样一来，射到表面的光线应是非常红的——整个天空就像地球上的落日景色那样。此外，高处云层中的硫会把天空染成黄色。前苏联"金星号"着陆器拍摄的照片证实，金星的天空是橙黄色的。

火星就是另外一回事了。它是一个比地球小的星体，它拥有的大气要稀薄得多。事实上火星表面的气压，大致与西蒙斯在地球的平流层达到的高度处的气压相等。因此，我们可以预料火星的天空是漆黑的或深紫色的。1976 年 7 月，美国的"海盗 1 号"着陆器（在这颗红色行星上成功着陆的第一艘太空飞船）首次从火星表面拍摄照片，并将数字资料准确地从火星传回地球，然后用计算机合成彩色照片。让所有的科学家（而不是别人）大吃一惊的是，向新闻界发布的第一张照片显示火星的天空是令人舒适的、像地球一样的蓝色——这对于大气十分稀薄的行星来说是不可能的，总有什么事情弄错了。

你的彩色电视机上的图像是三个单色像的混合物，它们各有自己的颜色——红、绿和蓝色。你从投影式彩电就可以了解这种颜色合成方法：有三个镜头分别放映红、绿和蓝色的图像，

## 公元 2000 年的 62 个世界：
## 按与各自所属行星（和一个小行星）的距离排列的已知卫星 [1]

| 地球（1个卫星） | 火星（2个卫星） | 243 号小行星艾达星（1个卫星） | 木星（16个卫星） | 土星（18个卫星） | 天王星（15个卫星） | 海王星（8个卫星） | 冥王星（1个卫星） |
|---|---|---|---|---|---|---|---|
| Moon 月球 | Phobos 火卫一<br>Deimos 火卫二 | Dactyl 艾卫 | Metis 木卫十六<br>Adrasteia 木卫十五<br>Amelthea 木卫五<br>Thebe 木卫十四<br>Io 木卫一<br>Emopa 木卫二<br>Garrymede 木卫三<br>Callisto 木卫四<br>Leda 木卫十三<br>Himalia 木卫六<br>Lysithea 木卫十<br>Elara 木卫七<br>Ananke 木卫十二<br>Carme 木卫十一<br>Pasiphse 木卫八<br>Sioope 木卫九 | Pan 土卫十八<br>Atlas 土卫十五<br>Prometheus 土卫十六<br>Pandora 土卫十七<br>Epimetheus 土卫十一<br>Janus 土卫十<br>Mimes 土卫一<br>Enoeledus 土卫二<br>Tethys 土卫三<br>Telesto 土卫十三<br>Calypso 土卫十四<br>Dione 土卫四<br>Helene 土卫十二<br>Rhea 土卫五<br>Titan 土卫六<br>Hyperion 土卫七<br>Lapetus 土卫八<br>Phoebe 土卫九 | Condelia 天卫六<br>Ophelia 天卫七<br>Biuanca 天卫八<br>Cressida 天卫九<br>Desdemona 天卫十<br>Juliet 天卫十一<br>Potia 天卫十二<br>Rosalind 天卫十三<br>Belinda 天卫十四<br>Puck 天卫十五<br>Miranda 天卫五<br>Ariel 天卫一<br>Umbriel 天卫二<br>Titania 天卫三<br>Oberon 天卫四 | Naiad 海卫三<br>Thalassa 海卫四<br>Despina 海卫五<br>Galatea 海卫六<br>Larissa 海卫七<br>Proteas 海卫八<br>Triton 海卫一<br>Nereid 海卫二 | Charon 冥卫一 |

[1] 现知天王星还有两颗卫星：Calihen（天卫十六），Sycorax（天卫十七）。——译者

然后形成全色（包括黄色）图像。要得出合适的颜色，你需要正确地混合或调节这三个单色像。如果你把一种颜色——比如说蓝色——的强度调高了，合成的图像就偏蓝了。从太空传送回来的任何照片都要求做类似的调色。有时计算机分析人员有相当大的权决定如何进行调色。可是"海盗号"的资料分析人员不是行星天文学家，他们在处理火星的这第一张彩色照片时，把色彩调到看起来"可以了"为止。人们习惯于按照自己在地球上取得的经验，当然认为蓝色天空是"可以了"。

这张照片的颜色很快改正过来，办法是使用太空飞船上为此设置的颜色校准标准系统的数据。这样得出的合成照片上根本就没有蓝天，更确切地说，天空的颜色介乎赭色与粉红之间。不是蓝色，但也并非紫黑色。

这正是火星天空的颜色。火星表面大部分是沙漠，而红色来自沙土的铁锈色。火星上偶尔有剧烈的沙暴，把地面上的细小沙尘吹到高空。沙尘要过好久才会落下来。在天空完全变清之前，又一次沙暴出现了。几乎在每一个火星年中，都会发生全球性的或接近全球性的沙暴。因为铁锈色的沙尘经常悬浮在火星的天空中，未来移居火星的人的后代，出生并终生居住在火星上，会认为鲑鱼肉色的天空是自然的和人人熟悉的，正如我们认为地球的天空是蔚蓝的那样。只要在白天瞧一下天空，他们大概就能说出上一次大沙暴是多久以前发生的了。

太阳系外围的行星——木星、土星、天王星与海王星——情况就不同了。它们是庞大的星球，拥有主要由氢和氦组成的深厚大气。它们的固体表面是在大气深处，太阳光根本照射不到。在那里向上望，天空是漆黑的，看不见日出的美景——从来就没有过。也许偶尔有一次闪电，才会照亮渺无星星的漫漫长夜。可是在太阳光能够射到的大气较高处，美丽得多的景色等待着人们去观赏。

在木星的高空，在一个由氨（而不是水）的冰粒子形成的高雾层之上，天空几乎是漆黑的。在这下面的蓝天范围内，有一些彩色的云——呈浓淡程度不同的黄褐色，其成分未知（可能的物质有硫、磷和复杂的有机分子）。再往下，天空看起来是红褐色的，云层的厚度不一，在薄的地方可以看到一小片蓝天。在更深的地方，又逐渐回到永恒的长夜。土星大气的情况颇为类似，只是颜色比木星淡得多。

天王星，尤其是海王星，有一种古怪的、朴素的蓝色。高速的风使云团（其中有些云稍白）在蓝天浮动。太阳光射到主要由氢与氦组成的、也富含甲烷的、比较干净的大气。在很长的光程上甲烷把黄光，尤其是红光吸收掉了，而让绿光与蓝光通过。一层碳氢化合物的薄雾吸掉一点蓝光。也许在某个深度，天空是淡绿色的。

按常理推断，天王星和海王星的蓝色是由甲烷吸收以及在深层大气中太阳光所受瑞利散射的联合作用形成的。但是喷气推进实验室的贝恩斯（Kevin Baines）对"旅行者号"资料的分析似乎说明，这些理由不充分。显然在很深的地方——可能是在假定存在的硫化氢云附近——有一种含量丰富的蓝色物质。至今为止还没有人能够认定它是什么。自然界中蓝色物质很罕见。科学研究中常常出现这种情况，老的奥秘刚刚解开，新的奥秘又出现了。我们迟早也会找到这个奥秘的答案。

　　所有的天空不是黑色的行星都有大气。如果你站在一个行星的表面上，看见它有一个很厚的大气，就可能有一种办法飞越它。我们现在正在发射仪器，让它们在其他行星上颜色各异的天空中飞翔。总有一天我们自己会飞往那些地方。

　　对金星与火星的大气已经实现降落伞探测，按计划还会对木星与土卫六这样做[1]。1985 年，两个法国 – 前苏联气球在金星的黄色天空中飞行。"维佳 1 号"是一个直径约 4 米的气球，它用 13 米长的绳索吊着一包仪器。气球在夜半球内充足了气，在表面上空大约 54 千米处浮动，并在几乎两个地球日的时间里发回资料，直到它的电池耗尽为止。在这段时间里，它在金星的低空飞行了 11 600 千米（约 7 000 英里）。"维佳 2 号"气球的外形几乎同"维加 1 号"一样。金星大气也已用来作空气制动器——利用稠密空气的摩擦力来改变"麦哲伦号"太空飞船的轨道。这对于将来把高速飞过火星的飞船减速到可以绕火星旋转或在火星上登陆，是一项关键性的技术。

　　一个由俄罗斯牵头的火星探测计划，准备在 1998 年把一个庞大的法国热气球发射到火星。这个热气球看起来像一只号称"葡萄牙军舰"[2] 的非常大的水母。按设计，它会在每个寒冷的黄昏时下沉到火星表面，而在第二天由太阳光加热又会上升到高空。火星上风很强，如果一切顺利，气球每天可以飞行几百千米，并蹦蹦跳跳地飞越北极。每天清晨，当它离表面很近时，可以获得分辨率极高的照片和其他资料。气球有一根辅助导绳，它对于气球的稳定非常重要。这根导绳是由加利福尼亚州帕萨

---

[1]　土卫六的降落伞探测，已由"惠更斯"着陆器完成。——译者
[2]　"葡萄牙军舰"是一种特大水母，触须长达 50 米，有剧毒。——译者

迪纳市的一个民办团体"行星学会"构思和设计的。

因为火星表面的气压与地球上 30 千米（100 000 英尺）高空处的气压大致相同，我们知道飞机已能飞得那样高。例如 U-2 或 SR-71 型"黑鸟"飞机惯常在这种低气压高空飞行。比这些飞机翼展更大，适于在火星上飞行的飞机已经设计出来了。

在空气中飞行和太空中旅游的梦想，可以说是一对孪生兄弟。它们是由类似的幻想家构思出来，所需技术也互有联系，并且多少是一先一后发展起来的。当在地球空中飞行达到某些实用上和经济上的限度之时，飞越其他行星上不同颜色天空的可能性就出现了。

我们现在几乎已经能够根据天空和云层的颜色，来认定太阳系每颗行星的颜色的组成——从金星的染成硫色的天空与火星的铁锈色天空，到天王星的海蓝色和海王星的催人入睡的神秘蓝色。"神圣的黄色！""神圣的红色！""神圣的绿色！"也许有一天，这些颜色会用来装饰人类在太阳系里设立的遥远前哨站的旗帜。到那个时候，新的前沿阵地从太阳推进到恒星，于是探测者们将在无穷无尽的漆黑的太空执行他们的使命。"神圣的黑色！"

# 第 11 章

## 昏星和晨星

别有天地非人间。

——李白《山中问答》

（中国唐朝，约写于公元 730 年）[1]

在薄暮中你可以看见它明亮发光，在追随着太阳落到西方的地平线下面。每到晚上人们第一眼瞧见它时，总习惯于许个愿，有时真会如愿以偿。

或者，你可以在破晓前的东方发现它正在逃离上升的朝阳。同一个星体的这两种化身，在天空中比太阳和月球以外的任何天体都要亮，它以昏星与晨星而著称。我们的祖先并没有认识到它们是同一个星体——金星，由于它的轨道是在地球的轨道之内，所以它从来不会离开太阳很远。在日落前或日出后不久，有时候我们就会在一团白云附近见到它，于是把它与白云相比，发现它具有淡淡的柠檬黄色。

你通过一架望远镜（即使是大望远镜，甚至是世界上最大的光学望远镜）的目镜来观察它，根本看不见细节。接连几个月下来，你看到的只是一个无特色的，像月球那样有规则地作位相变化的圆面：从新月形的金星，到满月形的金星，再到凸月形的金星，又回到新月形的金星。没有任何大陆或海洋的迹象。

第一批用望远镜观看金星的天文学家中，有一些人立即认

[1] 原诗为"问余何意栖碧山，笑而不答心自闲。桃花流水窅然去，别有天地非人间。"此诗实际上作于公元 740 年前后，此处只摘引了第四句。——译者

144

识到他们看到的是一个由云层遮掩起来的世界。我们现在知道，云是由凝聚成微粒的硫酸组成的，由于有一点硫元素而染成黄色。云层高悬在表面上空。用一般的可见光根本无法看清这颗在云层顶部之下约 50 千米处的行星表面。它究竟是什么样子，几个世纪以来，人们只能瞎猜。

你也许猜想过，如果能透过云层的缝隙作非常细致的观测，我们可以一天又一天，一点又一点地看清平时看不见的神秘表面。猜测的时代终于过去了。地球表面平均有一半被云遮住。在金星探测的早期，人们没有理由认为金星是 100% 被云掩住，如果云覆盖的部分仅为 90%，或即使有 99%，转瞬即逝的小块晴空也会让我们了解不少情景。

在 1960 年和 1961 年，美国设计的探测金星的第一批太空飞船"水手"1 号和 2 号正在作准备之中。有些人和我一样，认为这些飞船应当携带摄像机，以便把金星的图像用电信号传回地球。几年之后，"徘徊者"7 号、8 号、9 号就是运用相同的技术，在飞往它们的撞击地点（"徘徊者 9 号"的目标是阿方索环形山）途中，拍摄了月球的照片。但是金星探测的时间很短，而摄像机又很重。有些人坚持认为，摄像机不是真正的科学仪器，不过是能抓到什么就抓什么，胡乱迎合公众胃口的玩意儿。它们不能解决任何一个简单明了的、有意义的科学问题。我自己认为，云层是否有缝隙便是这样的一个问题。我争论说，摄像机还有可能回答我们想象不到的一些问题。我还争论道，只有照片才能向公众——他们毕竟是为空间探测提供资金的人——显示，用航天器进行的探测是多么激动人心。无论怎样劝说，这两艘太空船还是没有携带摄像机。而以后对这个特殊星体的探测至少部分地证实了那种判断：在近距飞行中，即使用很高的分辨率，在可见光波段内也找不到金星云层的缝隙，这和土卫六的情况差不多[1]。这两个世界永远是阴云密布的。

用紫外光可以看到一些细节，但这不是表面的特征，而是远在主要云层之上的快速流动的高空云团。高空云团绕行星流动比行星本身的自转还要快得多，可以称为特快自转。因此，用紫外光看见表面的可能性还更小一些。

我们认清了金星大气比地球上的空气要稠密得多——现在知道金星表面的气压是地球表面气压的 90 倍——这就立即会想到，即使云层有缝隙，在一般可见光波段内，我们也不可能看见金星的表面。少得可怜的太阳光曲曲折折地通过稠密的大气射到它的表面，确实也会被反射回来。但光子受低层空气分子的重复反射，其方向完全搞乱了，因此无法得到表面景物的图像。我们看到的只是像极区雪暴时出现的一片白茫茫的景象。然而这种强瑞利散射效应随波长的增加而迅速减弱，因此容易算出，用近红外光来观察，如果云层有缝隙，或者云对红外光透明，我们就能够看见金星的表面。

于是在 1970 年波拉克（Jim Pollack）、莫里森（Dave Morri-son）和我同去得克萨斯大学的麦克唐纳天文台，尝试对金星作近红外观测。在把底片装在望远镜上对金星拍照前，我们把底片上的感光乳胶"超敏化"，将优质的老式玻璃照相底片[2]用氨水浸泡，有时还加热或作短暂曝光。有一段时间，麦克唐纳天文台的地下室充满着刺鼻的氨味。我们拍了许多底片，但没有哪一张显示出任何细节。我们认为，也许我们用的红外波段还不够长，要不就是在近红外区金星的云不透明，也没有裂缝。

20 多年后，"伽利略号"太空船近距飞过金星，以较高的分辨率和灵敏度察看这颗行星，所用波长比我们用原始的玻璃底片乳胶所能感光的红外波段更长一些。"伽利略号"拍到了大的山脉。然而在这之前，由于使用了效力更强得多的雷达技术，我们已经知道有这些山脉。无线电波可以毫不费力地穿透金星的云层与稠密大气，被表面反射并回到地球。把电波收集起来，便可制成图像。这项开创先例的工作，主要是由喷气推进实验室在莫哈韦沙漠设立的跟踪站的地面雷达和康内尔大学设在波多黎各的阿雷西博天文台的地面雷达完成的。

随后美国的"先驱者 12 号"、前苏联的"金星 15 号"和"金星 16 号"以及美国的"麦哲伦号"都曾装载雷达望远镜环绕金星飞行，测绘出金星从一个极到另一个极的表面图。每一艘太空船都向表面发射雷达信号，并接收反射的回波。从表面上每一片的反射能力以及信号从发出到回收的时间长短（对山脉来说要短一些，而对山谷则长一些），整个表面的详细图终于缓慢而煞费苦心地绘制成了。

用上述方法显示出来的这个独一无二的世界，原来是由下一章将要描述的熔岩流（还略微受到风化的影响）塑造出来的。现在金星的云和大气对我们来说都已成为"透明"的了。这样，从地球来的勇敢的机器人探险家已造访了另一个世界。我们探测金星的经验现正应用于其他星体——尤其是土卫六。对土卫六来说，又是穿不透的云层遮掩着神秘的表面，而雷达正开始提示我们，云层下面到底是什么情景。

长时期以来，人们一直把金星看成地球的姊妹星。它是离地球最近的行星，它的质量、大小、密度和引力都与地球差不多。它离太阳比地球稍近一些，但它上面明亮的云层反射回太空的太阳光多于地球。你的初步猜测很可能是，在那些连绵不断的隆云之下的金星与地球颇为相似。早期的科学臆想就有：像石炭纪时代的地球那样，怪异的巨型两栖动物在发出恶臭的沼泽地爬行；一个遍布沙漠的世界；一片全球性的石油汪洋；以及一个到处点缀着石灰岩岛屿的矿水海。虽然有一点科学资料作依据，金星的这些"模式"——第一个出现在 20 世纪之初，第二个是在 30 年代，后面两个在 50 年代中期——都是和科学幻想差不多的臆测，它们简直不受当时已有的稀少科学资料的约束。

后来在 1956 年，《天体物理学杂志》发表了迈耶（Comell H. Mayer）及其同事的一篇论文。他们把部分地是为军事机密研究而在华盛顿海军研究实验室顶层上新安装的一架射电望远镜对准金星，并测量它发射到地球的无线电波的流量。这不是雷达，因为不是测量在金星表面反射的电波，而是测量金星自身向太空发射的无线电波。他们发现金星比遥远的恒星与星系背景要亮得多。这件事本身并不太令人惊异。每一个温度高于绝对零度（−273℃）的物体都会发射出包括无线电波在内的遍布电磁谱的辐射。举例来说，你本人就以大约 35℃ 的有效温度或"亮度"温度发射出无线电波。如果你周围的环境比你的身体冷一些，一架灵敏的射电望远镜就会检测出你向各个方向发射的微弱电波。我们每一个人都是一个冷的电波源。

迈耶的发现令人惊异之处是金星的亮度温度超过 300℃，这远高于地球的表面温度或所测出的金星云层的红外温度。金星上面有些地方的温度似乎比水的正常沸点至少还高出 200℃。这意味着什么呢？

很快就涌现出一大批解释。我的论点是，很高的射电亮度温度是灼热表面的直接表现，而高温是大量二氧化碳与水气的温室效应引起的（一部分太阳光穿过云层，使表面受热，但是由于二氧化碳和水蒸气对红外辐射高度不透明，表面热量极难消散到太空，这样就形成温室效应）。二氧化碳的吸收波段一直延伸到红外区，但是在其吸收带之间似乎有一些"窗户"，透过它们，表面本来容易散热到太空并因而冷却下来，然而水蒸气在红外的吸收波长一部分正好是在二氧化碳不透明区的窗户处，因此我认为，这两种气体结合起来，几乎可以相当满意地把全部红外辐射都吸收掉——即使只有很少一点水蒸气也会如此。这就好像两道栅栏，一个的条板刚好掩盖住另一个的空隙，这样结合起来就把后面的东西全都遮住了。

还有另一种大不相同的解释，即认为金星很高的亮度温度与表面无关。它的表面仍然可以气候温和，并适宜于生物生存。有人提出无线电波是从金星大气的某个区域，或从周围的磁层向太空发射的。有人提出金星云层中的水滴相碰时会出现放电。也有人提出在黄昏和破晓时高层大气中的离子与电子重新结合，产生发光放电。更有人提出在一个非常稠密的电离层中，自由电子的相互加速（这称为"自由－自由发射"）也会释放出无线电波（这种想法的一位支持者甚至设想所要求的高度电离是由于金星的放射性平均为地球的一万倍引起的——也许金星上不久前打过一场核战争）。此外，受发现来自木星磁层的辐射的启示，人们自然会想到金星有一个假想中很强的磁场，它俘获的带电粒子形成浩大的云层，并由此发射出无线电辐射。

我在 20 世纪 60 年代中期发表了一系列论文，其中许多篇是与波拉克[3]合写的，我们对这些既有灼热辐射区又有寒冷表面的各种互不相容的模型进行评论分析。到那时我们已有两个重要的新线索：即金星的射电波谱和"水手 2 号"的探测，其结果都表明金星圆面中心的射电辐射比接近边缘处要强一些。到 1967 年，我们已经能够颇有把握地否定别人选择的模型，并得出结论说金星表面是灼热的，温度比地球表面高出 400℃。但是这个论证是推理性的，在推论过程中有许多中间步骤。我们迫切希望有一个更直接的测量结果。

1967 年 10 月，为纪念第一颗人造卫星发射十周年，前苏联的"金星 4 号"向金星云层投放了一个进入密封舱。它从炎热的低层大气发回信息，但还没有到达金星表面就失灵了。一天之后，美国的"水手 5 号"太空船飞过金星，它掠过大气时，从越来越深处向地球发送无线电信号。从信号衰减的速率可以推导出大气温度。虽然两组太空船所获得数据之间似乎有差异（这个问题后来澄清了），但两者都表明金星表面是很热的。

从那以后，一系列的前苏联"金星号"太空飞船，以及一批从"先驱者 12 号"开始的美国航天器，都进入金星大气深处或在表面着陆，这样便可以直接地——主要是各伸出一根温度计——测量表面及其附近的温度，测得的结果为约 470℃。在考虑地面射电望远镜的校准误差及表面发射率等因素后，原有的射电观测和新的太空飞船直接测量的结果便很好地吻合了。

前苏联的早期着陆器是按与地球多少相似的大气设计的。它们在高压下破碎了，就像一只锡罐在拗手腕大力士手里一捏就碎，或者就像第二次世界大战时的潜水艇在汤加海沟里撞得粉身碎骨那样。后来前苏联的进入舱都像新型潜水艇那样装甲加固，于是在灼热的表面成功着陆。前苏联的设计人员在弄清楚大气有多深和云层有多厚之后，他们担心金星表面也许是一团漆黑的。因此，"金星9号"和"金星10号"都装配有探照灯。其实这并不需要，还是有百分之几射到云层顶的太阳光能穿透云层落到它的表面，因此金星的表面大约和地球上的阴天一样亮。

我猜想，人们不愿意接受金星表面很炎热的主张，是由于我们不愿放弃这样的观念：这颗离我们最近的行星对生命的生存和对将来的探测都是适宜的，并且就长远的目标来说，甚至可以让人类迁居过去。可是现在发现，那里没有石炭纪沼泽地，没有全球性的石油海或矿水海，而是一个令人窒息的、阴云密布的地狱。那里有一些沙漠，但主要是一个凝固的熔岩海的世界，我们的希望落空了。在太空飞船探测的初期，就当时我们所知，认为几乎任何事情都是可能的，我们对金星最浪漫的幻想也许都会实现。而现在比起那时来，要去这个世界探险的呼声减弱下来了。

许多艘太空飞船都为我们现今对金星的了解做出过贡献。但是成功探测的先驱是"水手2号"。"水手1号"因发射失败而被炸毁了，这可以说是出师不利。"水手2号"干得很漂亮，为金星的气候提供了关键性的早期电信资料。它对云的性质进行了红外观测。它在从地球飞往金星的途中发现并测量了太阳风——这是太阳发射出的带电粒子流，它在一路上使各个行星的磁层充满带电粒子，把彗星的尾巴吹向背后，并形成遥远的太阳风层顶。"水手2号"是第一个成功的行星航天器，它宣告了行星探测时代的开始。

它至今仍在绕太阳的轨道上运转，每隔几百天仍然大致沿切线方向接近金星的轨道。不巧的是，它每次切过金星轨道时，金星都不在那里，因此未能会合。但是如果我们长期等待，总有一天金星会在附近出现，于是"水手2号"会被这个行星的引力加速，并进入一个完全不同的轨道。到最后，"水手2号"会像远古时代的星子那样，或被另一颗行星俘获，或坠入太阳，或被抛出太阳系。

在这之前，这个行星探测的先锋，这个微小的人造行星还会静悄悄地环绕太阳运转，这就宛如哥伦布的旗舰"圣玛丽亚号"仍然由它的幽灵水手驾驶在加地兹与伊斯帕尼奥拉之间定期跨越大西洋往返航行一样[1]。在行星际空间的真空环境里，"水手2号"在长久的年代中将完好如初。

我对这颗昏星兼晨星[2]的希望是：在21世纪末叶，有一艘很大的太空船，在它靠引力帮助定期飞向太阳系外围时，会截获这个古老的、被遗弃的航天器，并把它拖上飞船。于是可将它陈列在一个早期太空技术博物馆里——这个博物馆也许是在火星、木卫二或土卫八上。

---

[1] 加地兹为西班牙港口，哥伦布发现美洲的舰队由此出发；伊斯帕尼奥拉是美洲东部的岛屿，哥伦布在此登陆。——译者

[2] 指"水手2号"。——译者

# 第 12 章

## 大地熔化了

在锡拉[1]和锡拉细亚[2]的中途，火焰从海洋里冒出来，接连烧了四天，于是整个大海都沸腾了，并燃起了熊熊大火。火焰铸造出一个岛屿，它渐渐升高，好像有人用杠杆把它抬起来……爆发平静下来以后，当时称霸海上的罗德岛[3]人，最早敢于前来察看此情景，并在这岛上建了一座庙宇。

——斯特拉博（Strabo）[4]《地理学》

（约公元前 7 年）

在地球上许多地方，你都可以找到一种具有惊人和不寻常特色的山。任何一个儿童都认得出它：山顶好像是用刀子削平的，或修整成方方正正的。如果你爬上或飞越山顶，就会发现它有一个洞，或是一个坑。在这类山中，有一些顶上的坑很小，有一些则几乎和山本身一样大。坑里偶尔装满了水。有时坑里装的是一种更令人惊奇的液体。你踮着脚走到坑边，就会看到广阔的、黄红色发光液体的湖以及火泉。这种山顶的洞称为死火山口（caldera，该词源自 caldron，原意为大锅），它们所在的山则理所当然称为火山（volcano，源自古罗马火神的名字 Vulcan）。地球上已经发现了大约 600 个活火山。在海洋下面还可以找到一些。

---

[1] 希腊南部爱琴海中的一个小岛。——译者

[2] 即现在的亚洲。当时地理学不发达，误认为亚洲很小。——译者

[3] 土耳其南部的一个大岛，岛上的居民善于航海。——译者

[4] 古希腊地理学家和历史学家（约公元前 63 年～公元 20 年）。——译者

典型的火山看起来很安全。它的四周都长着自然植被。梯田点缀在它的侧面，山脚下有小村庄与庙宇。然而在沉寂几个世纪之后，没有预警，火山就可能爆发。大块石头形成弹幕，火山灰雨从天而降。热熔岩汇成河流，从火山口向四周倾泻。全世界的人们都想象过，活火山是一个被囚禁的巨人或魔鬼，他总想挣扎着逃出来。

近年来爆发的圣海伦斯火山和皮纳图博火山提醒我们火山的威力有多大，而类似的例子史不绝书。1902 年，培雷火山的红热岩浆横扫加勒比海马提尼克岛，使圣皮尔城的 35 000 名居民丧生。1985 年，内瓦多·德尔·路易兹火山爆发时形成的大量泥石流，害死了 25 000 个以上哥伦比亚人。公元 1 世纪爆发的维苏威火山，把庞贝和赫尔库莱尼恩城的倒霉居民们全部掩埋在灰烬里；还害死了大无畏的博物学家大普林尼（Pliny），当时他为了进一步了解火山爆发的过程，而前往这个火山边（普林尼并非献身火山研究的最后一位学者，在 1979 年至 1993 年间，就有 15 位火山学家在各种火山爆发中牺牲）。地中海的圣多林岛（又名锡拉岛）实际上就是一个海底火山口边缘冒出水面的顶端部分。[1] 有些历史学家认为，公元前 1623 年爆发的圣多林火山促成了附近克里特岛上伟大的米诺斯文化[1]的衰落，并改变了早期古典文明的均势格局。这场灾难可能就是柏拉图讲述过的亚特兰蒂斯（Atlantis）传说的来源。照这个传说，一个文明社会"在倒霉的一天一夜里"就被摧毁了，当时人们自然会认为，这是一位神灵在大发雷霆。

人们对火山自然感到恐惧和敬畏。当中世纪基督教徒看见

---

[1]　公元前 3000 年～公元前 1100 年存在于克里特岛的古希腊文化。——译者

冰岛上的海克拉火山爆发，并见到山顶上空翻滚的熔岩碎块时，他们认为这是干坏事人的灵魂正在等待被送进地狱。有人郑重其事地说，他们听见了"可怕的呼叫声、哭声和痛苦不堪的磨牙声"，"哀叫及大声啼哭"。他们认为，在海克拉火山口里面的发光红岩浆湖和硫黄气体，正是阴间景象的真实显现，也证实了人们相信地狱的存在，而地狱正是与天堂相对的。

事实上，火山是通往地下王国的入口，而地下王国比人类居住的单薄表层辽阔得多，也不友善得多。从火山口喷出的熔岩是液态的岩石——达到其熔点（一般在1 000℃左右）的岩石。熔岩从地球里面的洞中涌出，冷却时就凝固。一次次产生的固体化岩浆堆积起来，就形成了火山的侧面。

地球上火山最活跃的场所，往往是沿洋中脊以及岛弧——它们都是海底地壳两大板块交接的地方，两个板块互相分离，或者一个滑到另一个下面。海底有很长的火山爆发地带，火山爆发往往伴随着一大批地震、深海烟柱与热泉，我们刚刚开始用机器人和载人潜艇去观察它们。

熔岩的喷发必然意味着地球内部极度灼热。实际上，地震资料表明地壳的厚度只有几百千米，在下面的整个地球主体至少也是轻度熔化的。地球内部很热，一部分原因是那里有铀等放射性元素，它们在蜕变时释放出热能；另外还由于地球在形成时释放的固有热量中有一些保存下来了。当许多星子由于相互的引力作用而聚集在一起形成地球时，以及铁下沉形成地核时，都会放出热能。

熔化了的岩石（即岩浆），可以穿过周围较重固体岩石之间的缝隙向上浮动。我们能想象得到，如果有机会提供一个合适的通道，地底下浩大洞穴中红热、发光、冒气和黏稠的液体就会朝地面喷射而出。射出的岩浆（称为熔岩）从火山口倾泻出来，真可以说是从"地狱"流出来的。可是我们至今还没有找到那些被打入"地狱"的冤魂。

由于接连喷射，一旦整个火山成形，熔岩不再向上涌入火山口，于是一座山就出现了。就像任何其他的山一样，由于风吹雨打，最后因为地球表面上有大陆板块运动，火山会缓慢地遭到侵蚀。迪伦（Bob Dylan）在叙事诗《随风而逝》中问道："要过多少年才能把一座山冲刷到海里去呢？"答案视我们谈论的是哪一颗行星而定。对于地球，这大约要 1 000 万年。因此火山和其他的山都必定是在同样时间范围内形成的，否则地球各处都会像堪萨斯州一样平坦了 [2]。

火山爆发能把大量物质——主要是硫酸微滴——抛入平流层。在那里，它们会在一两年内把太阳光反射回太空，于是使地球变凉。不久前菲律宾的皮纳图博火山爆发，就出现过这种现象。灾害最严重的是 1815 ～ 1816 年印度尼西亚的坦博拉火山爆发，它造成"没有夏天的年头"，因而发生大饥荒。公元 177 年新西兰陶波火山爆发使相距半个地球的地中海气候变冷，并且使火山微粒落到格陵兰岛的冰盖上面。在美国俄勒冈州的马扎马山，公元前 4803 年曾经爆发火山，遗留下现在称为"坑湖"的火山口，这场爆发对整个北半球的气候都有影响。正在积极进行的火山对气候影响的研究，最终导致了"核冬季"的发现 [1]。这类研究为用计算机模拟来预测未来的气候变化提供了

***

[1]　前些年国外一些科学家用计算机模拟核弹爆炸，认为爆炸引起的大火使大量烟雾进入平流层，由此造成全球冷却。——译者

重要的试验。火山粒子射入高层大气，也是臭氧层变薄的另一个原因。

因此发生在地球上某个偏僻地区的一次大的火山爆发，能改变整个地球的环境。无论是就它们的成因还是后果来说，火山爆发都提醒我们，地球内部新陈代谢中轻微的"打嗝"或"打喷嚏"，都会让我们吃不消，因此也提醒我们了解这个地下热机的运转对我们显得多么重要啊！

可以认为，在地球——以及月球、火星与金星——形成的最后阶段，小天体的撞击造成了全球性的岩浆海洋。在地表形成之前，熔岩到处泛滥。从地球内部喷射出来并倾注到表面的红热岩浆，形成潮浪高达若干千米的巨流，把流过途中的一切东西——山脉、沟渠、坑口——也许还有在更早、气候更温暖时期遗留下来的最后痕迹统统埋葬了。地质学的里程表又重新回到起点。我们看到的一切表面地质特征，都是最后一次全球性岩浆洪流留下的。在这些地质特征冷凝之前，熔浆之海可能深达几百甚至几千千米。在几十亿年之后，到了我们的时代，这样一个世界的表面变得安静，不活跃，看不出现时火山活动的迹象。也许在某些天体——如地球——上，还可以找到整个表面岩浆泛滥时代的一些小规模遗迹。

在早期的行星地质学研究中，一切资料都来自地面的望远镜观测。在半个世纪中，对于月球的坑口究竟是由撞击还是火山爆发形成的，开展过激烈争论。在一些低山之顶发现了火山口，它们几乎可以肯定是月球的火山。但是位于平原而非山顶的巨大的碗状或盘形坑口，就是另一回事了。有些地质学家认为，它们与地球上某些长期遭风雨侵蚀的火山甚为相似。可是另一些学者持不同意见。最好的反证是,我们知道经常有小行星和彗星飞过月球,它们有时必然击中月球,于是碰撞一定会形成坑口。在月球历史上,本应撞出了许多个坑。因此,如果我们看到的坑口不是由碰撞产生的,那么碰撞坑又在哪里呢?我们现在从直接的实验室研究了解到,月球上的坑几乎全部是由碰撞形成的。但是在 40 亿年之前,这个今天已经接近"死亡"的小世界,在现在早已不存在的内部热量驱动下发生的早期火山活动曾经使它不断地冒泡和沸腾。

1971 年 11 月,美国国家宇航局的"水手 9 号"太空飞船到达火星,去探测这个完全被全球性沙暴掩盖住的行星。能够看得见的几乎唯一特征便是从红色隆雾中伸出来的四个圆斑,但是它们很古怪:它们的顶部有洞。在沙暴减弱的时候,我们可以明白无误地了解到,我们曾一直看见的原来是四个穿透沙暴的巨大火山,每一个的顶上都有一个巨大的火山口。

在沙暴消散后,这些火山的真正规模便看清了。最大的火山——命名为奥林匹斯山,即希腊神话中众神的住所,这是一个恰当的名字——其高度超过 25 千米(约 15 英里),它不仅使地球上最大的火山,也使地球上的一切山峰都相形见绌。西藏高原上的珠穆朗玛峰最高也不过 9 千米。火星上大约有 20 个大火山,它们都没有这座奥林匹斯山那样高大。这座山的体积大约为地球上最大火山(即夏威夷的冒纳罗亚火山)的 100 倍。

火山侧面有许多撞击坑,它们由小行星碰撞而成,与山顶的火山口容易区分开来。从撞击坑的数目可以估计出它们的年龄。火星上有些火山的年龄可长达几十亿年，尽管没有哪一个是和火星本身同时在 45 亿年前形成的，包括此座奥林匹斯山在内的一些火山都比较新——也许只有几亿年。显然可知，火星早期发生的剧烈火山爆发也许形成了比火星现在所拥有的要稠密得多的大气。如果我们那时就访问火星，它看起来会是什么样子呢？

火星上的某些已经冷凝的火山熔岩（例如在塞尔伯吕区域），是两亿年前刚形成的。虽然没有正反两方面证据，但我推测，太阳系中我们确实知道的最大的奥林匹斯火山很可能会再次爆发。有耐心的火山学家们无疑会欢迎这一件事。

在 1990 ~ 1993 年，"麦哲伦号"太空飞船发回了关于金星地形的惊人消息。制图员绘制了几乎整个金星的地图，连 100 米大小的微小细节都会标在图上（100 米只不过是美国橄榄球运动场的大小）。"麦哲伦号"用电信号传回地球的资料比其他行星探测器传回的资料加起来还要多。因为地球上海底有很大一部分还没有探测过（也许除了美国和前苏联海军取得的仍属机密的资料），所以我们对金星的了解超过包括地球在内的任何别的行星。金星的许多地质特征与地球及其他地方的都大不一样。行星地质学家给这些地形取了名字，但这并不意味着我们已经完全了解它们是如何形成的。

因为金星表面温度接近 470℃，所以金星表面上的岩石远比地球表面上的岩石更加接近熔点。金星表层的岩石在比地球表层更浅的位置就开始软化并成岩浆了。很可能是由于这个缘故，金星的许多地质特征好像是可塑性的和发生过形变的。

这个行星的表面布满了火山岩浆形成的平原和高原。地质结构有圆锥形火山（可能是被掩盖的火山）与火山口。我们在许多地方可以看到岩浆洪流喷发过的痕迹。有些平原的范围大小超过 200 千米，有人把它们戏称为"扁虱"和"蜘蛛网"，这是因为它们是圆形凹地，周围为同心圆环，并且表面有辐射状的长裂痕从中心伸出。还有一种在地球上从未见过的奇特的扁平状地质结构，但也许是火山，它被称为"薄饼状穹顶"，它们大概是由既稠又黏的熔岩向四面八方缓慢而均匀地流动形成的，许多曲折的地质构造都是由岩浆流冷凝形成。还有一种奇怪的被称为"冠冕"的环形结构，它们的直径可达 2 000 千米左右。在闷热的金星表面上的奇特熔岩流，为地质探秘提供了丰富的题材。

最出人意料，也最奇特的地形是蜿蜒的峡谷，弯弯曲曲和牛轭相似，看起来就像地球上的河道。其中最长的比地球上最长的河流还要长。可是金星太炎热了，不可能有液态的水。此外，金星上没有小撞击坑，由此我们可以断言，在现有的地面形成以来，大气一直就是这样厚，并产生巨大的温室效应（如果大气要稀薄得多，那么中等体积的小行星在进入大气后就不会烧毁，而与金星表面碰撞并撞出坑来）。从山顶向下流动的熔岩形成蜿蜒的峡谷（有时成为地下岩浆河，后来河顶坍塌，形成峡谷），即使在金星的高温情况下，熔岩也会辐射出热量，然后冷却，流动减慢，凝固，最后停顿下来，岩浆冻结成固体。熔岩在峡谷中流动的范围不超过总长度的 10% 就冻结了。有些行星地质学家认为，金星上必能产生一种特殊、稀薄如水、能顺畅流动的岩浆，但这只是一种没有凭证的臆测，它表明我们在这方面的知识还很贫乏。

稠密的大气移动缓慢，然而正是由于大气如此稠密，它才能很容易把微粒吹上天空并让它们在空中飘动。金星上有刮风的迹象，风主要来自撞击坑，盛行的风在坑内吹出一堆堆沙尘，于是在表面留下风向标似的遗迹。我们到处可以看到沙丘，以及由风化塑成的火山地形。这些风化的过程很缓慢地进行，就像在地球的海底一样。金星表面的风力很弱，可是因为大气稠密，只要一股微风也可以吹起一团微粒云，但是在这个令人窒息的地狱般的环境里，即使微风也很难得有。

金星上有许多撞击坑，但比起月球与火星来说要少得多了，尤其是直径小于几千米的坑更是少得出奇。这个原因不难理解：小的小行星和彗星进入稠密的金星大气后，还没有来得及撞上金星表面就破碎了。用金星大气现有的密度，可以很好地解释观测到的最小坑径。在"麦哲伦号"照片上看到的某些不规则的斑点，可以认为是在深厚大气中破碎的撞击物体的遗迹。

大多数撞击坑显然是原始的，都保存完好，只有百分之几后来被熔岩淹没过。"麦哲伦号"发现金星表面非常年轻，撞击坑的数目很少，这表示凡是年龄超过5亿年的地质特征都想必已经被消除了[3]——这种情况竟会出现在一个年龄肯定接近45亿年的行星上。只有一种侵蚀因素能解释得通这种现象，这就是火山活动。在此行星上所有的坑口、山脉以及其他地质结构都被一度从内部喷射出来，到处横流并且冻结的熔岩海洋淹没了。

在察看了如此年轻的、充满凝固岩浆的表面之后，你也许会想知道是否还有一些活火山遗留下来。已经证实，一个也没有找到；但是有少数几处——例如马特火山——四周好像有新产生的熔岩，因而可能真的还在剧烈地翻腾和喷发。有证据表明，高层大气中的硫化物含量随时间在变化，似乎表面上的火山还不时地把这种物质喷射入大气。在火山平静的时候，硫化物完全会落回表面。还有一个有争议的证据，认为金星上山顶周围有闪电，就像地球上的活火山有时也会出现这种现象。可是我们不能肯定金星现在是否还有火山活动，这是将来探测的问题。

有些科学家相信，大约 5 亿年以前金星表面还几乎完全没有地形结构。岩浆流与岩浆海从金星内部严酷无情地倾泻出来，把任何可以成形的地表都填满并盖住。如果你在那些年代降落到金星云层之下，你便会看到表面几乎是平坦的，没有地貌特征。到了夜晚，火红的岩浆一直在发射出令人恐怖的光芒。按这个观点，大约在 5 亿年前向地面喷射大量岩浆的金星内部的巨大热机，现在已经停止运转。这个行星的热机终于走到尽头了。

地球物理学家特科特（Donald Turcotte）提出另外一种引人入胜的理论模型。他认为金星拥有和地球相似的板块构造，但是板块活动有时激烈有时停息。他说目前板块活动处于停息期，"大陆"不沿表面漂移，不互相碰撞，因此没有造山现象，后来也不会缩进金星的内部深处。然而在平静几亿年后，板块活动经常发生，于是表面特征被熔岩淹没了，被造山运动毁掉或被其他方面的地壳运动削弱、灭迹了。特科持提出，上一次这样的爆发大约在 5 亿年前结束，于是从那时起，一切又趋于平静。然而"冠冕"状环形结构的出现可能预示——按地质学上的时间尺度来说，在不远的将来——金星表面大规模的变化就要再次发生。

比起火星上的大火山或金星被岩浆淹没的表面更加出人意

料的，是 1979 年 3 月"旅行者 1 号"太空飞船与木卫一（木星的四个伽利略大卫星中最里面的一个）会合时的发现。我们在那里发现了一个奇怪、很小、多彩、确实布满火山的世界，我们吃惊地看见 8 根活跃的火柱把气体与微粒喷射到天空，其中最大的一根用夏威夷火山女神的名字命名，称为培雷，它向太空抛射出的物质喷泉高出木卫一表面 250 千米，比地球上有些宇航员达到的高度还要高。4 个月后，当"旅行者 2 号"到达木卫一时，培雷本身已经熄灭了，然而还有 6 根别的火柱在喷射，发现其中至少有一根是新的。此外，另一个称为苏尔特的火山口，已经颜色大变了。

即使在美国国家宇航局的图片中木卫一的颜色被过分增强了，可是它的本色还是和太阳系中任何地方都不一样。目前流行的解释是木卫一的火山并非像地球、月球、金星与火星那样由向上喷射的熔岩驱动，而是由二氧化硫和熔硫喷发所驱动的。它的表面布满着火山、火山口、喷气孔以及熔硫湖。在木卫一表面和附近空间已经检测到各种形式的硫及硫化物——火山爆发共同把木卫一的一部分硫抛入太空[4]。这些发现使有些人认为木卫一有一个液态硫的地下海，这液态硫从一些薄弱地点涌出到表面，形成矮小火山，然后向下流动并冷凝。它最后的颜色取决于喷发时的温度。

在月球或火星上面，你能够找到 10 亿年来几乎无变化的许多地方。但是对木卫一来说，在一个世纪内大部分表面都遭受到新熔岩的再次泛滥，许多地方被填满，或其地理特征被冲洗掉。这使木卫一的地图很快就变得陈旧了，因此绘制木卫一地图会成为一个欣欣向荣的行业。

　　所有这些结论，从"旅行者号"的观测资料似乎都很容易得出。从目前熔岩流淹没表面的速率可以推测，在 50～100 年内就会有重大变化。很幸运，这个预言是否正确能够检验出来。我们可以把"旅行者号"对木卫一拍的照片拿来与 50 年前用地面望远镜拍的质量差得多的照片相比，也与 13 年后哈勃太空望远镜的照片相比。令人惊奇的结论是，木卫一表面上大的标志几乎完全没有改变。很显然，我们的推理有什么地方搞错了。

　　在一定意义上说，火山是行星内部物质的喷发，它的创伤最终靠自身的冷凝来愈合。可是一个创伤告愈，另一个又出现了，不同的星体有不同的内在物质。在木卫一上发现液态硫的火山活动，有点像发现一位老朋友受伤时流出的血竟是紫色的，你无法理解怎么可能有这样大的差别，他看起来也是一个如此普通的人。

　　我们当然急于想发现其他世界上火山活动另外的迹象。在水卫二（即木星的伽利略卫星中的第二个，也是木卫一的邻居）上面根本就没有火山；但是溶冰（即液态水）似乎冒出到表面，流过大量纵横交错的暗条纹，然后再冻结起来。再往外，在土星的卫星上，有迹象表明液态水从内部喷出，把撞击坑冲毁。然而无论是在木星还是土星的系统中，我们还没有看到过任何与冰火山相似的东西[1]。在海卫一上面，我们也许已经看见了氮或甲烷的火山现象。

　　其他星体的火山是一种激动人心的景观。它们增强我们

---

[1]　"卡西尼"探测飞船现已发现，土卫二正从它的南极地区向外喷射水汽，这也算是一种物质喷发现象。——译者

对奇景的感受以及欣赏宇宙的美丽与丰富多彩的欢乐。但是这些地外世界的火山还有另外一种作用：它们有助于我们了解自己世界的火山，也许有朝一日有助于预测它们的爆发。如果我们不了解在物理参数不相同的其他环境中正在发生什么情况，我们对与自身关系最密切的地球上环境又能有多少深刻的认识呢？一种关于火山现象的全面理论，必须适用于各种情况。当我们偶然发现处于地质宁静期的火星上有大量火山隆起时；当我们发现仅仅是在昨天熔岩洪流把金星表面冲刷干净时；当我们找到一个星体不是被像地球这样由放射性衰变释放的热能，而是被近距天体产生的引力湖熔化时；当我们观察到硫化物而不是硅化物的火山现象时；以及当我们开始猜测在外行星的卫星上面是否能看见水、氨、氮或甲烷的火山现象时，我们才开始懂得可能还有其他的火山。

# 第 13 章

## "阿波罗" 的礼物

广开兮天门，纷吾乘兮玄云……

——屈原《楚辞·九歌》第五歌"大司命"

（中国，约公元前 3 世纪）

这是 7 月份一个闷热的夜晚。你已经在扶手椅上睡着了。你突然惊醒了，晕头转向。电视机还开着，但是没有声音。你竭力想弄清楚你在电视机荧光屏上看见的是什么。两个朦胧的穿着白色连身工作服、戴着头盔的人影，在漆黑的天空下面轻飘飘地跳跃。他们奇怪的轻微弹跳驱使他们往上，处于几乎察觉不出来的尘云的包围中。但是有一点不对头，他们跳起后落下来太慢了。他们虽然显得累赘，但却有一点像是在飞。你揉揉眼睛再看，这个梦幻似的动人场面还在眼前。

围绕 1969 年 7 月 20 日"阿波罗 11 号"登月的所有事件，我回想起来印象最深的是，它们好像都不是真实的。尼尔·阿姆斯特朗（Neil Armstrong）和奥尔德林（Buzz Aldrin）沿月球灰色多尘的表面跳跃行走，庞大的地球隐约地出现在空中，而科林斯（Michael Collins）当时在月球的卫星[1]上沿着绕月轨道孤独地守卫着他们。的确，这是一项惊人的技术成就，也是美国的一次胜利；的确，宇航员们表现出敢于向死神挑战的勇气；的确，

---

[1] 指"阿波罗 11 号"。该飞船共载三名宇航员，两名乘登月舱在月面上软着陆，另一名仍然留在飞船的指挥舱内，继续沿着绕月轨道飞行。登月的两名宇航员在完成作业后，驾驶登月舱上升与母船会合，然后一同返回地球。——译者

正如尼尔·阿姆斯特朗刚踏上月球所说的，这是人类迈出的历史性一大步。但是如果你把飞船控制中心与静海[1]之间的一段插曲——经过慎重思考但很俗气的喋喋不休的例行谈话——关掉，凝视着黑白电视机的图像，你就会瞧见人类已经进入神话与传奇的境界了。

人类老早就知道有月球了。当我们的祖先从树上下来走进大草原的时候，当我们学会直立走路的时候，当我们首次制作石器工具的时候，当我们引入火的时候，当我们发明农业、建造城市和开始征服地球的时候，月球就在那里了。民间传说与民歌，赞美月球和爱情之间的神秘联系。"月份"这个词以及一个星期的第二天都来自月球。月亮的盈亏——从新月到满月，再到残月，又到新月——被人们普遍理解为死亡和再生的天上隐喻。月相与妇女的排卵期有关，而且周期的长度几乎一样。"月经"这个词在英文中是"menstruation"，拉丁文 *mensis* 意为月份（month），它也有"量度"的意思。传说在月光下睡觉的人会发疯，英文中"lunatic"[2]（疯狂的）一词正是由此而来。古代波斯有这样一个故事：有人问一位以才智卓越而负盛名的高官，太阳和月亮哪一个更有用，他回答说："是月亮，因为太阳在白天照耀，而白天已经有光。"尤其是当我们在户外生活时，尽管月亮触摸不着，它的存在对我们的生活至关重要。

月球一直是人们对无法达到的事物的一种隐喻。如人们常说："你还不如把月亮要来"，或者"你办成这件事比飞上月

---

[1]　月球上一个似海（颜色较深）的平原区，是"阿波罗 11 号"在月球着陆的场所。——译者
[2]　英文中"月球的"一词为 lunar。——译者

亮还难"。在人类历史上大部分时期，我们一点也不知道月球是什么。它是一种精神？一尊神灵？或是一个物体？它看起来不像是一个遥远的东西，而是一个很近的小玩意儿——也许只是挂在离我们头顶不远的天空中一个盘子大小的东西。古希腊哲学家争论过这一命题："月球和它看起来的恰好一样大。"（这表明他们把长度大小和角度大小完全混为一谈。）只有疯疯癫癫的人才会想到要在月球上行走。比较合理的想法是用一个长梯子爬上天，或者乘一只大鹏鸟飞上天去摘月球，然后把它带回地球。在神话中已经不乏这样干的英雄，但谁也没有成功。

直到几个世纪之前，月球是约38万千米（25万英里）之外的一个地方这个概念才广为人知。可以说是在转眼之间，人们就从最早对月球本质的错误认识，一下子变成可以在月球表面上行走和开车兜风。我们学会了计算物体在太空中的运动，学会了从空气中制作液化氧，还发明了巨型火箭，掌握了遥测遥感方法、可靠的电子学技术、惯性导航以及其他许多种技术。然后我们就飞入太空。

我很幸运，能参与"阿波罗"计划，但我并不责怪那些把整个这项工程说成是在好莱坞制片厂中伪造出来的人。在罗马帝国后期，异教哲学家攻击基督教关于耶稣基督的遗体升入天国以及死后复活等信条，因为重力会把所有的"血肉之躯"拉下来。圣奥古斯丁反驳说："如果人类能够运用某种技能，用会沉入水中的金属制造出在水上漂浮的船舶……难道就不能相信，上帝当然更会用一种秘法将尘世众生"从地球的枷锁中"解放出来"。人类有一天会发现能把自己从地球的束缚中解放出来的这种"秘法"是难以想象的。可是1500年后，我们把自己解放出来了。

这个成就导致了一种敬畏与焦虑交织在一起的心情。有人想起巴别（Babel）塔[1]的故事，也有人认为登上月球表面是一种鲁莽和亵渎神灵的行为，可是许多人为之欢呼，认为这是历史的一个转折点。

月球不再是高不可攀的了。从1969年7月以来，已经有12个人（都是美国人）在那种嘎吱嘎吱作响、布满环形山的、古老的灰色凝固熔岩上一蹦一跳奇特地行走过了，他们把这称为"月球漫步"。但是在1972年以后，没有任何其他国家的人接着去月球探险归来。的确，自从光辉的"阿波罗"时代以来，除了在绕地球的低轨道外，谁也没有去过太阳系任何地方。这就像一个蹒跚学步的小孩，刚试着向外走几步后，就气喘吁吁地缩回来，为了安全而抓住妈妈的裙子，不敢松手。

有一段时间我们在太阳系内翱翔。几年之后，我们就急匆匆地赶回来了。这是为什么？出了什么事情？"阿波罗"计划究竟怎么了？

1961年5月25日，肯尼迪（John Kennedy）总统向参众两院联席会议作了题为"国家的紧迫需要"的咨文，在这演讲中提出要启动"阿波罗"计划。他的远见和胆略令我震惊。我们要使用还没有设计出来的火箭和从来没想过的合金，要采取没有制定过的太空导航与飞船在太空对接方法，以便把人送入一个未知世界——一个甚至未作初步演习、甚至未用机器人探测过的世界——并且还要让他们平安地返回地球，而这个任务要在20世纪60年代之内实现！何况这个充满信心的宣告，是在

---

[1] 基督教《圣经》中记载的没有建成的通天塔。——译者

美国还没有实现绕地球轨道载人飞行之前做出的!

我当时是一个初出茅庐的博士,真的认为这一切的核心都是为了科学。但是那位总统并没有谈到探索月球的起源,甚至连从月球运回一些表面岩石样品作研究也只字未提,他似乎只是关心把一个人送上月球并把他接回来。这是一种姿态。肯尼迪的科学顾问威斯纳(Jerome Wiesner)后来告诉我,他和总统达成了一个协议:如果肯尼迪不宣称"阿波罗"计划是为了科学,那么他就会支持这个计划。可是,如果不是为了科学,那是为了什么呢?

别人告诉我,"阿波罗"计划真的是为了政治。这听起来就比较对头了。如果前苏联在空间探测中领先,如果美国缺少"国家威力",那么不结盟国家就会向前苏联靠拢。但是我不以为然。实际上,美国在科技的大多数领域都比前苏联强,美国在全世界的经济、军事等方面都处于领先地位,难道由于加加林进入绕地轨道领先于格伦(John Glenn),世界格局就会发生变化吗?空间技术有什么特殊之处?想了又想,我突然想通了。

把人送入绕地球的轨道,或者把机器人送入绕太阳的轨道,都需要火箭——需要巨型、可靠又强有力的火箭,同样的火箭可以在核战争中使用。用把人送上月球的技术,同样也能够把核弹头发射到半个地球之外的目标。把一位天文学家和一架望远镜送入绕地轨道的技术,同样也可用于运载激光"作战装置"。甚至回溯当年,在东方和西方的军界人士中都有一些富于幻想的言论,诸如把太空当作居高临下的新"制高点",哪个国家"控制了"太空就能"控制"地球。当然,那时战略性火箭已经在地球上多次试验过了。但是把一枚装有模拟核弹头的弹道导弹打到太平洋中部的一个靶区，并不显得多么荣耀，而把人送进太空却会赢得全世界的关注并唤起大众的想象力。

你不会单为这个缘故，不惜花费钱财把宇航员送入太空，但是在显示火箭威力的所有方式中，这种做法是最好的。这是一个国家举行成年礼的仪式；实际上不需要任何人作解释，只需要看看助推火箭的样子就一清二楚了。这种信息似乎可不知不觉地传递，而不需要费神去领会到底发生什么事。

我的从事空间科学的同事们，今天正在一块钱一块钱地争取经费，他们也许忘记了在辉煌的"阿波罗"时代以及稍早一点的时候，为"太空"获得经费是何等容易。这方面可以举出的例子很多，例如在 1958 年，前苏联发射第一颗人造地球卫星之后只有几个月，当着众议院国防拨款小组委员会的面，空军助理部长霍纳（Richard E.Horner）答复众议员弗洛德（Daniel J.Flood，宾夕法尼亚州民主党人）的质询而作证时，两人有这样一段对话。

霍纳：从军事观点出发，为什么需要把人送上月球呢？一个原因是，从传统观点来说，因为它就在那里 [1]。另一个是我们害怕前苏联捷足先登而会得到我们没有预料到的存在于那里的利益……

弗洛德：如果我们拨给你们需要的经费，要多少给多少，你们在空军任职的人能不能用某种东西，任何东西都行，在圣诞节前击中月球？

霍纳：我确信我们能办到。做这类事情总要担一些风险，

---

[1] 英语中 "Because it is there"（因为它就在那里）往往用来回答毋庸详细解释的问题。

但是我觉得我们做得到，是的，先生，能做到。

弗洛德：你有没有请求空军或国防部给你们足够的经费、硬件和人员，从今天晚上半夜起就快马加鞭地干起来，争取从绿色乳酪球[1]上敲下一小块，当作圣诞礼物送给山姆大叔[2]？你们有没有这样请求过？

霍纳：我们已经把这个计划提交国防部长办公室，目前正在审议。

弗洛德（转向主席）：主席先生，我赞成目前就把经费批准给他们使用。可以从我们的预备金拨付，不必等人来闹市区下决心向我们申请。如果这位讲的是正经话，如果他知道该怎么办——我相信他知道——那么本委员会今天连5分钟都不必等了。我们应当把他所要求的全都经费、所有硬件和一切人员都给他，不管别人怎么说和怎么要求。告诉一个人爬上山顶，不必问为什么要爬，只要爬上去就行了。

在肯尼迪总统制定"阿波罗"计划的时候，国防部有一大批空间计划正在进行：把军事人员送入太空，让他们在绕地轨道上运转；在轨道平台上安装自动控制武器，用以击落其他国家的卫星及弹道导弹。"阿波罗"计划取代了这些计划（它们还从未达到可行的阶段）。可以认为，"阿波罗"计划有助于实现另一目标，即把美苏之间的太空竞争从军事转向民用领域。有人相信，肯尼迪想用"阿波罗"计划来取代太空武器竞赛。也许是这样。

---

[1] 西方有人戏称月球是一个很大的绿色乳酪球。——译者
[2] 美国的绰号。——译者

就我看来,在那个历史性时刻最有讽刺意义的象征是,由"阿波罗 11 号"送上月球的,有尼克松(Richard Nixon)总统签名的一个徽章,上面刻着这样一句话: "我们代表全人类和平地来到这里。"正当美国在东南亚的一些小国家投掷 750 万吨常规炸药的时候,我们为自己的人道主义而感到庆幸:在没有生命的岩石上,我们不会伤害任何人。这块徽章还在那里,钉在"阿波罗 11 号"登月舱的基地上,在没有空气的、荒凉的静海中。如果没有人去干扰它,100 万年后它上面的文字仍将清晰可认。

继"阿波罗 11 号"之后,又发射了 6 艘飞船,除了一艘以外,其余几艘都成功地在月面着陆。"阿波罗 17 号"首次带去了一位科学家,可是他刚登上月球,"阿波罗"计划就被取消了。到月球上去的第一位科学家和在月球上着陆的最后一个人是同一个人。在 1969 年 7 月的那个晚上, "阿波罗"计划的目标就已经达到,后来的 6 次探测只不过显示了它的后劲而已。

"阿波罗"计划的主旨不是科学,甚至也不是太空,"阿波罗"计划代表的是意识形态对抗和核战争。经常采用的委婉说法是世界的"领导地位"及国家的"威望"。尽管如此,还是完成了很好的空间科学研究工作。我们现在对月球的组成、年龄和历史以及对月球表面地形起源的知识,都比以前丰富得多了。我们对月球起源的了解也有新的进展。我们有些人运用月球环形山的统计资料,来更好地了解生命出现时期的地球。但是比这些成就都更为重要的是, "阿波罗"计划为整个太阳系辉煌的无人太空飞船探测提供了帮助和庇护,使我们初步考察了几十个星体。"阿波罗"的子女们已经到达各个行星的疆域了。

如果没有"阿波罗"计划——也就是说,如果没有它所追求的政治目标——我想美国为开发和发现整个太阳系所进行的具有历史意义的探测就不会出现。"水手号"、"海盗号"、"先驱者号"、"旅行者号"以及"伽利略号"都是"阿波罗"计划带给我们的礼物。"麦哲伦号"与"卡西尼号"则是隔得较远的后代。与此相似的是前苏联在太阳系探测上的开拓性工作，包括"月球9号"、"火星3号"及"金星8号"等无人太空飞船在其他世界的首批软着陆。

"阿波罗"使我们感受到的是认识未来世界的信心、干劲以及宏伟的远见。这也是它的一个目的。它激发人们对科学技术的乐观态度和对未来的热情。很多人都说，既然我们能够飞往月球，还有什么事情办不到呢？甚至那些反对美国的政策与行动的人，甚至那些把我们想成最坏的人，也承认"阿波罗"计划所蕴含的天赋才智和英勇无畏的精神。"阿波罗"计划使美国成为一个伟大的国家。

当你整理行装准备出远门时，你不知道情况究竟会怎么样。"阿波罗"的宇航员们在飞往与飞离月球的途中都拍摄了我们的家园——地球的照片。这是当然要做的事情，但是这产生了很少有人能预料的结果。地球上的居民破天荒第一次从天上看见了他们的世界——完整的地球，彩色的地球，以及在辽阔的漆黑太空背景中呈现为不断自转着的，蓝白相间的精致小球的地球。这些照片有助于唤醒我们对行星的迷糊意识。它们提供无可争辩的证据，表明我们大家同在一颗脆弱的行星上面。它们提醒我们，什么是重要的，而什么不是。它们是"旅行者号"拍摄的淡蓝色光点形象的前身。

我们也许正好及时发现了这种前景，正当我们的科技对我们生存在这个世界上构成威胁的时候。不管"阿波罗"计划原先发起的理由是什么，也无论它在冷战时期的民族主义和成为毁灭人类的工具的泥坑中陷得多深，它不可避免地使我们认识到地球是一个整体，并且它很脆弱。这是它的明确和辉煌的成果，也是"阿波罗"赠送给我们的出人意料的、最后的礼品。以殊死的竞争为起点的"阿波罗"计划，已帮助我们认识到我们能够继续生存下去的重要前提便是全世界的合作。

旅行使我们眼界开阔。

现在是重新上路的时候了。

# 第 14 章

探测其他行星和保护地球

行星在其演化的各个阶段，都受到与地球相同的形成力量的作用，因此它们具有与地球过去（也许还有未来）同样的地质形态，于是可能也有生命。但是，不仅如此，对有些情况而言，这些力量还在与地球完全不同的条件下起作用，因此定会出现与人类所知道的不一样的地理形状。这种资料对比较科学的价值实在太明显了，因此不需要加以讨论。

——戈达德《札记》（1907）

我生平第一次看见弧形的地平线。一条薄薄的深蓝色光带——这就是大气——使地平线镶上了边。这显然不是过去许多次人们告诉我的大气"海洋"，它那脆弱的外貌使我感到恐惧。

——默博尔德（Ulf Merbold）
航天飞机的德国宇航员（1988）

当你从绕地轨道的高度俯视地球，你看见的是一个被暗黑真空包围的、可爱而又脆弱的世界。但是你透过太空飞船的舷窗凝视一块地面，远不及脱离飞船在太空浮游时看见在黑暗背景上的整个地球扫过你的视野那样愉快。第一位取得这种经验的人是列昂诺夫（Alexei Leonov）。他在1965年3月18日离开"上升 2 号"，实现了首次太空"行走"。他回忆说：

"我向下看地球，在我头脑里出现的第一个想法是'地球毕竟是圆的'。我一眼就能从直布罗陀海峡一直看到里海……我感到自己像是一只鸟，长了翅膀，能够飞翔。"

当你像"阿波罗"的宇航员那样，从更远处看地球时，它变小了，直到最后只能见到一些地理遗迹，其他什么也看不清。使你注意的是，地球是何等地自给自足。偶尔有一个氢原子逃离了，或者有一点彗星尘埃掉进来。在太阳内部深处由庞大的、无声的热核反应机产生的能量，从太阳向四面八方倾泻。地球截获的极小部分已足够把它照亮，并为我们有限的目的提供充足的热量。除此之外，这个小世界便别无所求了。

从月球表面，你可以看见地球，它也许呈新月形，这时甚至各大洲也看不清楚了。从最外面的行星的有利地点看地球，它只是一个苍白的光点。

从绕地轨道上看去，引人注目的是地平圈上嫩蓝色的圆弧——这是从切线方向上见到的地球大气薄层。你现在可以了解，为什么没有"地区性环保问题"这件事。分子很笨拙。工业毒素、温室气体以及对保护我们的臭氧层起破坏作用的物质，由于它们的愚鲁无知，都不知道尊重国界，也不顾国家主权。因此，由于人类的技术具有几乎是神话般的威力，再加上短视的盛行，我们开始在整个大洲或全球的规模上伤害自己。坦率地说，如果想解决这些问题，就需要许多国家在许多年时间里采取联合行动。

引起我深思的是这样一个出人意料的现象：饱含国与国之间敌对与仇恨的太空飞行，却导致一种令人震惊的超越国界的见解。只要你在绕地轨道上花一点点时间凝视大地，你心中铭刻最深的国家主义观念就会开始消逝。它们就像是在一枚杏子上面小虫们之间的争吵。

如果我们是粘贴在一个世界上，我们受它的局限，不知道还可能有别的世界。这就好像一位只会欣赏法由（Fayoum）墓[1]壁画的美术行家，一位只知道臼齿的牙科医生，一位只懂得新柏拉图主义的哲学家，一位只研究中文的语言学家，或者一位只知道有关地球上自由落体的重力知识的物理学家——我们的眼光很短浅，我们的见识很狭窄，我们预测未来的本领有很大的局限性。与此形成对比的是，当我们探测其他世界时，以前认为行星只能有的那样一种类型，其实不过是大量可能类型中间的一个而已。在看到其他世界的时候，我们开始了解，在这个方面太多而在那个方面太少，会造成什么结果。我们知道一颗行星会出什么毛病。我们得到了太空飞行先驱戈达德所预见的一种新知识，这称为比较行星学。

对其他行星的探测，已经扩大了我们对火山、地震与天气研究的眼界。这在某一天会对生物学有深刻的影响，因为地球上的一切生物都从属于一个共同的生物化学总体系。发现一种地外有机体——即使是微不足道的细菌——也会使我们对生物的认识发生一场革命。但是探测其他行星和保护地球这两者是有联系的，这种联系最明显地表现在对地球气候以及现代人类技术对气候日趋严重的威胁的研究中。对其他行星的研究可以让我们知道，在地球上哪些蠢事不能干，而这是至关重要的。

近年来发现了以下三个潜在的，都是在全球范围起作用的

---

[1]　在沙特阿拉伯境内的许多古墓。——译者

环境灾害：臭氧层枯竭、温室效应和核冬季。现在认识到，这三个发现都与行星探测有密切联系：

（1）令人不安的是发现了一种不容易产生化学反应但用途极广的惰性物质——它可以用作冰箱和空调的制冷剂，供除臭及其他用途的喷雾剂，做快餐食品轻便泡沫包装以及微电子装置的清洁剂，等等——会危害地球上的生命。而这有谁会想到呢？

我们谈到的是称为氯氟烃（CFC）的分子。它们的化学性质是极其惰性的，这意味着它们很难受到破坏。只是在臭氧层里太阳的紫外光可以使它们分解。这时释放的氯原子会破坏对我们起保护作用的臭氧并使它离解，于是让更多的紫外光射到地面上。紫外线增强会引起一系列潜在的可怕后果，这不仅是皮肤癌和白内障，还会使人类的免疫系统功能减弱，最危险的是可能损害农业及植物的光合作用，而这正是地球上大部分生物赖以生存的食物链的基础。

是谁发现了氯氟烃的分子对臭氧层的危害呢？是不是承担法人责任的主要生产厂家杜邦公司？是不是保护我们的环境保护署？是不是保卫我们的国防部？都不是。发现者是两位在象牙塔内穿白大褂，从事其他工作的大学里的科学家，即在加利福尼亚大学欧文分校的罗兰（Sherwood Rowland）和莫利纳（Mario Molina）。这所大学甚至还不属于常青藤联谊会 [1]。谁也没有指示他们去关注环境的危险。他们进行的是基础研究。他们是追寻自己的兴趣的科学家。应当让每个学童都知道他们的名字。

---

[1]　美国东北部哈佛、哥伦比亚、普林斯顿等名牌大学的总称。因为它们历史悠久，墙上爬满常青藤，故名。——译者

在罗兰与莫利纳原来的计算中，他们使用了含有氯和其他卤素的化学反应的速率常数，而测定这些常数的经费有一部分是美国国家宇航局提供的。为什么国家宇航局会提供经费呢？这是因为金星大气中有氯和氟的分子，而行星科学家想了解金星大气里正在发生的情况。

不久后，由哈佛大学麦克尔罗伊（Michael McElrov）领导的工作小组确认了氯氟烃分子对臭氧枯竭所起作用的理论研究。为什么他们的计算机里已经储有卤素化学反应动力学的全部分支网络程序？这是因为他们正在研究金星大气中氯与氟的化学性质。于是金星帮助科学家发现并确认了地球的臭氧层正处于危险状态中。在这两个行星的大气光化学之间，找到了一种完全没有预料到的联系。就这样，对地球每一个人都很重要的成果，竟来自很可能已被认为是最不着边际的、抽象的和毫无实用价值的工作，即对另一颗行星的高层大气中次要成分化学性质的研究。

这项研究与火星也有关系。我们从"海盗号"的探测发现火星表面显然没有生物，甚至显著缺少简单的有机分子。但是那里应该有简单有机分子，这是因为来自附近小行星带的含有丰富有机物的陨星会与火星相撞。这种缺乏有机物的原因，一般认为是由于火星没有臭氧层。由"海盗号"的微生物实验可以知道，从地球带到火星并撒到火星表面尘埃的有机物质很快就被氧化并分解成为无机物了。引起这种分解的尘埃中物质是与过氧化氢相似的分子——我们用过氧化氢作消毒剂，因为它通过氧化来杀死细菌。来自太阳的紫外光在没有臭氧层阻拦的情况下直接射到火星表面。如果那里曾经有过有机物，它很快就会被紫外光本身及其产生的氧化物毁掉。因此，火星最上层的土壤消毒得很干净，一部分原因是火星有一个像行星那样大小的臭氧洞——这对于忙忙碌碌地使自己的臭氧层变薄和开洞的我们来说，自然而然是一个有益的警告。

（2）已经预料到，全球气候变暖是温室效应不断增长的结果，而温室效应主要是由于化石燃料[1]燃烧所产生的二氧化碳引起的；但是其他能吸收红外线的气体（氮的氧化物、甲烷、氯氟烃以及别的一些分子）的聚积，也能加剧温室效应。

假定我们有一个地球气候的三维整体大气环流的计算机模型。它的程序设计人员宣称，如果大气的某个成分增加了，而另一个成分减少了，他们能够推测地球大气有什么变化。这个模型对"预测"现在的气候确实很有用处，但是它有一个恼人的麻烦事：这个模型已经被"调整"到它给出的结果是正确的。也就是说，为它选用的一些可调节的参数不是来自物理学的基本原理，而是为了得出正确答案。这并不完全是欺骗，但是如果我们把同一个计算机模型运用于颇不相同的气候体系，例如极度的全球变暖，于是这种"调整"就可能不适宜了。这个对今天的气候也许适用的模型，不能外推到其他情况。

考察这个程序的一个办法，是把它运用于其他行星的截然不同的气候。它能否推测火星大气的结构以及它的气候？能否作天气预报？对金星又怎样呢？如果它在这些检验中失灵了，我们就理所当然地不相信它对地球做出的预测。事实上，我们现在使用的气候模型是从物理学的基本原理出发的，它能够很好地预测金星与火星的气候。

---

[1]　如煤炭。——译者

我们知道，在地球上对流作用使地幔深处的岩浆以超级喷流方式向上大股喷出，然后形成辽阔的冷凝玄武岩高原。一次壮观的喷发大约在 1 亿年前出现过，它或许使大气中的二氧化碳含量增加到现在的 10 倍，由此引起全球显著变暖。可以认为，这种喷发在地球整个历史中多次发生过。类似的地幔岩浆喷发似乎在火星与金星上也出现过。我们有合理的实际原因想了解，从脚底下几百千米的地球深处，怎么会突然发生不明不白的事件，使地球表面和气候产生重大变化。

近来关于全球变暖的一些最重要的研究，是美国国家宇航局在纽约市的一个机构，即戈达德空间科学研究所的詹姆斯·汉森（James Hansen）及其同事们完成的。他发展了一套主要的计算机气候模型，并用它来预测如果温室气体继续聚积，地球气候会有什么变化。他曾用地球古代气候检验过这些模型（有趣的是，在上次冰河时期大量的二氧化碳及甲烷与气温升高明显有关）。詹姆斯·汉森收集了 20 世纪和 19 世纪的大量气候资料，以了解全球温度的实际情况，然后把它与计算机模型预测的本应出现的情况进行比对。两者符合的程度都在测量与计算的各自误差范围之内。白宫的管理和预算局出于政治需要〔当时是在里根（Reagan）执政年代〕，指令詹姆斯·汉森要夸大不确定性和缩小危险性，但是他在国会面前作证时勇敢地拒绝这样做。他对菲律宾皮纳图博火山爆发的预言以及由它引起的地球气温暂时下降（约为 0.5℃）的计算结果，都正好说对了。他是说服世界各国政府应当认真对待全球变暖的主要人物。

詹姆斯·汉森怎样会首先对温室效应感兴趣呢？他的博士论文（1967 年在衣阿华大学撰写）是关于金星的。他同意金星的非常炎热的表面产生很强的射电亮度，也同意温室气体保持了金星表面的热量；但是，他提出主要的能源是来自金星内部的热能而不是太阳光。1978 年"先驱者 12 号"飞临金星时把一些探测器投入大气。它们直接探明一般的温室效应——即太阳使表面受热，而空气的屏蔽作用把热量保存下来——是起作用的原因。然而正是金星使詹姆斯·汉森思考温室效应的问题。

你知道了，射电天文学家发现金星是一个强无线电波源。对射电辐射来源的其他解释都失败了。因此，你推断金星表面一定热得难以想象。你要进一步阐明高温从何而来，就只能求助于这种或那种无情的温室效应。再过几十年，你会发现这项研究工作的训练能够让你准备好了解并帮助你预测对地球上人类文明的一个意料不到的威胁。我还知道有许多别的事例都表明，科学家起先想解开其他行星大气之谜，但结果得出对地球很重要并非常实用的发现。因此，其他行星是培养研究地球的学者的极好训练场地。这些学者的知识既要有广度，也要有深度。他们向想象王国挑战。

谁要是对二氧化碳温室致暖有怀疑，不妨了解一下金星上大规模的温室效应，这是有益的。没有人会提出，金星的温室效应来源于鲁莽的金星人燃烧了太多的煤炭，驾驶燃油效率低下的汽车，并砍倒了他们的森林。我的看法不一样。我们的这颗近邻行星，除了表面热到可以熔化锡和铅以外，在其他方面都与地球类似。有些人认为，地球上不断增长的温室效应可以不医自愈，我们实在不必为它自寻烦恼，甚至还说温室效应本身便是一个"骗局"（你从有些自称为保守分子的著作中可以读到这些言论）。特别是对这些人来说，金星的气候变迁史很值得借鉴。

（3）核冬季是预料在一场全球性的热核战争后，主要由于城市及炼油、储油设备的燃烧，细小烟雾粒子喷入大气，使地球变暗变冷的现象。对于核冬季会真正严重到什么程度，接着出现了激烈的科学争论。各种不同的见解现在趋于一致。所有的三维大气环流的计算机模型都预测出，在一场全世界范围的热核战争之后，全球的温度会比地质学上更新世的冰河时期[1]更低一些。由此对世界文明产生的后果——尤其是农业的彻底崩溃——是极为可怕的。

核冬季是在1982～1983年由5位科学家——我感到很自豪，是其中的一员——组成的小组首先计算和命名的。这个小组用5位科学家姓氏的首字母缩略词命名为TTAPS。这5个人的名字是特科（Richard P. Turco）、图恩（Owen B. Toon）、阿克曼（Thomas Ackerman）、波拉克和我自己。在TTAPS小组里，两个人是行星科学家，其他三人也在行星科学领域发表过许多文章。最早想到核冬季是在"水手9号"探测火星期间，那时在这颗行星上正出现一场全球性的尘暴，使我们看不见它的表面。飞船上装载的红外光谱仪发现，火星的高层大气比预期的要热一些，而表面却比预期的冷一些。波拉克和我坐下来努力计算，想弄清楚这是怎样一回事。在随后的12年中，这条研究线索从火星上的尘暴引向地球上的火山悬浮微粒，再到可能出现的撞击尘埃使恐龙灭绝，然后想到核冬季。你永远也不知道科学会把你引向何方。

行星科学促成一种广阔的、跨学科的观点，事实证明，这

---

[1] 大约100万年前。——译者

对发现和试图消除迫在眉睫的环境灾难大有裨益。当你开始了解其他行星的时候，你对我们自己的行星环境的脆弱以及还可能有别的完全不同的环境，会取得一种新的见解。仍然很可能有尚未发现的潜在的全球性灾难。如果确实有这样的灾难，我敢断言，行星科学家在对它们的研究中将发挥核心作用。

在数学、技术和科学的一切领域中，国际合作性最强的学科（这表现在同一研究论文往往由两个或更多国家的作者合作完成）是"地球与空间科学"。正是由于这门学科的性质，研究它的人往往不是地方主义者、国家主义者或沙文主义者。也很少有人因为是国际主义者而进入这个领域的。几乎没有例外，他们由于其他原因进入这一领域，然后发现这种补充自己原有工作的杰出研究是其他国家的科研人员正在做的；他们还发现，为了解决一个问题，你需要在自己的国家里无法得到的资料或一架望远镜（例如需要观测南天的天象）。你一旦尝到了这种合作的甜头——来自世界不同地区的人们使用彼此都能了解的科学语言 起工作，成为共同关心的事业的伙伴——就不难设想这种合作也可能在其他的非科学性的项目中实施。我个人认为，地球和空间科学的这种特色可以成为世界政治中和解与团结的力量；不管这是否有益，这种趋势已经是不可避免的了。

当我看到这种证据时，它似乎告诉我，行星探测对我们住在地球上的人来说，是最实用和最迫切的事业了。即使探测其他世界的前景并不使我们感到鼓舞，即使我们没有一丝一毫的冒险精神，即使我们只关心自己，而就最狭隘的意义上来说，行星探测仍然是一种极好的投资。

# 第 15 章

## 奇异世界的大门打开了

> 通向奇异世界的大门打开了。

> ——梅尔维尔《白鲸》第一章（1851）

在将来某个时候，说不定就在明后天，会有一个国家——更可能是一个国际联合组织——要实施人类太空探测的下一个重大举措。它大概会绕过官僚机构，并有效地运用现有的科学技术，它也许要使用超越目前的大口径化学燃烧火箭的新工艺。这些新太空船的宇航员将置身于新的世界上面，在那里将有第一个婴儿诞生。人们开始使用那里的资源生活，我们就要踏上征途了。未来会记住我们。

既令人好奇又雄伟庄严的，与我们仅一门之隔的火星，是宇航员或太空人可以安全着陆的最近的行星。虽然有时火星会像新英格兰 10 月份那样暖和，但它却是一个寒冷的地方，冷到它稀薄的二氧化碳大气会在冬季结成干冰，降落在极区。

它是离我们最近的行星，我们用小望远镜可以看清其表面，在整个太阳系中它是最像地球的行星。除了在近距处飞过之外，只有三次完全成功的火星探测，这就是 1971 年的"水手 9 号"以及 1976 年的"海盗 1 号"和"海盗 2 号"。它们发现了一条很深的断裂峡谷，其长度相当于从纽约到旧金山的距离；还发现了巨大的火山，其中最高的超出火星平均表面 25 千米（约 8 万英尺），几乎是地球上珠穆朗玛峰高度的 3 倍。火星极区冰冠之内还有错综复杂的层状结构，就像打牌时乱丢在桌上的一大堆筹码，这种层状结构可能是过去气候变迁留下的遗迹。风吹过沙尘在火星表面上留下明、暗两种条纹，这提供了过去几十年乃至上百年火星上的高速风向和风速图。可以看出有环绕星球的尘暴，还有若干奥秘难解的表面形态。

　　还可以找到数以百计的、几十亿年前形成的蜿蜒曲折的峡道河床和峡谷网，它们主要是在布满环形山的南方高地。它们表明火星早期的气候比较温和，这与地球相似，而很不像现在被一层稀薄又寒冷的大气所覆盖的情景。有些古老河床好像是被雨水冲刷过，有些在被地下水损毁后坍塌，也有些被地下冒出的大股洪水冲泻过。今天干涸见沙的大撞击坑，以前有江河倾注，积水宽达上千千米。在古代注入火星湖泊的大瀑布，可以使地球上任何瀑布都相形见绌。可能曾经有过深度达几百米甚至 1 千米的浩瀚海洋，可是今天连它周围缓坡的海岸线也认不出来了。这本来是一个值得我们去探测的行星，但我们毕竟迟了 40 亿年。[1]

　　正好在同一时期，地球上早期的微生物出现了，并开始进化。基于最基本的化学原理，地球上的生命与水密切相关。我们人类的身体约有 3/4 是水构成的。与古代地球上从天空落下来的以及在空气与海洋中产生的同样种类的有机分子，也应当在古代火星上聚积起来。是否可以认为，在早期地球上生命很快就在水里出现了，但是由于某种原因，在早期的火星上生命在水里遭到抑制和约束？或许火星的海洋里曾经挤满了生命——它们在那里漂浮、产卵、演变？有哪些奇形怪状的动物曾经在火星的海洋中游过？

不管在那些遥远岁月上演过什么历史剧，大约在 38 亿年前一切都乱套了。我们可以看出，自那时起古代环形山受到的侵蚀突然开始变缓了。在大气变得稀薄的时候，河流不再流动的时候，海洋开始干涸的时候，温度骤然下降的时候，生物只好撤退到少数剩下的可以让它们栖息的地方去，也许是蜷缩在冰封的湖底，直到最后，生物都灭绝了。组成这些生物的异域有机体，也许是按与地球生命截然不同的原理形成的。这些生物的尸体和化石都处于深冻状态，等待着在遥远的未来会到达火星的探测者去发掘。

陨石是在地球上找到的其他天体的碎片。它们大部分是在火星轨道与木星轨道之间绕太阳旋转的、为数众多的小行星相互碰撞产生的，但是也有少数陨石是由于一个大流星高速撞上一个行星或小行星，砸出一个坑，并把凿开的表面物质抛入太空而产生的。被抛射的岩石中极少的一部分，在千百万年后可能与另一个星球相遇。

在南极洲的荒凉冰地上到处散布着陨石，它们保存在低温状态下，直到最近都没有被人动过。它们中间有一些叫作 SNC（读做"司尼克"）陨石。[2] 这种陨石有一种初看起来几乎难以置信的奇怪特征：在它们的矿物与玻璃物质的内部有一点封闭起来不受地球大气污染的气体。对这种气体进行分析后发现，原来它的化学成分和同位素比值与火星上的空气刚好一样。我们不仅是由光谱分析，还从"海盗号"登陆器在火星表面的直接测量，对火星空气有透彻的了解。SNC 陨石来自火星！这几乎使每个人都大吃一惊。

这些陨石原先都曾被熔化过并再冷凝。对所有的 SNC 陨石用放射性元素测定年代的结果表明，它们的原始岩石是在 1.8 亿年至 13 亿年前由岩浆冷凝形成的。后来由于碰撞，它们从行星抛向太空。基于它们在火星与地球之间的行星际旅途中有多长时间受宇宙射线照射，我们可以知道它们的年龄——即多久以前它们从火星抛射出来。在这个意义上说，它们的年龄是从 70 万年到 1 000 万年。因此，它们只是火星历史最近的千分之一年代里的样品。

它们所含的某些矿物质确切表明，它们曾一度在水里（并且是在温暖的液态水里）浸泡过。从这些被温水浸过的矿物质可以知道，火星上（也许是遍布火星各处）不久前不知什么缘故曾有过水。可能是由内部热能使地下冰层融化成水，但是无论水从何而来，我们自然会怀疑生物是否已经完全灭绝。也许在我们的时代来临之前，它们不知怎么地已经转移到地下湖泊里，或者甚至是表土之下的潮湿薄层里继续生存。

国家宇航局所属约翰逊空间飞行中心的地球化学家吉布森（Everett Gibson）和卡尔松（Hal Karlsson）从一块 SNC 陨石中提取出一滴水，这滴水所含氧原子与氢原子的同位素比值和地球上的大不一样。我把这种来自另一世界的水，看作对将来的探险家和移民们的一种鼓励。

可以想象得到，如果从火星上经过挑选的具有科学意义的地区采集一大批标本（包括从未熔化过的土壤及岩石）并运回地球，我们也许能发现什么好东西。我们能够用小型机器人巡游车去完成这个任务，这已经是指日可待了。

把一个世界地下的物体转移到另一个世界上去，这是一个引人入胜的问题：40亿年前有两个邻近的行星，它们都是温暖和潮湿的。在这两个行星由星子聚集而成的最后阶段，来自太空的碰撞比今天要频繁得多。每一个世界的样品都不断被抛掷到太空去。我们确信，在这个时期至少在一个世界上有生命。我们知道，在受碰、抛出和被另一世界截获的整个过程中，一部分抛出的碎片一直都是冷的。那么，在40亿年前，地球上早期的有机物会不会有一些被安全地转移到火星，并且在那个行星上形成生命呢？或者，提出一个更具推测性的问题：地球上的生命是不是从火星转移过来的？这两个行星在若干亿年的时期中，会不会有规则地交换过各种生命形式？这种设想可以设法检验。如果我们在火星上发现了生命现象，并且发现它与地球上的生命很相似——又如果我们确信在我们探测过程中它未被我们自己传入的微生物污染过——那么，很久以前生命在行星际空间来回传输的假说就值得认真研究了。

曾经有一段时期，人们认为火星上有形形色色的生物。甚至坚持怀疑态度的天文学家纽康（Simon Newcomb，他的《通俗天文学》在20世纪初叶的几十年间印行过许多版，是本书作者童年时代的天文学教科书）也得出结论说："火星上大概有生命。几年前一般人都认为这个说法是异想天开，而现在它已经普遍为人们所接受了。"但他很快又补充谈到，这不是"高智慧生物"，而是绿色植物。然而现在我们已经去过火星了，已经去找过植物了——还找过动物、微生物和智慧生物。即使没有其他形式的生命，我们仍然会想到，和今天地球的沙漠一样，也和地球几乎全部历史上的情况一样，火星上也许有各式各样的微生物。

　　"海盗号"的"生物探测"实验，按设计只是用于可能的生物种族中的一个小分支，实验方法侧重于寻找我们所了解的生物。谁也不会笨到把连地球上的生物都探测不出来的仪器送到火星上去。这些仪器极为灵敏，可以在地球上最没指望的和干旱的沙漠与不毛之地找到微生物。

　　有一个实验是在有来自地球的有机物的情况下，测定火星土壤与火星大气之间的气体交换。第二个实验是把带有放射性示踪物的许多种有机食物送上火星，看它的土壤中是否会有小虫吃掉食物，并把它氧化为放射性的二氧化碳。第三个实验是把放射性二氧化碳（和一氧化碳）注入火星土壤，看是否有能够吸收这两种气体的微生物。我认为所有参与这些实验的科学家起先都大吃一惊，因为每个实验起先似乎都得出肯定的结果：有气体交换，有机物被氧化了，二氧化碳被土壤吸收了。

　　但是我们有理由持慎重态度。这些引人注目的结果，并未被普遍认为是火星上有生命的良好佐证。火星微生物这些假想的新陈代谢过程，是在"海盗号"登陆器内部变化很大的环境中出现的——有时潮湿（从地球带去了水），有时干燥；有时明亮，有时黑暗；有时寒冷（温度只略高于冰点），有时炎热（几乎达到水的正常沸点）。许多微生物学家认为，火星微生物未必能在这些变化很大的条件下生存。更加使人生疑的是第四个实验，这个实验是在火星土壤中寻找有机化合物。测试仪器很灵敏，但得出的是一致否定的结果。我们预料火星上的生命会和地球上的一样，是由以碳为基础的分子组成的。但根本找不到这样的分子，这使外星生物学家中的乐观人士也感到失望。

　　现在科学家普遍认为，生命探测实验似乎得到肯定结果，这是由于太阳紫外光最终使土壤氧化所形成的化学物质（这在上一章已经讨论过了）。但是仍然有少数"海盗号"科学家怀疑，是否可能有适应性与生命力极强的微生物稀疏地分布在火星土壤中——虽然检测不出它们的有机化学成分，但是它们的新陈代谢过程可以察觉。这些科学家并不否认火星土壤中有紫外光产生的氧化剂，但是他们强调，单从现有的氧化剂不能完全说明"海盗号"的生命探测结果。有人尝试性地声称在 SNC 陨石中找到了有机物质，而它们却可能是在陨石到达地面后混入其中的污染物。到现在为止，没有人主张在这些从天而降的岩石里有火星的微生物。

也许是因为这会引起公众的兴趣，国家宇航局和大多数"海盗号"科学家都对验证火星有生物的假说十分谨慎。甚至现在，仔细检查旧有的资料还可以做更多的研究。"海盗号"类型的仪器可以用于南极洲或其他微生物含量很少的土壤的研究，在实验室里对火星土壤中的氧化剂作用进行模拟，以及设计出阐明这些事情的实验，为将来的火星登陆器作准备——并不排除对生命的进一步探寻。

如果在火星上相距 5 000 千米的两个地点，用各种灵敏仪器确实检测不出有生命存在的明显迹象——何况这个行星上有可以把细微粒子刮到各处的大风——那么这可以说明，至少是在今天，火星可能是一个没有生命的行星。可是，如果火星上真是没有生命，而我们有两个行星，它们的年龄与早期情况实际上相同，又是在同一个太阳系中相邻的位置上一起演变，结果是一颗行星上有生物进化和繁衍，但在另一颗行星上却不是这样。这是为什么呢？

也许火星早期生物的化学及化石遗迹还能够找到——在表层下面，安全地避开了今天仍在烘烤表面的紫外辐射以及由此产生的氧化物的影响。也许在一块因山崩而裸露的岩石表面，或者在一条古代河谷的两岸或干涸湖泊的底部，或者在极区表层的夹层中，在火星上是否有生命的关键性证据，尚待我们去发现。

虽然火星表面没有有机物，这个行星的两颗卫星（火卫一与火卫二）却拥有丰富的复合有机物，它们可回溯到太阳系历史的早期。前苏联的"火卫一2号"太空飞船发现火卫一有水蒸气泄出的证据，这好像是它有一个冰冻的内核，受放射性作用而变热。火星的卫星可能是在很久以前从外太阳系的某处俘获而来的，可以设想它们是属于从太阳系最早期以来就没有变化的物质所组成的、距我们最近而可达到的物体。火卫一和火卫二都很小，它们的直径都仅约为10千米，它们的重力微不足道。因此要与它们会合，在它们上面着陆，考察它们，把它们作为基地去研究火星，以及在工作完毕后离开它们回家，这些事都比较容易办到。

火星是科学信息的宝库——单是这一点它就很重要，更何况它是对地球环境的借鉴。火星还有若干尚待解开的奥秘：它的内部、它的起源，在一个没有板块构造的世界上怎么会有火山？在一个具有地球上做梦也想不到的沙暴的行星上，地形如何塑造出来？还有冰川和极区地形，行星大气的逃逸，以及卫星的俘获——这些不过是随手拈来的一些例子。如果火星曾经拥有丰富的液态水和温和的气候，后来出了什么乱子？一个与地球相似的世界怎么会变成这样焦干、寒冷和缺少空气？在此是否有我们对地球应当了解的事项？

　　我们人类过去一直是这样办的，古代的探险家就已经了解火星的呼唤。但是单纯的科学探测不需要有人参与。我们随时都可以送灵巧的机器人去。它们要便宜得多，它们不会顶嘴，你可以把它们送到危险得多的地方，我们始终面临探测失败的某种可能性，但不会冒生命危险。


　　"你看见过我没有？"牛奶盒的背面印有这样的告示[1]。"'火星观测者'长约1.8米（6英尺），宽约1.4米（4.5英尺），高约0.9米（3英尺），重2 500千克。最后一次联系是在1993年8月21日，地点在离火星627 000千米处。"

　　1993年8月下旬，挂在喷气推进实验室运行设备大楼外面表示哀悼的一面旗帜上写着："火星观测者，请打电话回家。"美国的"火星观测者"航天器在它刚要进入绕火星轨道之际，突然失灵了，这令人深感失望。这是26年来美国的月球探测器或行星探测器第一次在发射后失事。很多科学家和工程师把他们的10年职业生涯奉献给了"火星观测者"。这是自1976年"海盗号"的两个绕火星的探测器和两个着陆器发射之后的17年间美国的第一次火星探测。它也是冷战结束后真正的第一艘太空飞船，俄罗斯科学家也参加了几个研究组。俄罗斯原来计划的1994年火星探测着陆器以及雄心勃勃的1996年火星自动巡游车和气球探测，都准备把"火星观测者"用作主要的电信中继站。

　　"火星观测者"所载的科学仪器原本会测绘出这个行星的

---

[1]　美国装牛奶的纸盒上常印有寻人启事。"火星观测者"太空飞船在火星附近失踪后，有人把寻找它的告示印在牛奶盒上。——译者

地质化学状态，为后来的探测作准备，并决定登陆地点。这个航天器原本会对似乎发生在火星历史早期的大规模气候变迁提出新的启示。它原本还会以优于 2 米的分辨率拍摄火星表面一些区域的照片。当然，我们不知道"火星观测者"原本会发现哪些奇异现象。但是每当我们用新仪器和大为增进的分辨率考察一个世界时，就会出现一大批令人眼花缭乱的新发现——这正如伽利略把第一架望远镜指向天空后，现代天文学时代便发端了。

按质询委员会的意见，失败的原因大概是在加压时燃料箱破裂了，气体和液体喷溅出来，于是受损伤的飞船失去控制而乱转起来。也许这是可以避免的，也许这是一场运气不佳的意外事故。但是为了在未来的探测中记住这次事故的教训，让我们思考美国和前苏联试图探测月球与行星的全过程。

在开始的时候，我们的成绩记录的情况甚为糟糕。太空飞船在发射时爆炸，没有打中目标，或者到了目的地就失灵了。随着时间的推移，我们人类在行星际飞行中有了进步。这里有一个学习和提高的过程，我们学习得很好。至于我们现在对飞行中的太空飞船进行检修的能力，前面描述过的"旅行者号"就是最好的说明。

我们看到，美国约在第 35 次向月球或行星发射航天器时，探测的累计成功率达到 50%，而俄罗斯人大约到 50 次发射时才达到。把初期的不稳定情况和近来的比较好的运作都加在一起平均，我们发现美国与俄罗斯的累计发射成功率都约为 80%，但是美国的累计探测成功率仍在 70% 以下，而俄罗斯则在 60% 以下。与此相应的说法是，月球探测与行星探测的失败率平均各为 30% 和 40%。

从一开始，到其他世界去探险就需要尖端科技，到今天仍然如此。这些探测器都配有备用的各子系统装置，并由专心致志富有经验的工程师来操作。可是它们不是十全十美的。令人惊奇的是，并非我们干得这样差，而是我们干得这样好。

我们不知道"火星观测者"的失败是由于技术不过关呢，抑或只是统计上失败率的表现。但是，我们去其他世界探测，就应当预料到总会有失败。一艘无人太空船失踪时，没有人员伤亡。即使我们把成功率再次大幅度提高，付出的代价毕竟仍很可观。好得多的办法是冒失败的危险，发射更多的无人飞船。

既然已经知道风险无法减得很低，为什么现在每次执行任务只发射一艘飞船呢？在 1962 年，原拟探测金星的"水手 1 号"坠入大西洋，可是与它几乎一模一样的"水手 2 号"却成为人类有史以来第一个成功的行星探测器。"水手 3 号"失败了，但它的孪生兄弟"水手 4 号"在 1964 年成为第一艘近距拍摄火星照片的太空船。还可以看看 1971 年同时发射探测火星的"水手 8 号"和"水手 9 号"，前者准备绘制这个行星的地图，而后者要研究表面特征神秘的季节变化和长期变化。除此之外，两艘飞船一模一样。"水手 8 号"掉进大海，而"水手 9 号"飞到火星，成为人类历史上第一艘绕另一个行星转动的太空船。它发现了火山、极冠的层状地质结构、古代的河谷，以及由风吹形成的表面变化；它否定了"运河"[1]；它绘制了行星从一极到另一极的地图，并发现了我们今天所知火星的全部主要地质

---

[1] 以前有些天文学家用地面望远镜观察火星，宣称看到一些条纹，并认为这是"火星人"开凿的运河。——译者

特征；它对自成一类的小天体中的两个成员（火卫一与火卫二）进行了首次近距离观测。假如我们只发射了"水手 8 号"，那么这个探测项目就彻底失败了。而由于两个飞船一起发射，则取得了辉煌的、历史性的成功。

也还有过两艘"海盗号"、两艘"旅行者号"、两艘"维佳号"，以及许多成对的"金星号"。为什么只发射了一艘"火星观测者"？标准答案是经费不足。它的费用昂贵，部分原因是它按计划由航天飞机发射，而用航天飞机作为发送探测行星的飞船的助推器，使费用高得出奇。在这种情况下没有经费发射两个"火星观测者"。在与航天飞机有关的多次延期和增加费用之后，国家宇航局改变主意，决定用"大力神"运载火箭来发射"火星观测者"。这样一来，就需要用一个新的承接器把飞船与"大力神"火箭连接起来，于是发射又推迟了两年。如果不是国家宇航局太热衷于为越来越不合算的航天飞机招揽生意，我们可能就会早两年发射，并且可能不是一艘而是两艘太空飞船一起发射。

可是无论是单独发射还是成对发射，热心于空间事业的国家都认识到，再向火星发送无人探测器的时机已经成熟。发射任务的设计改变了，新的国家参加进来，原有的国家发现他们的资金不足，甚至已经获得的资助计划也并不都靠得住。但是现有的计划确实显示出努力和奉献的程度。

在我撰写本书的时候，美国、俄罗斯、法国、德国、日本、奥地利、芬兰、意大利、加拿大、欧洲空间局和其他单位都提出初步计划，合作对火星进行自动操纵的探测。在 1996 ~ 2003 年的 7 年间，一支约由 25 艘太空船（它们大多是较小而便宜的）

组成的舰队将由地球发射到火星。它们都不是从火星旁边快速飞过，而是长期在绕火星的轨道上飞行，或在火星上着陆。美国准备把在"火星观测者"上丢失的仪器全部复制并再度发射。俄罗斯的飞船装载的仪器将可供大约 20 个国家联合进行雄心勃勃的实验。通信卫星将使火星上任何地点的实验站能把它们的资料传回地球。在绕火星轨道上的飞船将向下发射穿进火星土壤的钻探器，然后从火星表面下发送信息。载有仪器的气球和流动实验室将在火星的沙地上漫游，有些微型自动机器只有几千克（或几磅）重。着陆地点正待选定，它们将相互协调，仪器将相互校准，数据资料将自由交换。我们有充分的理由相信，在不久的将来，地球上的居民会越来越了解火星及其奥秘。

你戴上头盔和手套，走进地球上的遥控指挥中心。这是一间特殊的房屋。你把头向左转，这时火星上自动操纵巡游车的照相机也转向左方。你看见了这架照相机所见到的清晰度非常高的彩色图像。你朝前走一步，巡游车也前进了。你伸手拾起一件在泥土里闪亮发光的东西，于是机器人的手臂也做同样的动作。火星上的沙粒沿着你的手指落下来。这种遥控的实境技术唯一的困难是，这一切都得通过令人厌倦和缓慢的动作才能实现，因为指令从地球传到火星和数据由火星送回地球往返一次需要半小时或更长的时间。但这是我们能够学习的动作。如果这种耐心是探测火星需要付出的代价，我们能够学会耐心等待。我们可以使巡游车灵巧到足以对付常见的意外事故。如果出现某种更麻烦的事情，巡游车会先自行完全停下，进入一种安全保护状态，然后发送电信号给地球，让一位非常有耐心的控制人员来接着处理。

这些受魔法控制、到处巡游的灵巧机器人自动车，每一个都是小型科学实验室。它们在安全而单调乏味的地方着陆，到处漫游，在近处观赏火星上不可胜数的奇景。也许一个机器人每天都会漫游到它的地平线极端处，于是每天早上我们都可以近距观看昨天还是在远处的高地。这种不断扩展的火星风光漫游会在电视新闻中播出，或者在教室里放映，人们便猜测还将发现什么。每天晚上从另一颗行星传回的新闻，意外发现的新地区和新科学探测结果，会使地球上每一个人都感到自己好像也参加了这种探险。

于是出现了一种火星的虚拟实境。从火星传回的信息储存在一台新式的计算机中，馈送到你的头盔、手套和靴子。你是在地球上一间空房子里踱方步，但是你感觉自己好像是在火星上行走：你看到粉红色的天空和布满巨石的原野，沙丘延伸到地平线处，那里庞大的火山隐约可见；你听见沙石在靴子下面嘎吱作响；你翻转岩石，挖一个洞，采集稀薄空气的样品；拐一个弯，然后面对着……你在火星上无论什么样的新发现——这一切都是火星上确实发生的事物，而这一切都是你在家乡的一间安全的房屋中感受到的虚拟实境。这并不是我们为什么探测火星的目的，但有一点很清楚，就是我们需要先让机器人探险家把真实情况传送回来，才能重现虚拟实境。

尤其是在不断向机器人和人工智能研制投资的时候，没有单纯的科学上的理由能够说明需要把人送上火星。此外，能够体验虚拟火星的人比可能登上真正火星的人要多得多。我们用机器人可以干得很好。如果要把人送上火星，我们需要有一个比科学与探测更好的理由。

在 20 世纪 80 年代，我想到了一个送人去火星的合乎情理的理由。我设想美国和前苏联这两个把全人类文明置之不顾的冷战对手，能够在一个卓有远见的高科技事业中合作，这会给世界各地的人民带来希望。我想象出一种与阿波罗计划反其道而行的计划，它的原动力不是竞争而是合作。通过这种合作，两个在太空探测中领先的国家会为人类历史上的一个重大进展——人类最终能在另一个行星上定居——奠定基础。

这个象征似乎是很恰当的。能够发射《启示录》中所预言的洲际武器[1]的技术，同样也可以使第一批人能飞向另一个行星。这是对神话魔力的一种适宜的选择：去拥抱一颗以战神命名的行星，而不是去做战神才会干的疯狂行径。

我们成功地使前苏联科学家和工程师对这种合作感兴趣。早在这种想法流行之前，设在莫斯科的前苏联科学院空间研究所当时的所长萨格捷耶夫（Roald Sagdeev）已经认真致力于前苏联对金星、火星与哈雷彗星的机器人探测的国际合作。拟议中的合作要使用前苏联的"和平号"空间站和"土星 5 号"级的"能量号"发射火箭[2]，这对前苏联研制这些硬件的机构很有吸引力，因为只有这样做才能够表明他们制作这些器件是必要的。经过一系列辩论（它们的主题之一是促使冷战结束），那时的前苏联领导人被说服了。1987 年 12 月在华盛顿举行最高级会谈时，有人问戈尔巴乔夫先生，什么是象征美苏两国关系改善的最重

---

[1] 《圣经·新约全书》最后一章说，在世界末日有一场极大的战争，所用的武器可以从一个大洲射向另一个大洲。——译者

[2] "土星 5 号"是美国最大的火箭，也是发射"阿波罗"太空飞船的第一级火箭。"能量号"是前苏联最大的火箭。——译者

要联合行动，他毫不犹豫地回答说："让我们一起去火星吧。"

但是里根政府不感兴趣。与前苏联人合作，承认某些前苏联科技比美国更先进，让前苏联人取得美国的一些科技成果，共享荣誉，给武器制造商找到另一条出路——这些都是里根政府不喜欢的事情。合作计划遭到否决，火星便只能耐心等待。

只过了短短几年，时代改变了，冷战结束了。前苏联解体了。两国合作的益处丧失了一部分吸引力。其他国家——尤其是日本和欧洲空间局的成员国——也参加了行星际旅行。许多项正当的和急迫的需求，都被列入这些国家可以支配使用的预算。

但是"能量号"重量级火箭仍在等待发射任务，载重型的"质子号"火箭已是整装待发。几乎连续不断地载有宇航员的"和平号"空间站仍然是每隔一个半小时绕地球转一圈。尽管有内部动乱，俄罗斯的太空计划仍然在起劲地进行。俄罗斯与美国在空间研究方面的合作正在加速进行。一位俄罗斯的宇航员克里卡廖夫（Sergei Krikalev）于 1994 年在"发现号"航天飞机上完成了例行的一星期飞行（在这之前，他已在"和平号"空间站上飞行了 464 天）。美国宇航员将访问"和平号"。一些美国的科学仪器（包括检验被认为能破坏火星土壤中有机分子的氧化剂的仪器）就要由俄罗斯空间飞船带往火星。按原来的设计，"火星观测者"准备用作俄罗斯在火星上的登陆器与地球通信的转播站。俄罗斯人还提出，在即将由"质子号"火箭发射的多重负载中，把美国的一艘绕火星运转的空间船也包括在内。

美国与俄罗斯在空间科学方面的才能和技术可以相互补充，就像两只手的手指交错对插一样，在一方的强处，另一方弱。这是在天空中结成的姻缘，可是令人意外的是，它总是难臻美境。

1993 年 9 月 2 日，美国副总统戈尔（Al Gore）和俄罗斯总理切尔诺梅尔金（Viktor Chernomyrdin）在华盛顿签署了一项深入合作的协议。克林顿政府已经命令国家宇航局重新设计美国的空间站（在里根执政年代称为"自由号"），使它与"和平号"有相同的轨道，于是两个空间站可以对接。还要附加上日本和欧洲的太空舱，以及加拿大的一只自动机械臂。这些设计现已演变成名为"阿尔法"[1] 的空间站 [2]。几乎所有从事太空探测的国家都参与这项任务。

作为与美国进行空间合作和获取硬通货的交换条件，俄罗斯实际上同意停止向其他国家出售弹道导弹的部件，并广泛地加紧控制它的战略武器技术的出口。这样一来，和在冷战高潮时期一样，太空再次成为国家战略政策的一种工具。

然而这种新动向已经使美国的一些航天工业和国会中的一些关键人物深感不安。没有国际竞争，我们能不能促进这样雄心勃勃的计划呢？如果每次发射都用俄罗斯的火箭，这是否意味着削减对美国航天工业的支持？美国人能否信赖俄罗斯人会持续支持合作项目并作长期努力（当然，俄罗斯人也会向美国人提出类似的问题）？但是从长远看来，合作项目可以节省经费，利用分散在世界各国的出类拔萃的科技人才，并激起对全球未来的向往。各个国家的许诺都可能有起伏变化。我们很可能前进几步，又后退几步。可是总的趋势似乎是明显的。

尽管有不愉快的事件，以前两个对手的空间计划仍开始联合起来了。现在已经可以预见到有一个全世界的空间站——它

---

[1] 希腊文的第一个字母 α。——译者
[2] 这便是如今国际空间站的前身。——译者

不属于任何一个国家，而属于地球这个行星。这个空间站的轨道与地球赤道的倾角为51°，高度为几百千米。一个正在拟议中引人注目的合作项目称为"火与冰"，它是一艘高速飞行的太空船，要近距飞过冥王星——最后一颗尚未探测的行星。为了飞到那里，需要借助于太阳的引力。在离太阳很近的地方，小探测器实际上会进入太阳大气[1]。此外，我们似乎即将组成一个"国际集团"来对火星进行探测。看起来很可能，如果没有全球合作，这些计划都根本无法完成。

让人去火星上探险，是不是有正当的、合算的和可受到广泛支持的理由，这还是一个悬而未决的问题，无疑还没有定论。这个问题留待下一章讨论。

我想论证，如果我们最终不打算把人送上像火星这样遥远的世界，那么我们就失去了建立空间站的主要理由（空间站是一个在绕地球的轨道上永远或间断地有人居住的前哨站）。太空船绝不是一个研究科学的最佳场所——无论是朝下看地球，或者向上看太空，还是想利用微重力[2]，都是如此（正是宇航员自身的存在就把微重力弄乱了）。为了军事侦察，太空站远逊于无人空间飞船。太空站在经济或工业生产方面也没有多大用处。与无人空间飞船相比，它要昂贵得多。此外，它当然要冒送命的危险。每次为建造太空站或为它供应物资而发射航天飞机，估计有百分之一二的灾难性失败的概率。以前发射的民用或军用航天器都在绕地球的低轨道上留下一些快速运动的碎片，

---

[1] 这个计划称为"火与冰"，是因为太阳是火热的，而冥王星是冰冷的。——译者
[2] 重力是地球表面重力约10万分之一的地区为微重力区。——译者

它们迟早会与空间站相碰撞（虽然至今为止"和平号"空间站还没有遇到过这种危险）。为人类探测月球，也不需要空间站。根本没有空间站，"阿波罗"飞船还是成功地飞到了月球。用"土星5号"或"能量号"级的大型发射器，可以到达近地小行星甚至火星，而不需要在轨道空间站上装配行星际飞船。

空间站具有启发智力和教育方面的意义，它肯定有助于加强从事太空开发的国家——主要是美国与俄罗斯之间的关系。但是就我所知，空间站唯一的实质性的功能是为长期太空飞行服务。微重力对人的行为有什么影响？我们怎样阻止在失重情况下血液中化学成分的不断变化以及骨骼中估计每年6%的钙流失（对在失重状态下必须花三四年时间飞往火星的旅行者来说，这个效应累积起来甚为可观）？

这些问题几乎说不上是与脱氧核糖核酸或进化过程有关的基本生物学问题，而只是应用人体生物学问题。解答这些问题是重要的，但是只有花费很长时间飞往太空中很遥远的地方[1]，才能使问题得到解决。对建造空间站来说，唯一实质性且合乎情理的目的，便是让人类最终到近地小行星、火星或更远的星体上去探测。国家宇航局对明确说清这一点一直是很谨慎的。这也许是因为它担心国会议员们感到厌烦，把手一伸，指责空间站是极昂贵的楔子上的尖端[2]，并且宣称美国把人送上火星的时机还不成熟。因此，事实上国家宇航局对空间站的真正用途一直保持沉默。即使我们有了空间站，也没有人会要求我们马上就到火星上去。我们可以用空间站来积累和增进有关的知识，

---

[1] 即长期在失重或微重力情况下生活。——译者

[2] 意为昂贵的空间站只是开端：后面还有更昂贵的太空探测项目。——译者

并且需要干多久都可以。于是一旦时机成熟，我们准备好去行星时，我们就有了条件和经验，可以安全地到达目的地。

"火星观测者"的失败，以及 1986 年"挑战者号"航天飞机的灾难性坠毁都提醒我们，人类将来飞向火星或其他星体时，总会有一定的难以避免的出危险的可能。"阿波罗 13 号"飞船未能在月球上着陆，勉勉强强地平安返回地球，这说明我们多么走运。虽然人类制造汽车和火车已经一个多世纪了，我们还不能造出绝对安全的车辆。人类开始用火已经有几十万年了，世界上任何城市都有消防队员，他们耐心等待，哪里失火就去扑灭。哥伦布四次远航寻找新大陆时，他的船只多次沉没，1492 年出发的那支小船队也损失了 1/3 的船。

如果我们要送人去，必须有很好的理由——并且要有现实的认识，即几乎肯定会有人员伤亡。宇航员们已经了解这一点。尽管如此，志愿献身者从来不乏其人。

但是，为什么去火星？为什么不再去月球？月球很近，并且我们已经证实能够把人送上去。我关心的是，尽管它很近，到那里去即使不是死胡同，也是绕弯路。我们已经去过了，还从月球带回来一些东西。人们已经看见了月球岩石，而且我有充分理由相信，他们已对月球感到厌倦。它是寂静的，没有空气，没有水，天空漆黑，是一个死的世界。它最令人感兴趣的也许是布满陨石坑的表面，这是在地球与月球上都有过的古代灾难性撞击的遗迹。

对比起来，火星有气候变化，有尘暴，有自己的卫星、火山、冰极冠，有特殊的地形、古代的河谷，以及在这个曾经与地球类似的世界上有过大规模气候变化的证据。它过去可能有生物，也许现在还有。它是将来对生物最为适宜的行星——从地球迁移过去的人类靠它的土地生活。对月球来说，这一切都不存在。火星也有自己被陨石撞击过的一段历史。如果离我们最近的是火星而不是月球，我们对载人空间飞行就不会畏缩不前。

月球也不是理想的登陆火星的实习场所，也不是去火星的中途站。火星和月球的环境大不一样，而月球离火星与地球离火星同样远。用于火星探测的机械装备至少可以一样地在绕地轨道上测试，也可在近地小行星上或在地球本身上（例如在南极洲）测试。

日本对美国和其他国家规划与实施重大的太空合作计划的诺言，往往持怀疑态度。这至少是一个理由可以说明，为什么日本比其他任何从事空间开发的国家都更倾向于单干。日本的月球与行星学会是一个代表政府、大学及主要工业部门中对空间事业热心的人物的组织。在我撰写这本书时，这个学会正在提议完全用机器人的劳动建造和装备一个月球基地。据说实现这个规划大概需要 30 年，并且每年要花费大约 10 亿美元（这相当于目前美国民用太空经费的 7%）。只有在基地完全建好后，才能把人送上去。他们说，按地球上的无线电指令让机器人建设基地，比起送人去干活，经费会减少到 1/10。有消息说，这个计划遇到的唯一麻烦是日本的其他科学家一直在问："为什么要建这个基地？"对每一个国家来说，这都是一个应该提出的问题。

第一次把人送上火星，很可能目前任何一个国家都无法单独承担这笔昂贵的费用。由人类少数种族的代表来实现这个历史性的任务也不适当。但在不太遥远的将来，由美国、俄罗斯、日本、欧洲空间局——或许还有其他国家，例如中国——采取联合行动，也许是可行的。国际空间站将会检验人类在太空合作方面进行重大工程项目的能力。

今天把 1 千克重的物体送入绕地球的低轨道的费用，大约相当于 1 千克黄金的价值。这肯定是我们现在还不能在火星上古老的海岸漫步的一个主要理由。多级化学燃料火箭是第一次把人送入太空的工具，正是它们直到现在还在使用。我们一直在努力改进它们，使它们变得更安全、更可靠、更简便，也更省钱。但是这还没有办到，至少几乎不是像许多人所希望的那样很快实现。

因此也许还有更好的办法：也许可以用单级火箭把负荷直接送入轨道；也许可以用大炮或用从飞机上发射的火箭把许多个小的负荷分别射出；也许可以采用超声速的冲压喷气发动机；或者还可能有比我们已经想到的要好得多的方法。如果我们能够利用目的地星体的空气和土壤制造出回程所需的推进燃料，那么太空航行的困难将大为缓解。

一旦我们进入太空，并想去其他行星探险，那么即使用了引力助推，火箭也不一定是运送大负荷的最好工具。现今的办法是，我们先作几次火箭点火，随后进行中途校正，最后靠惯性飞完其余的航程。可是还有一些大有希望的离子和核／电推进系统，它们产生较小的但却持续的加速。或者像俄罗斯太空先驱齐奥尔科夫斯基（Konstantin Tsiolkovsky）所首先设想的，我们可以使用太阳帆——即靠太阳光和太阳风来推动的庞大而极薄的膜，它们宽达几千米，可以在行星之间的真空区来回飞行。尤其是对于去火星或者更远的地方，这种方法比火箭要好得多。

　　和大多数技术一样，当一种技术勉强可以使用时，它作为这类技术中最早的，自然会改进它、发展它、利用它。不久，有若干机构对该技术进行投资，因此，即使该技术有什么缺陷，也很难改弦更张。国家宇航局几乎没有资金来探寻其他推进技术。这笔经费只能来自近期的，能够取得具体成果的，并且为国家宇航局的成功记录增光的项目。花钱去研究新技术，要等一二十年后才会有效益，但人们对一二十年后的事情几乎没有兴趣，这样就使原先的成功埋下将来失败的种子。这和生物进化中有时出现的例子很类似。但是迟早会有某个国家——也许是一个在或多或少有效用的技术上还没有大量投资的国家——会开发出有效的其他推进技术。

　　甚至在新的推进技术研究出来之前，如果我们走合作的道路——也许在新世纪和新千年开头的几十年间——当一艘行星际飞船在绕地球的轨道上装配出来时，这种进展的全部实况在晚间新闻中播出的时刻便会到来。宇航员就像来回奔忙的小虫子一样，把预制件装配起来。最后经过调试一切就绪，一队由各国宇航员组成的乘务组登上飞船，并把它开动到逃逸速度。在去火星的整个往返旅程中，乘务组成员们相依为命，这是一个和地球环境的实际情况相似的小天地。第一次联合载人行星际航行，也许只能近距飞过火星或绕它旋转。在这之前，带有气刹、降落伞和制动火箭的无人飞船想必已平稳地降落在火星表面，在那里收集样品，把它们带回地球，并把供应物资留下来供未来的探测者使用。但是无论我们是否有迫切的、言之有理的理由，我都确信——除非人类先把自己毁灭掉——人类置身于火星之上的日子总会到来。这只是一个时间问题而已。

按照 1967 年 1 月 27 日在华盛顿和莫斯科同时签署的庄严条约，任何一个国家都不能声称拥有另一个行星的一部分或全部。然而由于哥伦布想必已很了解的历史上的原因[1]，有些人关心的是，谁会最早踏上火星的土地。如果这真是一个使我们感到困惑的问题，我们可以当乘务组成员们在火星的轻微重力下着陆之际，把他们的脚踝绑在一起。

飞船乘务员们将会采集到新的或以前取得过的样品，一方面是为搜寻生命，另一方面是要了解火星与地球的过去和未来。为了将来探测的需要，他们要尝试从岩石、空气和表面下永冻层提取出水、氧和氢，用作饮料，供呼吸或开动他们的机器，以及为回程火箭作燃料及氧化剂。为了最终在火星上建设基地和定居，他们会测试火星上的物质。

他们也会去探测。我想象中的人类在火星上的早期探测，是一辆有点像吉普车的巡游车，在河谷网中上上下下地漫游，乘务员们手持地质取样的锤子、照相机和分析仪器在待命。他们寻找老早的岩石、古代灾难遗留的痕迹、气候变迁的线索、奇特的化学物质、化石或者——这是最激动人心也是最不大可能找到的——某种活着的生物。他们的发现以光速用电视播送回地球。你舒适地和孩子们一起躺在床上，就可以勘察火星上古老的河床。

---

[1]　历史惯例是谁先发现土地，谁就有权视其为自己的领土。——译者

# 第 16 章

## 测天有术

> 我的朋友，谁能够给天空过秤？
>
> ——《吉尔加梅什[1]史诗》
>
> （苏美尔人，约公元前 3000 年）

这是怎么一回事？我有时很惊奇地问自己：我们的祖先能够从非洲东部步行到新地岛[2]、艾尔斯山[3]和巴塔哥尼亚[4]，能用石矛捕猎大象，在 7 000 年前能乘敞篷小船横渡极区海洋，单靠风力推动环游地球；在进入太空后 10 年就在月球上行走——而我们竟被去火星飞行吓住了吗？可是我接着又提醒自己，地球上人们的苦难是可以避免的。只要花几块钱就可以救活一个因脱水而快要死亡的儿童，把去火星的经费节省下来能够拯救多少个儿童啊！于是目前我改变主意了。究竟是不去好呢，还是去好呢？也许我提出了一种虚假的二分法，是不是可能既让地球上每一个人的日子都过得更好，同时又能到达行星与恒星？

在 20 世纪 60 ~ 70 年代，我们的航程不断扩大。你大概和我当时一样，已设想我们人类在 20 世纪结束前就可以登上火星。但是没有去成，我们退缩了。如果不是机器人，我们在行星和恒星两方面都退缩了。我不断地问自己：这是我们胆怯了还是

---

[1] 传说中的苏美尔与巴比伦文化中的国王，这两种文化大约与古埃及文化同时。——译者

[2] 北冰洋上俄罗斯所属的一群岛屿。——译者

[3] 澳大利亚中部一座很大的孤立红石山。——译者

[4] 阿根廷南部的高原地区。——译者

成熟了？

　　也许这就是我们本来能够希望得到的最合理结果。从某种意义上来说，已经实现的也许根本就是一个奇迹：我们把 12 个人送去月球作了长达一星期的旅行。此外，我们获得资助对整个太阳系进行了初步的考察，往外已经到了海王星。这些探测取得了丰富的资料，但是它们并不具有短期见效的、每天都有用的、让人吃饱肚子的实际意义。然而它们振作了人们的精神，它们启发我们认识自己在宇宙中的地位。不难想象，如果没有登月竞赛，没有行星探测，历史的因果关系会出现怎样的混乱情况。

　　但是也可以想象到，如果对太空探测更加积极热忱，那么今天我们就会有自动无人飞船去探测所有类木行星的大气，以及几十个卫星、彗星与小行星；还有一个分布在火星上的自动科学台站网，每天都报告它们的发现；地球上的实验室能检验来自众多星体的样品，揭示出它们的地质、化学，也许甚至还有生物的情况。人类的前哨站可能已经在近地小行星、月球和火星上建立起来了。

　　历史上有许多种可能的发展途径。我们特有的紊乱因果关系使我们走上了一个朴实而原始的途径，虽然在很多方面仍然有英勇的系列探测，但是这比起我们原本可以办到的——或者有朝一日能够做到的——还差得很远。


　　"把普罗米修斯的绿色生命之火和我们一起带到贫瘠的空地上，然后在那里点燃生命的风暴大火，这就是我们人类的命运。"这句话摘自一个名为"第一个千年基金会"印发的小册子。该组织承诺，只要每年交 120 美元的会费，"当时机成熟时，就可以取得太空殖民地的公民权"。捐献更多钱的"施主们"还会得到"突飞猛进的星体文明永恒的铭记，他们的名字会刻在将来月球上竖立的巨碑上"。这代表着对人类进入太空的持续热忱的一个极端。而更能代表另一个极端的美国国会却在质问，究竟为什么我们需要到太空去，尤其是不送机器人而是送人去。社会评论家埃齐奥尼（Amitai Etzioni）有一次把阿波罗计划称为"幻月"。持这种倾向的人认为，既然冷战结束了，没有任何理由再实施载人太空计划。在这两个极端政策之间，我们该采取什么立场呢？

自从美国在登月竞赛中打败前苏联之后，一个言之成理、广为人知的把人送入太空的理由似乎消失了。美国总统和国会的各个委员会对载人空间飞行计划都感到无所适从。它的目的何在？我们为什么需要它？但是宇航员的功勋和登月计划的实现已经理所当然地赢得全世界的赞誉。政治领袖们对自己说，如果放弃载人太空飞行，这就等于抛弃了美国这项令人震惊的成就。难道有哪一位总统和哪一届国会愿意对结束美国的太空计划承担责任？据闻在前苏联也有一种类似的议论：人们自问，我们是否要放弃我们仍然执世界之牛耳的现有高科技？我们是不是齐奥尔科夫斯基、科罗廖夫（Sergei Korolev）[1] 和加加林的忠实继承人？

官僚机构的第一定律是保障自己的长期存在。没有上级的明确指示，国家宇航局自己管自己，逐渐转变成为只保持自身利益、工作机会和补贴的机构。在长期探测计划的制定和执行中，

---

[1] 前苏联人造地球卫星研制项目的主持人。——译者

由国会唱主角的"肉桶政治"[1] 成为越来越强大的支配力量。官僚政治僵化了,国家宇航局迷失了方向。

在 1989 年 7 月 20 日,即"阿波罗 11 号"登月 20 周年纪念日,布什(George Bush)总统宣布了美国空间计划的长远方向。这个称为"太空探测创举"(Space Exploration Initiative,SEI)的计划提出一系列目标,包括一个美国空间站,再送人上月球以及人类首次登上火星。在后来的一项声明中,布什先生把实现第一次踏上火星的目标定在 2019 年。

然而尽管有上面拟定的明确方向,"太空探测创举"计划还是落空了。在它制定 4 年后,它在国家宇航局连一个专司其职的机构都没有。本来应当得到顺利批准的用小而不贵的机器人探测月球的计划也被国会否决了。这是因为国会不愿把它和 SEI 扯在一起。是什么地方出了毛病呢?

首先,是时间长度。SEI 的时间跨度约长达 5 位未来总统的任职期(假定每位总统平均在位一任半),这使每位总统都容易把责任推给他的继任人,但是继任总统是否认真对待这个任务,就大可怀疑了。SEI 与阿波罗计划形成鲜明对比——阿波罗计划刚开始时也许已可猜出,它在肯尼迪总统或紧接他的下一任总统的任期内就能完成。

其次,有人关心安全成问题。国家宇航局最近连把几个宇航员送到地球上空 320 千米(200 英里)都发生了严重事故,它是否能安全地把宇航员送进一个弧形轨道,用一年时间飞到 1.6 亿千米(1 亿英里)以外的目的地,然后把他们活着带回来。

再次,这个计划完全是从国家主义立场拟定的,在设计与

---

[1] 美国俚语。指政客假公济私,给手下亲信好处的恶劣行径。——译者

执行中都没有把与其他国家的合作当作基本条件。当时在名义上负责空间事务的副总统奎尔（Dan Quayle）在为空间站辩护时说，它表明美国是"世界上唯一的超级大国"。可是前苏联已经领先美国 10 年拥有可运作的空间站，因此奎尔先生的言论令人难以相信。

最后，从实际问题考虑，还有钱从何处来的问题。对把人首次送上火星所需的经费，有不同的估计，最高达到 5 000 亿美元。

当然，在拟定探测计划之前，不可能估计出实际经费的数目。而探测任务的拟定与下列诸多因素有关：探测队的规模；减轻太阳和宇宙辐射危害以及失重影响的措施要达到的程度；还有为保障男女队员生命需要承担的其他风险。如果每位队员都有自己的专长，他们中间有一个人生病时该怎么办？探测队越大，后备人员就越多。几乎可以肯定你不会把一位专职的牙科医生送上去，但是如果你牙疼，要动手术，而你离最近的牙科医生有 1.6 亿千米（1 亿英里），该怎么办？难道可以让地球上的一位牙科医生用传真方法治疗？

冯·布劳恩（Wernher von Braun）是一位先后在德国和美国工作过的工程师，他为我们进入太空所做的贡献比其他任何人都大。他在 1952 年撰写的《火星计划》一书中，设想出用 10 艘行星际飞船、70 名探险队员和 3 艘"登陆船"进行第一次火星探测。他心目中最重要的是"重复"。他写道，后勤补给的需求"不会多于在一个有限战场上所进行的小型军事行动"。他的用意是"完全驳倒用单独一艘太空船及一小队英勇的行星际探测队员去冒险的主张"。他赞赏哥伦布用三艘船的做法，因为如果不是这样，"历史会证明他大概永远也不能返回西班牙海岸"。当代火星探测设计全然不理睬他的忠告。这些设计人员远不及冯·布劳恩那样雄心勃勃，典型的只是用一两艘太空船和 3 ~ 8 名宇航员，另外有一两艘自动化运输船。我们现在设想的仍然是孤单单的一支火箭和一小队探险人员。

影响探测计划与经费的其他不确定因素还有：是否在送人上火星之前先把补给品从地球平安地运过去；是否利用火星上的资源提炼出供呼吸的氧、供饮用的水以及供回程用的火箭燃料；在着陆时是否用火星的稀薄大气作气刹；要带多少备用设备才算是谨慎小心；你所用的生态循环系统有多大的密封程度，是否仅依靠从地球带去的食物、水和废物处理装置；如何设计供队员勘察火星地形所乘的巡游车；以及你愿意带多少仪器去测试我们今后再去火星时靠当地资源过活的能力。

只有等这些问题都决定，否则确认这项探测计划的任何费用估价都是荒唐的。在另一方面，同样清楚的是实施"太空探测创举"计划的经费也极为昂贵。由于所有这些原因，计划无法启动，它成了一个死胎。布什政府没有作任何有效的努力，运用它的政治资本来推动"太空探测创举"计划。

给我的教训似乎是明白的：在较近的将来可能无法把人送上火星——尽管我们的科技能力完全可以办到。各国政府都不会只是为科学或探测而花费这样一大笔的钱。它们需要另一个目标，一个必须有现实政治意义的目标。

火星探测现在大概不能启动，但在能启动时，我认为从它一开始就应当是国际性的，经费和职责分摊；许多国家的专门技能都派上用场；价格必须合理；从批准到发射的时间应当与政治上的实际时间表相协调；此外有关各国的空间部门要证明他们有能力承担此项开拓性的探测任务，让探测队平安和及时地往返，并且不超出预算。如果能设想用不到 1 000 亿美元的经费，从批准到发射不超过 15 年，这项探测也许是可行的（就经费而言，只是目前从事空间开发国家每年民用太空预算的一小部分）。如果能用气刹和从火星空气提炼出供回程使用的燃料及氧气，现在已经看得出这样的预算和时间表似乎是切实可行的。

探测任务的费用越少，时间越短，宇航员就要去冒更大的生命危险。然而已经有不可胜数的例子表明，为了一项伟大的事业总会有能够胜任的志愿者去执行非常危险的任务。当我们致力于规模如此宏大的前所未有的计划时，不会有真正可靠的预算和时间表。我们要求的回旋余地越大，实现计划所需的费用就越多，时间也越长。要在政治的可行性与任务的成功之间找到一个正确的折衷方案，真是不容易。

如果说因为我们有些人从小就梦想去火星，或者因为这对人类来说显然是长期探险的目标，这样的理由对于上火星是不充分的。如果我们为此要花大量的钱，应当还要有更充分的理由。

现在还有许多显然需要国家支持的事务，它们没有大量经费就办不成。与此同时，可以由联邦政府自由支配的预算却在令人痛苦地削减。化学和放射性有毒物品的处理，能源效率的提高，矿物燃料代用品的研制，技术更新速率的下降，城市基础设施的报废，艾滋病的流行，治疗癌症的灵丹妙药，无家可归人员的安排，营养不良、婴儿夭折、教育、就业、保健——该办的事情多得令人叫苦不迭。忽视这些问题会危害国家的安宁。所有从事空间探测的国家都面临相似的进退两难的困境。

要搞好每一项这样的事务，几乎都得花费上千亿美元。搞好基础设施需要几万亿美元。如果办得到，在全世界使用矿物燃料的代用品显然要花若干万亿美元的投资。有人告诉我们，这些项目都超出我们的支付能力。这样一来，我们哪里有钱去探测火星呢？

如果美国联邦政府的预算（或其他从事空间开发国家的预算）再增加 20% 的自由支配经费，那么，我为送人上火星而进行的辩护，也许就不会感到为难了。如果相反少了 20%，我想，即使最热心太空事业的强硬派也不会极力主张去火星探测。肯定有一条分界线，越过了它，国民经济会陷入困境，送人去火星成为难以想象的事情。问题是分界线画在什么地方。分界线当然是有的，参加争议的每一个人都应当说明他认为分界线该画在何处，就是说用于太空探测的经费超过国民生产总值的百分之几就算是太多了。我希望对国防预算也应该这样做。

民意测验显示，许多美国人都认为国家宇航局的预算与国防预算大致相等。事实上，整个国家宇航局的预算，包括载人与机器人探测以及航空方面的费用在内，只为美国国防预算的 5% 左右。国防预算减到多少才真会削弱美国的防御能力？纵使把国家宇航局整个砍掉，省下来的钱是否足以解决美国国内的迫切问题？

如果采用 15 世纪时哥伦布和航海家亨利（Henry the Navigator）[1] 的言论，即应当有一个获利的诱惑，[1] 那么一般来说，载人太空飞行——暂时不提火星探测——就更容易得到公众的

---

[1]　为获得地理知识而支持航海探险的葡萄牙王子。——译者

支持。已经出现了一些言论，有人说利用近地空间的高真空、低重力或强辐射环境也许可以获得一些商业利益。对所有这些建议都必须提出这一问题：如果在地球上可得到的开发经费与投入太空计划的费用差不多，那么类似的或更好的产品能不能在地球上生产出来？从企业主愿意投入空间技术的钱非常少来判断——不要提火箭和太空飞船本身的研制费用了——至少在目前，这种想法似乎难以实现[1]。

有人认为有些稀有原料在太空某处也许可以找到，可是运费极高。据我们所知，在土卫六上可能有石油海洋，但是把那里的石油运回地球，花费太大。在某些小行星上白金族金属含量可能丰富，如果我们能够把这些小行星移动到绕地球的轨道上，或许我们就可以方便地开采这些金属。但是，如我在本书后面将谈到的，至少在可预见到的将来，这是一种危险的鲁莽设想。

海因莱恩（Robert Heilein）在他的经典科幻小说《出售月球的人》中，设想太空旅行的主要动机是获利。他没有预见到冷战会把月球"卖掉"。但是他确实认识到，很难找到一个真正站得住脚的赢利论点。因此，海因莱恩虚构出一个骗局，说月球表面撒满了金刚钻，于是探险家们便忙忙碌碌地前往寻找钻石，因而引发了一场淘钻热。虽然此后我们从月球上运回了一些样品，可是有商业价值的钻石连影子也没有。

然而，东京大学的仓本喜代（Kiyoshi Kuramoto）和松井高文（Takafumi Matsui）研究了地球、金星与火星内部的铁质核心如何形成，并发现火星的地幔（位于地壳与核心之间）应当含

---

[1] 目前已有好几家私人企业开始发展火箭和飞船技术，以实现商业化的航天发射和载人太空飞行，比如美国的 SpaceX 公司。——译者

有大量的碳，比月球、金星和地球的含量都更丰富。在 300 千米以下的深处，巨大的压力会使碳转变成钻石。我们知道火星在其历史上地质变迁十分活跃，内部极深处的物质有时会被挤压到表面上来，而不仅是在大火山爆发时才出现这种情况。因此在其他星球上确实可能有钻石——可是这不是在月球上，而是在火星上。至于钻石有多少，品质与大小如何，以及藏在什么地方，我们都还一无所知。

一艘太空飞船满载着灿烂夺目、重许多克拉的大钻石飞回地球，无疑会压低钻石的（以及德·比尔联合矿产公司[1] 与通用电气公司[2] 的股票）价格。但是由于钻石具有装饰和工业上的用途，价格下降大概会有一个限度。可以想象，这些受到影响的工业部门也许会找到理由促成早日进行火星探测。

用火星钻石来支付火星探测的费用，这种想法不过是信口开河罢了，可是它却是在其他星球上可能找到稀有和价值昂贵的物质的一个例子。然而只有笨蛋才会指望这种事情能够成功。如果我们要证明有必要去别的星球探测，必须找到其他的理由。

除了讨论利润、价格，甚至降低价格问题，我们还须谈谈太空探测的好处，如果真有好处的话。为载人火星探测辩护的人应当讲清楚，从长远来说，去那里探测是否有希望解决地球上的某些问题。现在要确定判断正误的标准，于是你才知道这些理由是对的、不对的还是难以确定的。

人类去火星探险将以洋洋大观的方式增进我们对这颗行星的认识，包括对现在和过去生物的探寻。这个计划还可能澄清

---

[1]　德·比尔联合矿产公司在南非拥有世界最大的钻石矿。——译者

[2]　通用电气公司制造工业用人造钻石。——译者

我们对自己所在行星环境的了解，而机器人探测已经开始这样做了。我们的文明史表明，对基本知识的追求为最重要的实用进步开辟道路。民意测验的结果说明，绝大多数人认为"探测太空"是为了"增进知识"。但是为了达到这个目的，是否必须让人进入太空？在我看来，如果把机器人探测列为国家优先项目，并给它配置先进的人工智能，它完全能够像宇航员一样解答我们需要询问的一切问题，而所需费用可能仅为10%。

有人说太空技术会产生"有用的副产品"[1]——太空技术含有的巨额实惠不应落空——这样可以增进我们的国际竞争力和国内经济。但这是旧话重提了：花800亿美元（折合成现在的钱）把"阿波罗"宇航员送上月球，我们可以免费赠送一只不粘锅[2]。坦率地说，如果我们真想要不粘锅，不妨直接投资来生产，那么800亿美元几乎可以全部省下来。

还有其他理由可以表明这种论证是似是而非的，其中之一是杜邦公司远在"阿波罗"计划之前就开发出特氟纶（Teflon）[3]技术了。与此相同的还有心脏起搏器、圆珠笔、粘拉带以及其他声称"阿波罗"计划的有用副产品（我有幸曾和心脏起搏器的发明人交谈过。他本人差一点因冠心病突发而丧生。他为国家宇航局抢夺了他的荣誉而不平）。如果我们迫切需要某些技术，就投资开发它们好了，为什么要到火星上去干呢？

当然，国家宇航局需要开发的许多新技术必然会有一些流入民用经济。有些发明在地球上是很有用的，例如粉状的橙汁

---

[1] 意即利用空间开发技术可促进民用工业。——译者
[2] 意指在实施"阿波罗"登月计划中发明了制作不粘锅的材料。——译者
[3] 聚四氟乙烯，制造不粘锅的材料。——译者

代用品"唐"（Tang）[1] 就是供载人空间飞行使用的一种产品。有用的副产品还表现在无绳工具、植入心脏的停止纤维性颤动器、液冷外衣和数字化成像——而这只不过是略举数例而已，但是它们都不足以证明送人去火星的必要性，或国家宇航局存在的必要性。

我们看到了里根时代的"星球大战"计划，在它消亡的时候，靠老的有用的副产品苟延残喘的情景。有人告诉我们，准备安装在绕地轨道攻击站上的用氢弹驱动的 X 射线激光，有助于改进激光外科手术。可是如果我们需要发展激光手术，如果它是国家优先发展的技术，我们就可以想办法拨款来开发它，而不要把"星球大战"扯进来。有用的副产品的论调承认该计划不能只靠自己的两只脚站立，不能靠原先宣扬的目的证明自己有道理。

曾经有一段时间，人们认为根据计量经济学的模式，对国家宇航局投入每一块钱，就会有许多块钱注入美国经济。如果这种收益增值效应对国家宇航局比对大多数政府机构更适用，那么这对太空计划会提供强有力的财政与社会依据。国家宇航局的支持者们大言不惭地宣扬这个论调。但是 1994 年美国国会预算办公室的研究表明，它是一种错觉。虽然国家宇航局的开支对美国经济的某些生产部门——特别是航天工业——是有益的，但并没有优厚的收益增值效应。同样地，虽然国家宇航局的开支肯定能提供或保持就业机会，让人得到实惠，但在这些方面它并不比许多其他政府部门更强。

还有一个理由就是教育。这个理由对白宫往往很有吸引力。有理学博士头衔的人数在"阿波罗 11 号"登月前后达到高峰，

---

[1]　即果珍。——译者

也许这是从"阿波罗"计划开始时算起的一段恰当的时间差。这种因果关系难以证明，但也可能存在。但是这又算什么呢？如果我们真想改进教育，去火星是不是最好的途径？让我们想一想，用1 000亿美元可以培训教师、支付薪金、充实学校实验室与图书馆、给贫困学生发补助费、增购研究设施以及向研究生发奖学金。去火星真的是促进科学教育的最好途径吗？

另外一个论点是，送人去火星可以把军事工业集团稳住，不让它用强大的政治影响去夸大外来的威胁，从而要求扩大国防费用。尤其是另一方面，为了去火星，我们可以保持一种备用的技术能力，这对于处理未来的军事意外事件可能是重要的。当然，我们可以简单明了地要求那些人去干一些对民用经济直接有用的事情。但是我们在20世纪70年代就看见过格鲁曼公司生产的大客车和波音公司及韦尔托尔公司制作的上下班火车，航天工业在民用经济领域的竞争中经历了重大困难。的确，一辆坦克一年才行驶1 600千米（1 000英里），而一辆公共汽车一个星期就跑1 600千米，因此它们的基本设计必然不一样。可是至少就可靠性而言，国防部的要求似乎要低得多。

我已经提到过，太空合作正在成为促进国际合作的工具。例如，它可以减缓战略武器向新兴国家的扩散。由于冷战结束而退役的火箭，也许可有效地使用于绕地球飞行以及对月球、行星、小行星及彗星的探测。可是这一切都是在不执行送人去火星的任务的情况下就能办到的。

还有人提出别的理由。有人论证，彻底解决世界能源问题的办法是在月球上露天开采，把太阳风射入月球岩石的氦-3同位素运回地球，然后把它用于核聚变反应堆。为什么要提起核聚变反应堆呢？即使它可以研制出来，即使它的价格适当，它的技术也是 50 ～ 100 年以后的事了。我们的能源问题不能这样像蜗牛爬行似的缓慢解决。

更荒唐的议论是，我们必须把人送入太空是为了解决世界性的人口危机。但是每天出生的人数比死亡人数多出 25 万左右，这意味着，为了把世界人口保持在现有水平上，我们每天要把 25 万人送上太空。这远超出我们目前的能力。

我把这些论据的清单浏览一遍，把赞成和反对的理由综合起来，还把联邦预算中各个急需考虑的项目牢记在心。对我来说，迄今所有的争议可以归纳成这样一个问题：许多单独都不能成立的理由合在一起，是不是就能成为一个可以成立的理由呢？

我并不认为我开列的清单上有任何一项声称的理由确实值得花费 5 000 亿美元，甚至连 1 000 亿美元也不值得——在短期内肯定是这样。但在另一方面，这些理由大多有一些价值。如果我有 5 项理由，每项值 200 亿美元，加起来也就是 1 000 亿美元。要是我们善于降低成本，并真正实现国际合作，那么这些理由就显得更无可非议的了。

在对这个议题的全国性辩论得出结论之前，在我们对送人去火星的论据以及成本 / 收益之比有更好的了解之前，我们应当做什么呢？我的建议是，把本身的价值和与其他目标的关系这两个方面都靠得住，而且将来如果我们决定去火星时，也能派上用场的研究与发展计划先实施起来，这样的一个项目表应包括以下内容。

- 美国的宇航员到俄罗斯的"和平号"空间站上作联合飞行，逐渐延长在站上工作的时间，以去火星的飞行时间（1 ～ 2

年）为目标。

- 筹划国际空间站，其主要功能为研究空间环境对人的长期影响。

- 在早期的国际空间站上安装旋转的或用缆绳牵挂的"人工重力"舱，先装载其他的动物，然后载人。

- 加强对太阳的研究，包括在绕太阳的轨道上配置一批无人航天器，用以监测太阳活动并尽早向宇航员发布对他们有危害的太阳耀斑警报。（太阳耀斑是从日冕抛射出的电子与质子流。）

- 为美国和国际太空计划，美、俄和多国合作发展"能量号"及"质子号"火箭技术。虽然美国不大可能主要依赖俄罗斯的运载火箭，但"能量号"火箭的推力与把"阿波罗"宇航员送上月球的"土星5号"的推力大致相等。美国把"土星5号"的装配线停掉了，短期内不易恢复。"质子号"是目前仍在服役的最可靠的大型运载火箭。俄罗斯为获得硬通货，急于出售这种技术。

- 与 NASDA（日本空间局）、东京大学、欧洲空间局、俄罗斯空间局、加拿大以及其他国家合作。在多数情况下，它们应当是平等的伙伴，不能坚持由美国发号施令。为实现对火星的机器人探测，这些合作计划已经开始实施。载人飞行显然是国际空间站的主要任务。最后我们可以在低地球轨道上对联合模拟行星探测进行演习。这些计划的主要目的之一应是建立技术优势的合作传统。

- 技术的发展——用最高级的机器人和人工智能——为火星探测以及为第一次国际合作运回样品而研制巡游车、

气球和飞机。能从火星运回样品的无人飞船，可以在近
地小行星和月球上进行试验。从月球上仔细选定地区取
回的样品，可用来测定各地区的年龄，并有助于从根本
上了解地球的早期历史。

- 进一步开发用火星上的原材料生产燃料和氧化剂的技术。
  根据马丁·玛丽埃塔（Martin Marietta）公司的祖布林（Robert
  Zubrin）及其同事们所设计的原型仪器的估计，用一枚较
  小而可靠的"德尔塔"级火箭，就可以把几千克重的火星
  土壤自动送回地球。相对来说，这不比唱一首歌更贵。

- 在地球上模拟去火星的长时期旅程，要特别注意社会和心
  理方面可能产生的问题。

- 竭力探索新技术，例如恒推力火箭推进器，让我们能更快
  到达火星；假如考虑到在一整年（或更长时期）的飞行中
  辐射或微重力的危害，这可能是很重要的。

- 努力研究近地小行星，它们可以为人类的探测提供比月球
  更优越的中程目标。

- 要求美国国家宇航局及其他空间机构更加重视科学——
  包括作为太空探测后盾的基础科学的研究，以及对已经取
  得的资料进行深入的分析。

这些推荐项目的经费加起来只有送人去火星一次所需费用
的一小部分，再考虑到这是分摊在十几年间且与其他国家合作
进行，因此只是目前空间预算的一小部分。可是，如果这些项
目付诸实施，我们就可以更准确地估计费用，并更好地评估危
险和收益。它们会让我们干劲十足地持续为送人上火星取得进

展，而不需要过早地认定某种探测的硬件是必需的。即使我们肯定在今后几十年中不能把人送到任何一个别的世界，这些推荐项目中的大部分——甚至全部——都还有其他的可以成立的理由。此外，不断地为实现人类去火星旅行所取得的成就欢呼，至少在许多人心目中会消除广泛流传的对未来的悲观论调。

事情不止如此，还有一些比较抽象的论证。我坦率承认，它们中有许多都是富有吸引力和令人赞赏的。太空飞行说出我们——即使不是全体，也是许多人——的心声。一个正在显现的宇宙前景，一个对我们在宇宙中地位的更正确的了解，一个能影响我们认识自己的显而易见的计划，都表明我们地球环境的脆弱，以及地球上一切国家和人民共有的危险和责任。人类去火星探险会为我们中的爱漫游者，尤其是青年人，提供大有希望和充满奇遇的前景。即使是别人的探测也会有社会效益。

我一次又一次地发现，当我在大学、企业和军事单位以及专业组织，就太空计划的未来发表演讲时，听众对现实世界中的政治与经济干扰，比我更难容忍。他们渴望扫清这些障碍，重返"东方号"和"阿波罗号"的光辉时代，再次执行这些计划，并踏上其他的世界。他们说，以前我们这样干过，我们能够再次办到。可是，我提醒自己，这些参加听讲的人都是自觉自愿地热心于太空的人士。

在 1969 年，只有不到一半的美国人认为"阿波罗"计划花的钱值得。但是到登月 25 周年的时候，这个数目上升到 2/3。尽管国家宇航局有它的问题，63% 的美国人认为它干的工作是在良好与极优之间。根据哥伦比亚广播公司的民意调查，如果不提经费，55%的美国人赞成"美国送宇航员去探测火星"。在年轻人中间，这个数目达到68%。我想"探测"一词是关键。

无论宇航员有什么个人的缺陷，尽管载人太空计划已经濒临消亡（这种趋势因哈勃太空望远镜的修复而得到扭转），但是广大群众还是把他们看作是人类的英雄，而这并非偶然。一位科学界的同仁告诉我，她最近去新几内亚高地旅行，访问过一个几乎没有接触过西方文明的，还停留在石器时代的土著民族。他们不知道手表、汽水和冷冻食品，但是他们知道"阿波罗11号"，他们知道人类已经在月球上行走过。他们知道阿姆斯特朗、奥尔德林和科林斯这三位宇航员的名字。他们还想知道近来有谁拜访过月球。

以未来为导向的计划，尽管有政治上的困难，只能在几十年后才能完成，但它们还是不断地提醒人们，将来总会有实现的一天。在其他星球上赢得立足点的计划在我们耳边低语，我们不只是皮克特人[1]、塞尔维亚[2]人或汤加[3]人，我们是人类。

太空探测飞行把科学观念、科学思想和科学词汇都植入公众的心目中。它普遍提高了人们智能探索的水平。一旦想到我们现在懂得了以前从来没有人了解的事情，从事这方面工作的科学家由此产生的兴奋之情特别强烈，同时几乎每一个人都可以感受得到。这种想法传遍全社会，被墙反弹回来，又回到我们心中。它鼓舞我们去研究其他领域中从来也未解决的问题。它增强了社会上普遍的乐观情绪。它向我们传播严格的思考方

---

[1]　苏格兰东部和北部的一个民族。——译者

[2]　巴尔干半岛的一个地区。——译者

[3]　西太平洋的岛屿。——译者

法，而这种方法对解决迄今难以处理的社会问题是迫切需要的。它有助于激发新一代的科学家。在传媒中科学的内容越多——特别是科学研究的方法、应有结论及其含义——我相信社会就会变得越健康。全世界的人都有求知的渴望。

当我还是小孩子时，我最狂热的梦想是飞翔——不是乘某种机器，而是全靠自己飞上天。我在空中蹦蹦跳跳地飞，并且慢慢地越飞越高，这样掉回地面的时间也就越长。很快我就飞到再也不会落到地面的高高苍穹上。我就像一个怪人降落在摩天大楼最高点的一个壁龛里，或者轻柔地坐定在一片云上。在梦中——这类大同小异的梦我做过上百次了——需要某种意志才飞得起来，那种感觉无法用语言来描述，但是直到今天我还记得它是什么样的。你在头脑和心窝里使用一种"内功"，于是单靠意志的力量，就能使自己离开地面，你的四肢松软地悬空，你就飞起来了。

我知道很多人做过这类的梦，也许大多数人做过，也许每一个人都做过。回溯到 1 000 多万年前，在原始森林中我们的祖先以优美的姿态从一根树枝荡向另一个树枝时，这种梦境可能就已经出现过了。像鸟儿一样飞翔的愿望激励了许多飞行先驱，包括达·芬奇和莱特（Wright）兄弟。这可能也是太空飞行吸引人的一部分原因。

在环绕任何一个星球的轨道上，或在行星际飞行中，你可以说是处于失重状态。你把地板轻轻一推，自己就上浮到天花板了。你可以沿太空飞船的长轴，在空中接连翻几个筋斗，就从这一头到达那一头了。几乎每一位宇航员都说，失重环境使人感觉很愉快。但是因为飞船仍嫌太小，而在太空"行走"

必须极度小心，所以还没有人享受过这种奇妙的乐趣：你用几乎感觉不出来的微小力量就能把自己推动，不用任何机器推动，也不需要缆绳拴住，你就可以在高空翱翔，飞入漆黑的行星际空间。这时你变成地球的一个活卫星，或是太阳的一个活行星。

行星探测可以满足自 100 万年前我们的祖先在东非大草原上打猎和采集时起一直就有的对伟大事业、对漫游和探索的爱好。偶然地——我是说，可以想象由于历史因果的众多紊乱，这原本不会发生——在我们这个时代，我们能重新开始。

去其他星球探测需要有完成最完美军事行动所必需的恰好同样的品质：胆略、策划、合作精神和勇气。用不着谈论驶向另一个星球的"阿波罗"飞船在夜间发射的情景，其结果是可预断的。只要看看 F-14 战斗机怎样从航空母舰的甲板上起飞就行了。它优美地左右斜转，加力燃烧器[1]喷出火焰，它好像把你也带走了——至少我是这样想的。即使相当了解以航空母舰为主的特混舰队的潜在弊病，也不会影响我的这种深刻的感受。这种感受向我心中的另一部分坦率地倾诉。我不需要反责，也不想谈论政治，我只是想飞翔。

18 世纪探测太平洋的库克（James Cook）船长这样写道："我……的志向是不仅要走得比以前任何人更远，而且要到人类能够去的最遥远的地方。"两个世纪之后，宇航员罗曼年科（Yuri Romanenko）在完成当时历史上最长的太空飞行后返回地球时说："宇宙是一块大磁石……你一旦去过，以后就总是想再去。"

---

[1] 由于航空母舰的甲板不够长，喷气式飞机在起飞时由加力燃烧器增加推动力。
　　——译者

即使是对技术并不热心的卢梭（Jean-Jacques Roussau）[1] 也有这种感受：

"星星高悬在我们头上，我们需要基本训练、仪器和机械，它们就像许多长长的梯子一样，让我们走近星星，并抓住它们。"

哲学家罗素（Bertrand Russel）[2] 在 1959 年对"将来太空旅行的可能性"这样写道：

"现在基本上还是没有根据的幻想，然而可以头脑清醒地、兴味不减地加以考虑。还可以让一些最富冒险性格的年轻人认识到，一个没有战争的世界，并非一定没有冒险和危险的光荣。[2] 这种竞争没有极限，每一个胜利只是另一个胜利的前奏。理性的希望没有边界。"

从长远的观点来看，这些——胜过前面讨论过的任一"实用的"理由——可能会成为我们要去火星及其他世界的理由。在这期间，我们为上火星所能采取的最重要的步骤，便是在地球上先取得重大进步。甚至我们在全世界所面临的社会、经济和政治问题上取得一些不大的改进，也能为实现其他目标，在物质与人力两方面释放出大量资源。

现在在地球上还有很多的"家务事"等着我们去做，而我们对承诺做这些"家务事"应当是坚定不移的。但是由于生物学的基本道理，我们人类总是需要有尚待开发的新领域。每当人类本身发展到一个新的转折点时，它经受巨大活力的推动，能够持续前进若干个世纪。

在我们的隔壁近邻有一个新世界，我们也知道怎样到那里去。

---

[1] 法国启蒙思想家、哲学家和文学家（1712 ~ 1778）。——译者

[2] 英国数学家和哲学家（1872 ~ 1970）。——译者

# 第 17 章

日常的行星际暴力事件

> 这是自然界的一条法则：地球和其他一切天
> 体都应当固守其位，只有暴力才能使它们移动。
>
> ——亚里士多德（公元前 384～前 322）
>
> 《物理学》

关于土星有一桩奇怪的事情。1610 年，当伽利略用世界上第一架天文望远镜观察这颗行星——当时它是已知的最遥远行星——的时候，他在土星两侧各找到一个附属体。他把它们比拟成"把手"。别的天文学家则把它们称为"耳朵"。宇宙中奇景众多，但是一个带耳朵的行星令人惊异。伽利略至死也没有解开这个疑团。

随着岁月的流逝，观测者发现这两只耳朵……真奇怪，还有盈亏变化。事情终于弄清楚了，原来伽利略发现的是一个极为稀薄的环，它环绕着土星的赤道，但在任何地方都不和土星接触。在有些年份，由于地球与土星在各自轨道上的位置不断变化，环的边缘朝向我们。因为环很稀薄，它看起来似乎消失了。在其他年份，它面向我们，这时"耳朵"变大了。但是，土星有一个环，这意味着什么呢？难道这是一个很薄的、平坦的和固体的盘片，在中间挖了一个洞把土星装在里面？这个环是从何而来的呢？

这一连串问题立刻使我们想起震惊世界的碰撞，对我们人类而言两场完全不同的灾难[1]，以及使我们想起一个理由——除了已经叙述过的那些理由之外——正是为了自身的生存，我们必须到行星中间去。

我们现在知道土星的环（要强调说明是众多的环）是一个由小冰粒组成的庞大集团，各个冰粒都有自己单独的轨道，都受土星这个巨行星引力的束缚。就体积大小而言，这些冰粒小到微尘，大如房屋。可是即使在近距飞行拍出的照片中，它们都没有大到可以看得出来的程度。它们分布在一套精致细巧的同心圆周上，就像唱片上的环纹（这实际上自然是螺旋线）。在 1980 ～ 1981 年间当两艘"旅行者号"太空飞船近距飞过时，这些环的真正壮观景象才首次显露出来。在我们的世纪里，土星风格独特的环已经成为未来的一个偶像。

在 20 世纪 60 年代后期的一次学术会议上，有人要我总结行星科学的主要问题。我提出的一个问题便是，为什么在所有行星中只是土星有环。这已被"旅行者号"证明不是一个问题。我们太阳系中的 4 个巨行星——木星、土星、天王星与海王星——事实上都有环，但是当时还没有人知道这个事实[2]。

每个环系各有特色。木星环很稀疏，主要由很小的暗黑粒子组成。土星的亮环基本上是冻冰，一共有几千个分离的环，有的环是扭曲的，带有奇形怪状的、尘状的和轮辐式的斑纹，这些斑纹不断形成，又不断消失。天王星的暗环似乎由碳元素与有机分子——有点像木炭和烟囱里的煤灰——组成。天王星

---

[1] 指 1994 年的彗木碰撞和 6 500 万年前导致恐龙绝灭的小行星撞击地球。——译者

[2] 2014 年，天文学家发现编号 10199 号的小行星"女凯龙"星也有多个光环围绕。
——译者

有9个主环，其中有几个似乎是在"呼吸"，一会儿膨胀，一会儿收缩。海王星的环最为稀薄，并且稀薄的程度大不一样；因此从地球望去，这些环似乎只是一些圆弧或不完整的圆。好些环似乎都靠两颗守护卫星的引力牵引而保持住，一颗卫星离行星比环稍近一些，另一颗则稍远一些。每个环系都展示出自身的超越尘世的美。

环是怎样形成的？一个可能是潮汐作用：如果有一颗在太空漂泊的天体走到行星附近，行星对"不速之客"靠近一面的引力作用大于背面。如果这颗外来星体走得更近，如果它的内聚力很小，于是它会被撕裂成碎片。我们偶尔看到在彗星走到离木星或太阳非常近的时候，会出现这种情况。另一个可能是在"旅行者号"对太阳系外围进行考察时发现的，就是星体相撞，卫星被撞得粉碎，于是碎裂物质形成了环。这两个机制都可能起作用。

在行星之间的太空有众多奇形怪状的恶棍似的小天体在横冲直撞，它们都沿各自的轨道绕太阳旋转。它们有的像一个县、甚至一个州那样大，更多的表面积和一个村或镇一般大。小的小行星比大的要多得多，最小的犹如尘粒。有的小天体在很扁长的椭圆形轨道上运行，因此它们定期跨越一个或多个行星的轨道。

有时候，真是不幸，会碰上一颗小天体。碰撞使拦路撞来的小天体和被撞的卫星（至少是被撞的那个区域）都粉身碎骨，砸成碎片或粉尘。由此形成的碎片从卫星抛射出来，但速度不够快，因此摆脱不了行星引力作用，它们会暂时形成一个新的环。它的成分由两个相撞的天体决定，但一般说来主要是被撞卫星的成分，而不是恶棍似的小天体的成分。如果相撞物体是冰冻的，那么由此形成的环由冰粒子组成。如果它们的成分是有机分子，则出现有机分子的环（有机物受日光照射会缓慢地转变成碳）。土星所有环的总质量，不超过完全破碎的单独一个冰冻卫星的质量。用小卫星的瓦解，同样可以说明其他 3 个巨行星环系的形成。

除非是离它的行星太近，否则一颗被击碎的卫星会逐渐再次聚积起来（至少有相当大的一部分是这样）。这些大大小小的碎片大体上仍然在碰撞前卫星的轨道上运行，它们杂乱无章地堆积在一起。以往位于核心的碎块现在是在表面上了，反过来也如此。由此形成的大杂烩似的表面可能是奇形怪状的。天卫五看起来像是乱七八糟堆集起来的，可能就是这样形成的。

美国行星地质学家尤金·苏梅克（Eugene Shoemaker）提出，太阳系外围的许多卫星都曾被这样消灭过，然后又重新形成——自从太阳和行星由星际气体与尘埃凝聚而成以来的 45 亿年中，每颗卫星都经历过不止一次，而是若干次这样的变化了。"旅行者号"在对太阳系外围的考察中发现了这种情况：这些宁静又孤单的守护卫星会不断地遭到来自太空的"不速之客"的骚扰，于是出现惊天动地的大碰撞；卫星被撞成碎片又重新聚成，它们就像火凤凰一样，从自己的骨灰中再生。

但是一颗离行星很近的卫星，如果被粉碎了，就不能再次形成卫星——附近行星的引力潮阻止它这样做。碎片一旦散布成为一个环系，就会存在很长时间——至少与一个人的寿命相比是这样。现在绕巨行星运转的微小的、不显眼的众多卫星，也许有朝一日会变成既巨大又美丽的环呢。

太阳系中有大量卫星，这证实了这样的想法。火卫一有一个大陨石坑，叫作斯蒂克尼，而土卫一的大陨石坑名为赫歇尔。这些陨石坑和月球上的以及太阳系各处的陨石坑一样，都是由碰撞产生的。一个天外来客砸到一个较大星体上，在碰撞点引起一次大爆炸，于是形成一个碗状的坑，而较小的撞击体粉身碎骨了。如果形成斯蒂克尼和赫歇尔陨石坑的不速之客再大一些，它们就有足够的能量可以把火卫一与土卫一砸得粉碎。这两颗卫星算是侥幸逃过了宇宙劫难，而许多其他卫星却是在劫难逃。

每当一颗星体被击得粉碎，就少了一个横行霸道的不速之客，这就好像是太阳系规模的撞车比赛[1]，是一场消耗战。这样的碰撞已经发生了许多次，这正表明恶棍般的小天体已经大部分消耗掉了。那些在圆形轨道上绕太阳旋转的小天体，即不会穿越其他天体轨道的小天体，不大可能撞上一颗行星。那些在极扁椭圆轨道上运转的小天体，也是跨越其他行星轨道的小天体，或迟或早不是撞上某些天体，就是由于近距掠过行星，受到引力加速而被逐出太阳系。

几乎可以肯定，行星是由小天体或星子聚积形成的，而它们又是从围绕太阳的一大块扁平的气体及尘埃云——现在在年轻的近邻恒星周围可以看见这样的云——凝结形成的。因此在太阳系的早期历史中，在碰撞形成行星之前，小天体应当比我们所见到的要多得多。

真的，在我们自己的"后院"里也有明显的证据。要是我们把在地球周围横冲直撞的小天体统计一次，就可以估计出它

---

[1] 参加者各驾破车互撞，最后剩下的未撞毁的车获得冠军。——译者

244

们撞击月球的频数。让我们采取十分保守的假设，即不速之客的数目从来就和现在差不多，那么我们可以算出在月球上应当有多少个陨石坑。得到的数目比我们在月球惨遭蹂躏的荒原上所看到的要少得多。人们预料不到的月球上陨石坑充斥的事实告诉我们，在太阳系形成的初期情况是何等混乱，天体在互撞的轨道上横飞乱闯。这样的解释是很说得通的，因为行星是小得多的星子聚积而成的，而星子本身又来自星际尘埃。在 40 亿年前，月球上的碰撞比现在要多出几百倍；而在 45 亿年前，当行星还没有发育成熟时，撞击比起现在平静的时代也许要多 10 亿倍。

当时装点行星的环系比现在更为艳丽多姿，也许这些环系缓解了混乱局面。如果那时地球、火星和其他小的行星有小卫星，那么本来也会有装饰它们的环。

对月球起源最令人满意的解释来自它的化学分析（分析"阿波罗"飞行带回的样品）。这个解释认为几乎在 45 亿年前，由于一个与火星大小相近的天体撞上了地球，被撞击地方的岩石地幔被砸成尘埃与热气体冲入太空。一部分碎片进入绕地轨道，然后一个原子又一个原子、一块石头又一块石头地逐渐重新聚积起来，终于形成月球。要是那个未知的撞击天体再大一些，结局就会是整个地球被毁灭掉。太阳系中也许有过别的行星——也许有的行星甚至还有生命——它们被某些恶魔般的小天体击中而完全毁灭了，而我们今天甚至并没感到有这种威胁。

太阳系早期演化的情景，并不像一系列循序渐进的庄严事件，它们一个接着一个发生，终于形成了地球。与此相反，看来在不可置信的暴乱中，只是由于偶然交上好运，[1] 我们的行星才能够生成并幸存下来。我们的世界似乎并不是能工巧匠雕塑出来的。这又是一个暗示，说明宇宙并不是为我们创造的。

我们今天给越来越少的小天体取了各种不同的名称：小行星、彗星、小卫星。但是这些都是随意的分类——真正的小天体才不理会人类怎样给它们命名分类呢！有些小行星（英语单词 *asteroid* 的含义为"像星似的"，但实际上与恒星肯定无关）由岩石构成，有的为金属的，还有一些富含有机物质。小行星的直径都不超过 1 000 千米，它们主要分布在火星和木星轨道之间的一条带里。天文学家一度认为"主带"小行星是一个行星崩裂后的残余物体，但是正如我曾提到过的，另一种想法现今更为流行：太阳系一度充满了小行星似的天体，其中一部分聚积成行星。只是在木星附近的小行星带上，这颗质量最大的行星的引力潮不让附近的残余碎片聚合成一个行星。因此这些小行星并不是一度存在过的某一颗行星的残骸，而是命中注定无法聚积成行星的小天体。

把小到 1 千米的小行星全部计算在内，总共大约有几百万颗小行星。但是在辽阔的行星际空间，这仍然不足以对飞向太阳系外围的太空飞船构成严重的危害。"伽利略号"飞船在它飞往木星的弯弯曲曲的旅途中，于 1991 年和 1993 年分别拍到了加斯普拉与艾达两颗主带小行星的照片。

大部分小行星都在主带内运行。要想研究它们，我们必须像"伽利略号"那样去它们那里访问。彗星则与此不同，它们有时前来拜访我们，例如哈雷彗星最近两次于 1910 年和 1986

年出现。彗星主要由冰和少量岩石及有机物组成。在彗星受热时，冰粒蒸发，被太阳风与太阳光压力向外吹成长长的、可爱的尾巴。在多次经过太阳附近时，全部的冰都蒸发掉了，有时留下的是一个死寂的岩石和有机物的世界。有时因为冰散失了，原先由冰结合在一起的剩余物质粒子散布到彗星轨道上，形成一道围绕太阳的残迹。

每当像沙粒一样大小的一点儿彗星物质以高速闯入地球大气时，它起火燃烧，产生一条短暂的光迹，地球上的观察者称之为流星。有些溃散彗星的轨道与地球轨道交叉，因此地球在绕太阳持续不断运行时，每年都会穿越也绕太阳运行的彗星碎片带。这时我们看到流星雨，甚至流星暴——整个天空闪现出一条条彗星残骸的光迹。举例来说，大约在每年 8 月 12 日见到的英仙座流星群，来源于一颗垂死的斯威夫特—塔特尔彗星。可是不能让流星雨的美景欺骗我们：这些在夜空中闪烁发光的天外来客与能够毁灭地球的小天体是一丘之貉。

有少数小行星偶尔会喷出一点气体，甚至长出一条短暂存在的尾巴，这表明它们是在彗星与小行星之间的转换过程中。有些绕行星旋转的小卫星，可能是被行星俘获的小行星或彗星。火星的卫星以及木星的外围卫星，可能就属于这个范畴。

重力能把太凸出的东西拉平。但是只有大天体的重力才能强到足以使山脉和其他凸出的物体由于自身重量而崩坍，于是使天体变平。实际上，我们观察小天体的形状，就几乎总会发现它们的表面凹凸不平、不规则，就像马铃薯那样难看。

有好些天文学家，他们最乐意干的事情就是在寒冷、无月的夜晚通宵不眠地拍摄天空的照片——他们拍的是同样的天空，去年拍过了，前年也拍过了。你会问道，如果上一次拍好了，为什么要再拍？答案是：天空在变化。在任何一年都可能有以前完全不知道的、从未见过的小天体朝地球走来，而这些有献身精神的观测者在注视它们。

1993年3月25日，一群小行星和彗星的狩猎者在美国加利福尼亚州帕洛玛天文台察看在一个多云之夜断断续续拍摄的照片，发现底片上有一个暗弱的、扁长的斑点。它是在一个很亮的天体——木星附近。于是卡罗琳（Carolyn）、尤金·苏梅克以及利维叫其他观测者一起来看看。他们发现斑点原来是一个令人惊奇的东西：大约有20个小而亮的物体，一个接一个像一串珍珠，都在绕木星旋转。它们合在一起称为苏梅克—利维9号彗星（这是这些合作者共同发现的第九颗周期彗星）。

但是把这些天体总称为一颗彗星容易引起混乱。它们是一个群体，大概是一颗单一的至今没有发现的彗星的分裂残骸。它在40亿年中寂静地绕太阳运转，直到几十年前跑到离木星很近的地方才被太阳系中这个最大的行星的引力所俘获。在1992年7月7日，它被木星的引力潮撕成碎片。

你可以了解到，这样一颗彗星的靠里面部分受木星吸引的力量应比外面部分稍强一些，这是因为里面部分比外面部分离木星更近一些。吸引力的差异肯定很小。我们的脚比头离地心稍近一点，但是我们不会因此而被地球的重力撕成碎片。既然彗星能被这样的引力潮撕裂，它原来内部的引力必然非常微弱。我们认为，它在分解之前只是很松散地聚集在一起的冰、岩石和有机物。它的直径可能仅约10千米（6英里）。

不久后，这颗撕裂彗星的轨道被很精确地定出了。在 1994 年 7 月 16 日至 22 日之间，彗星的所有碎片，一个接着一个与木星碰撞。最大的碎片大约有几千米大，它们与木星的碰撞是很壮观的。

事先谁也不知道这一连串的碰撞对木星的大气和云会有什么影响。这些被气尘包裹的彗星碎块，实际上也许比它们看起来的要小得多。也有可能它们根本不是一个整体，而只是松散地结合在一起——就像一把碎石在近似相同的轨道上一同遨游太空。如果这两种可能性中有一个是真的，那么木星可以把这些彗星碎片无影无踪地吞食掉。其他一些天文学家设想，当彗星碎片坠入大气时至少会有明亮火球与巨大烟柱；还有人认为，伴随苏梅克—利维 9 号彗星碎块的稠密尘云会破坏木星的磁层，或形成一个新的环。

计算结果表明，像这样大小的彗星撞击木星，每隔 1 000 年才会发生一次。这不是一生中得见一次的天文事件，而是十几代人才有一次。自从望远镜发明以来，像这种规模的景观还从未出现过。因此在 1994 年 7 月中旬，通过完美协调的国际科学合作，整个地球上以及太空中的望远镜都指向木星。

天文学家用了一年多的时间作准备，算出了彗星碎块绕木星运动的轨道，并认定它们都会撞上木星。碰撞时刻的预报更精确了。令人失望的是，计算表明所有的碰撞都发生在木星夜晚的一面（即从地球望去看不见的一面）。然而在太阳系外围的"伽利略号"和"旅行者号"飞船都能够看得见。毕竟令人庆幸的是，各次碰撞都发生在木星破晓前仅几分钟（即由于木星自转，撞击地点刚要进入从地球望去的视线之际）。

为第一个碎片（编号为 A 片）预定的碰撞时刻来到了并过去了，地面望远镜没有发来报告。在美国巴尔的摩空间望远镜科学研究所，行星科学家们越来越愁容满面地凝视着电视监视器的荧光屏，屏上显示从哈勃太空望远镜传来的信息，但是看不出有什么异常现象。航天飞机上的宇航员们暂时放弃了他们要做的果蝇、鱼和蝾螈繁殖的实验，拿起双筒望远镜观看木星。他们报告说，看不出什么动静。这个千年一遇的碰撞，看来很可能是一场空了。

可是不久后从加那利群岛[1]拉帕尔马的地面光学望远镜传来报告说，碰撞已经观测到了。接着发来信息的是日本的一架射电望远镜、在智利的欧洲南方天文台，以及芝加哥大学安装在南极冰天雪地的一架仪器。在巴尔的摩，一群青年科学家围聚在电视监测器旁边——他们本身又被美国有线新闻网的摄像机所监视——开始看到了一些动静，并且正是在预定碰撞木星的部位。你可以见到从惊愕到迷惘再到狂欢的转变过程。他们欢呼、大叫、雀跃，房间里充满了欢笑，他们打开香槟酒。这是一群美国青年科学家，其中约 1/3——包括组长哈梅尔（Heidi Harmmel）都是妇女。你可以想象到，全世界的年轻人都会认为做一个科学家真有乐趣，科学研究是一个好行当，甚至可以让人得到精神上的满足。

许多碎块击中木星后，地球上的观测者看到火球迅速上升，升到很高的空中。即使碰撞地点还处在木星上的夜晚之中，火球仍能看得清楚。烟柱升起后，很快变成煎饼式的扁平形状。我们接收到了从碰撞地点传播开来的声波和重力波，还看到最

---

[1] 位于大西洋东北部。——译者

大碎块使得和地球一般大的一片地区变了颜色。

以每秒 60 千米（每小时 130 000 英里）的速度撞上木星后，最大碎块的动能有一部分转变为冲击波，一部分成为热能。估计火球内的温度高达几千度。有些火球与烟柱比木星的其余部分要亮得多。

为什么碰撞后会留下暗黑的污点？它可能是木星云层深处——地球上观测者一般看不见的区域——的物质向上涌出并散布开来。然而碎块似乎不会穿透到这样深的地方，或许是彗星碎块中原先为彗星物质的分子形成了这些污点。前苏联的"维佳 1 号"和"维佳 2 号"以及欧洲空间局"乔托号"飞船（它们都飞往哈雷彗星）探测的结果告诉我们，彗星中多达 1/4 的物质可能都是复杂的有机分子。正是它们使哈雷彗星的核心成为漆黑的。如果在碰撞之后有一部分彗星的有机物质留存下来，它们可能形成了污点。最后，还有可能形成污点的有机物并非由彗星碎片带来，而是由木星大气的冲击波合成的。

全世界七大洲都有人亲眼看见苏梅克—利维 9 号彗星碎块与木星的碰撞，甚至天文爱好者用小望远镜也看得见烟柱以及随后木星云层的变色。就像在体育比赛时球场各处及头顶上可操纵的高处都安装电视摄像机从各个角度扫视一样，部署在太阳系各处的美国国家宇航局的 6 艘飞船运用各自的不同观测专长，把这个新的天界奇景记录下来。这 6 艘飞船是："哈勃太空望远镜"、"国际紫外探测者"、"远紫外探测者"（以上 3 个都处在绕地球运行的轨道上）、"尤利西斯号"（*Ulysses*，当时在观测太阳的南极）、"伽利略号"（正在与木星会合的途中）以及"旅行者 2 号"（已经远远越过海王星，在飞往其他恒星的途中）。科学家正在收集和分析观测资料，一旦工作结束，我们对彗星、木星以及天体剧烈碰撞的认识将大为增进。

对于许多科学家——尤其是对卡罗琳、尤金·苏梅克以及利维来说，彗星碎块一个接一个自杀式地撞击木星，这是一件伤心事。不妨说，他们和这个彗星"同住"了16个月，看见它分裂，而被尘埃云遮蔽的碎块散布在它们的轨道上玩捉迷藏游戏。在某种意义上说，每个碎块都各有自己的个性。现在它们都一去不复返了，都在太阳系最大行星的高层大气中融化成为分子和原子。在这个意义上说，我们几乎要哀悼它们。可是从它们在烈火中的消亡，我们学到了知识。当我们了解到在太阳系的浩瀚宝库中还有100万亿颗这样的彗星时，或许我们也就宽心了。

已经知道有大约200颗会走到地球附近的小行星。它们总称为"近地小行星"，这是名副其实的。仔细察看它们的外形（与它们在主带中的堂兄弟姐妹相似），就可立刻了解到，它们是剧烈碰撞的产物。它们中间的大多数可能是过去某些较大的小天体的碎片与残骸。

除了少数例外，近地小行星的大小只有几千米或者更小，它们绕太阳转一圈需要几年的时间。它们中间大约20%迟早会击中地球——其后果不堪设想（但是在天文学中，"迟早"的意思可以长达几十亿年）。西塞罗所做的保证，即在一个绝对有秩序和规律的天空中，找不到"任何机遇和危险"，这是一个根本错误的概念。苏梅克—利维彗星与木星相撞这桩事情提醒我们，行星际的剧烈事件甚至在今天还是常有的，虽然与太阳系早期相比，它可说是小巫见大巫了。

　　和主带小行星一样，许多近地小行星由岩石构成。少数以金属为主，因此有人建议把一颗这样的小行星转移到绕地球的轨道上，然后有计划地对它开矿——这会是一座在几百千米高空的高品质矿山——经济回报将大得难以估计。单是一颗这样的天体上的铂族金属的价值就可高达若干万亿美元（当然，如果可以开采到这样好的矿藏，白金之类的价格将会一泻千里）。有些人——例如美国亚利桑那大学的行星科学家刘易斯（John Lewis）——正在研究从某些适宜的小行星提炼金属和其他矿产的方法。

　　有些近地小行星含有丰富的有机物，而这种物质显然是太阳系刚形成时遗留下来的。喷气推进实验室的奥斯特罗（Steven Ostro）发现，这类小行星中有一些是成双的，即两个小行星接触在一起。也许这是一颗较大的天体在经过一颗像木星那样的行星附近时，被引力潮撕裂为二。更有趣的说法是：两个在相似轨道上运转的小行星可能轻轻地相碰并连结在一起。这种过程可能是行星与地球形成的关键。至少有一颗小行星（即"伽利略号"飞船所见到的第 243 号小行星艾达）有自己的小卫星。我们猜想，两颗接触在一起的小行星和两颗互绕旋转的小行星，两者的起源过程是有联系的。

　　有时候，我们听说一颗小行星"差一点没被击中"（为什么我们要这样说呢？其实我们的本意是它"几乎击中目标"）。但是当我们稍许仔细阅读全文才发现：它与地球的最近距离为几十万或几百万千米。无论怎样说都可以——反正它太远了，甚至比月球还远。如果我们有一份所有近地小行星的清单，甚至把直径比 1 千米还小得多的小行星都包括在内，我们就可以推算出它们未来的轨道，并预定出哪些小行星潜伏着最大的危险。现在估计大于 1 千米的近地小行星有 2 000 个，其中我们如今已经观测到的只有百分之几。直径大于 100 米的小行星，可能有 20 万颗。

对近地小行星都取了发人深省的神话名字。诸如俄耳甫斯（Orpheus）、哈索尔（Hathor）、伊卡鲁斯（Icarus）、阿多尼斯（Adonis）、阿波罗（Apollo）、刻耳柏洛斯（Cerberus）、胡富（Khufu）、阿莫尔（Amor）、坦塔罗斯（Tantalus）、阿登（Aten）、弥达斯（Midas）、拉—沙洛姆（Ra-Shalom）、法厄同（Phaethon）、图塔蒂斯（Toutatis）、奎扎尔科特尔（Quetzalcoatl）。还有几个小行星，例如涅柔斯（Nereus），值得特别探测。一般来说，去近地小行星往返飞行，比去月球要容易得多。涅柔斯的直径仅约为 1 千米，就是最容易到达的小行星之一。[2] 它正是一个从来没有探测过的新世界。

有些人（都是前苏联人）在太空中已经生活过的时间比去涅柔斯往返所需时间还要长。去那里的火箭技术已经是现成的了。比起上火星来说，去涅柔斯只是小得多的一步，在某些方面，甚至比再上月球还要简单。然而如果出了什么差错，我们要安全返回就不是几天的时间了。就这方面来说，去涅柔斯的难度是在上火星及登月之间。

在将来探测涅柔斯的许多个可能的方案中有这样一个：花 10 个月从地球到达那颗小行星，在它上面停留 30 天，然后只要 3 个星期就可返回了。我们可以用机器人去访问涅柔斯，或者——如果我们真想这样干——就送人去。我们可以考察这个小小世界的形状、结构、内部、历史、有机化学性质、在宇宙中的演化以及与彗星的可能联系。我们可以带回一些样品，在地球上的实验室里从容地进行研究。我们可以判断，它是否真正拥有具备商业价值的金属或矿物资源。如果我们一旦决定要送人去火星，那么近地小行星就是方便且适宜的中途目的地——它们可以让我们鉴定装备和探测计划，同时也研究一个几乎完全未知的小世界。这就好像我们准备再次跳进宇宙海洋之前，先用脚蘸一点水来感觉一下。

# 第 18 章

**卡马里纳的沼泽**

现在要作任何改进都为时已晚。宇宙已经创造成了。

最后一块基石已经放上，剩下的碎料在100万年前就已运走了。

——梅尔维尔《白鲸》第二章（1851年）

卡马里纳是西西里岛南部的一个城市，它是公元前598年叙拉古的移民建立的。在一两代人之后，这座城市流行一种瘟疫——脓疮，有人说病源来自附近的沼泽。〔当然，古代人不会广泛接受细菌传播疾病的理论，但是也有一些点滴知识，例如公元前1世纪时瓦罗（Marcus Varro）就明确地劝告不要在沼泽地带附近建城，"因为那里滋生着某些眼睛看不见的微小生物，它们在空中浮动，可以从嘴或鼻进入人体，并引起严重疾病。"〕瘟疫对卡马里纳十分危险。于是有人出主意，要把沼泽的水排干。然而到神殿去请示神谕时，神谕禁止这种行动，而劝告要忍耐。可是城里人生命危殆，因此居民置神灵启示于不顾，把沼泽的水排掉了，于是瘟疫很快就止住了。但是到后来人们才知道，沼泽是防御敌人入侵的屏障，而当时敌人中间包括他们的叙拉古同胞。卡马里纳居民认识到这一点已经太晚了。这就像2 300年后在美洲，移民与自己的祖国争执一样。在公元前552年，一支叙拉古军队越过曾经是沼泽地的旱地，把城内男女老幼全都杀光，把城市夷为平地。这样一来，卡马里纳的沼泽就成为一个谚语，意味着以这样的方式消除一个危险，其后果却又引来一个更加可怕的危险。

　　地质白垩纪和第三纪的碰撞（也许不止一次相撞，而已有好几次），表明小行星与彗星有多么大的危险。碰撞之后，一场祸及全世界的大火可以把草木全部烧焦；平流层的尘云使天空变暗，幸免于难的植物很难靠光合作用生存；地球各处的温度降到冰点；还有酸性的暴雨和臭氧层的大量耗竭。更有甚者，在地球从这些浩劫中恢复过来后，长时期的温室效应来临了（这是因为强有力的碰撞释放出巨大能量使深层的沉积碳酸盐挥发，把大量二氧化碳输入空气中）。这不只是单独一场灾难，而是一连串的浩劫，一系列的恐怖事件结合在一起。在一次劫难中遭重创的生物，在下次劫难袭来时便消亡了。我们完全无法肯定，我们的文明是否能在一次能量小得多的撞击中幸存下来。

　　因为小的小行星比大的要多得多，和地球一般相撞都是小家伙干的。但是如果准备等待的时间更长久，你就会遇到毁灭性更强的碰撞。平均说来，每几百年中地球会有一次被直径约为 70 米的小天体撞击，这时释放的能量相当于至今最大的一次核武器爆炸。每 10 000 年中，我们会有一次被直径 200 米的小天体撞上，这可以引起严重的地区性气候变化。每 100 万年发生一次与直径超过 2 千米的天体的碰撞，这几乎相当于 1 万亿吨 TNT 炸药的爆炸，可以引起全球性的灾难。这时除非采取前所未有的预防措施，否则很大一部分人类将会丧生。1 万亿吨 TNT 是地球上现有全部核武器同时爆炸的能量的 100 倍。甚至令这样的碰撞也相形见绌的是，在大约 1 亿年中就会发生一次类似于白垩纪和第三纪那样的事件，即一颗直径为 10 千米或更大的天体与地球相撞。一颗大的近地小行星所潜藏的毁灭性能量，远大于人类所能制造的任何武器。

美国行星科学家希巴（Christopher Chyba）及其同事首先指出，大小为几十米的较小的小行星或彗星，在进入地球大气后会碎裂和焚毁。它们相当经常地出现，但不会造成大的灾害。现在已经大概知道它们闯进地球大气层的频数，这是因为美国国防部把监测地球上秘密核爆炸的特殊侦察卫星所得资料解密了。近 20 年来，看来已有大约几百颗小天体（其中至少有一颗是较大的）撞击过地球，但它们都没有酿成灾害。但是我们必须完全有把握，能够区分彗星或小行星的小规模碰撞与大气中的核爆炸。

能够对人类文明构成威胁的撞击天体的直径至少要有几百米。它们大概每 20 万年光临一次。我们的文明史只有 1 万年左右，因此在历史上不会有关于最近一次这种碰撞的记载。我们确实也没有。

在 1994 年 7 月苏梅克—利维 9 号彗星在木星上引发一连串猛烈爆炸，这提醒我们这样的碰撞在现今时代可能会发生。一个大小只有几千米的撞击天体能把它的残骸撒遍和地球一般大的区域，这是一种不祥之兆。

正是在苏梅克—利维 9 号彗星撞击的那个星期里，美国众议院科学和空间委员会草拟了有关法规，要求国家宇航局"与国防部及其他国家的空间机构合作"，对所有的正在接近地球的"直径大于一千米的彗星与小行星"作证认并测定其轨道特征。这项工作应在 2005 年以前完成。许多行星科学家早已倡议进行这项研究计划，但是只有在一颗彗星痛苦地消亡之后，它才能付诸实施。

在等待的这段时期内，小行星碰撞的危险似乎不太令人担心。可是如果一次大的碰撞出现了，它就是人类历史上前所未有的大劫难。在刚出生的婴儿的一生中，这种碰撞发生的概率大概是 1/2 000。如果飞机失事的概率是 1/2 000，我们谁也不会去乘飞机（事实上这种概率是 200 万分之一。即使如此，许多人还认为这太令人担忧了，甚至要去投保）。当我们的生命有危险时，我们往往会改变自己的生活方式来趋吉避凶。那些不愿意改变的人迟早会离我们而去。

如果一旦情况需要，也许我们应该设法到达这些小天体并改变它们的轨道。尽管有梅尔维尔的宿命论观点，创造宇宙的有些碎料还是保留下来了，并显然需要加以改进。沿着同样的且相互影响很小的思路，行星科学界与美、俄两国核武器实验场所都认识到上面谈过的情景，并钻研这些问题：怎样监测一切相当大的近地行星际物体？如何确定它们的物理和化学性质？怎样预测哪些物体将来可能与地球相撞？最后，如何阻止碰撞发生？

前苏联太空飞行先驱齐奥尔科夫斯基早在一个世纪之前就指出，应当有大小介于已经观测到的大的小行星和有时落到地球上的小行星碎片（即陨星）之间的天体。他描写了在行星际空间里小的小行星上生活的情景。他没有想到这会有军事用途。然而在 20 世纪 80 年代初期，美国武器研制部门有人议论，前苏联人可能使用近地小行星作第一次核打击武器；而这种杜撰的计划被称为"伊凡之槌"，为此需要提出对策。但同时有人提出，让美国学会使用这些小天体作为自己的武器，这也不失为一个好主意。美国国防部的弹道导弹防御组织（即 20 世纪 80 年代星球大战机构的后继单位）发射了一艘新型的太空飞船，名为"克莱芒蒂娜"（Clementine），让它绕月球运转并飞到近地的 1620 号小行星"地理星"旁边（在 1994 年 5 月完成对月球卓有成效的考察之后，这艘飞船在接近这颗小行星之前就失灵了）。

原则上，你可以使用大型火箭发动机抛射物体去撞击，或者在小行星上安装庞大的反射面板，然后用太阳光或地面上强烈的激光使它转向。但是如果运用现成的技术，只有两个办法。首先，用一个或多个威力极强的核武器可以把小行星或彗星炸成碎片，而碎片在进入地球大气层时会分解成微粒。如果来闯的小天体只是松散的结合体，也许只要亿吨级的爆炸力就足够了。因为从理论来说，热核武器的爆炸力没有上限，有些研制武器的专家可能认为制作更大型的炸弹不仅是激动人心的挑战，还可以为核武器在拯救地球的彩车上赢得一个席位，这样可以让令人厌烦的环保人士哑口无言。

另一个经过更严格论证的方法不太具有戏剧性，但是仍然可以有效地使武器制造业赖以生存下去，这便是在一颗横冲直撞的小天体旁边引爆核武器。这些爆炸（一般是在小行星轨道上的近日点附近）的目的是改变小行星的轨道，使它偏离地球。[1]用一批小型核武器，每一个都把小行星朝我们希望的方向推动一点，这样就足以使一颗中等大小的小行星转向，而这只需要提前几个星期发出警告。我们希望用这个办法还可以对付突然检测到的即将与地球相撞的一颗长周期彗星：就是用一个小的转向小行星来拦截这颗彗星。（不用说，这种太空台球游戏比起由我们随意提前几个月或几年对付在已知轨道上正常运行的小行星，会是更为困难，更没有把捏，并且在最近的将来也更加没有实用价值。）

我们不知道一次在近处的核爆炸对一颗小行星会有什么作用，对这个问题的答案随不同的小行星而异。有的小天体是牢固的结合体；有的只不过是靠自身引力聚集的沙粒堆。比如说，如果爆炸把一个大小为 10 千米的小行星分裂成几百个 1 千米的碎块，它们中至少有一块撞上地球的可能性会增加，那么便会出现《启示录》所描述的后果。另一种可能是，如果爆炸使小行星分解成一大群直径为 100 米或更小的物体，它们进入地球大气层后全都会像大流星一样焚毁。在这种情况下，碰撞引起的灾害是很小的。然而即使整个小行星都被击碎成粉末，在高空可能形成不透明的尘埃层，把太阳光挡住，使气候改变。究竟会产生什么样的后果，我们还不知道。

有人设想让几十个或几百个装有核弹头的导弹整装待命，随时准备对付威胁地球的小行星或彗星。无论这种奇特的想法多么不成熟，它对我们似乎是熟悉的，只不过是敌人变换了。这同样是十分危险的。

喷气推进实验室的奥斯特罗和我提出，问题在于如果你有把握让一个对地球有威胁的小天体转向，使它不会撞上地球，那么你也有把握让一个没有危险的小天体转向，使它撞上地球。假定你有一份完整的清单，上面列出直径大于 100 米且轨道已知的近地小行星（估计有 30 万颗），它们中任何一颗撞击地球都会造成严重后果。那么与此同时，你也有另一份清单，它列出大量对地球不构成威胁的小行星。如果用核弹头改变它们的轨道，它们很快就会撞上地球。

让我们把注意力集中于大约 2 000 个直径为 1 千米或更大的近地小行星——即很可能引起全球性灾难的小行星。现在它们中间大约只有 100 个已经确认列表。大约需要一个世纪才能掌握住其中的一个，轻而易举地改变它的轨道，让它转向地球。可以说我们已经找到了一颗这样的小行星，不过它还没有正式命名，[2] 至今只有编号 1991OA。到 2070 年，这颗直径约为 1 千米的小行星会走到地球轨道之内 450 万千米处——这只是月地距离的 15 倍。要使 1991OA 转向，让它击中地球，只需要用适当的方式引爆当量约为 6 000 万吨 TNT 炸药的核弹——这只是现有核弹头的一小部分。

现在设想几十年后的某个时候，所有像这样的小行星都已确认出来，轨道也测定了。在这种情况下，喷气推进实验室的哈里斯（Alan Harris）、洛斯阿拉莫斯国家实验室的卡纳万（Greg Canavan）、奥斯特罗和我指出，只须花一年时间就可以挑选出一颗适当的小行星，并改变它的轨道，让它撞击地球，由此造成一场浩劫。

这样做所需要的技术——大型光学望远镜、灵敏的探测器、能够发射几吨重负荷并在近地空间与小行星精确会合的火箭推进系统，以及热核武器——今天都已具备了。也许除了最后一项外，对所有这些器件做出改进都是有把握的。在我们不知不觉中，今后几十年内许多国家都会拥有这些技术。到那个时候，我们将会把这个世界弄成什么样子呢？

我们有一种尽量缩小新技术危险的倾向。在切尔诺贝利灾难之前一年，有人向前苏联核能工业部的一位副部长询问前苏联核反应堆的安全状态，这位首长特别选出切尔诺贝利核电站作为最安全的例子，并满怀信心地估计说，一般要过10万年才会发生一次事故。可是，还不到一年……就大祸临头了。在"挑战者号"惨剧发生前一年，美国国家宇航局的合同承包人也做过与此类似的保证。他们估计，人们要等1万年才会见到航天飞机机毁人亡的事件。但是一年之后……伤心事就出现了。

氯氟烃是一种新开发的完全安全的制冷剂，用来取代氨和其他制冷剂，因为后者一旦泄漏就会引起疾病，甚至死亡。就化学性质来说，氯氟烃是惰性的，在通常的浓度下它无毒、无嗅、无味，不会使人有过敏反应，也不易燃烧。它是对一个意义明确的实用难题在技术上加以解决的范例。除制冷和空调外，它在许多别的工业部门也有用处。但是我在前面谈过，研制氯氟烃的化学家忽视了一件重要事实——正是因为这种分子很稳定，它们可以散布到平流层高空，在那里由于太阳光照射而分解，这时释放的氯原子会破坏起保护作用的臭氧层。多亏几位科学家的工作，人们才及时认识并防止了这种危险。现在人类已经几乎完全停止生产氯氟烃了。可是事实上要等一个世纪左右我们才能确切知道是否真正避免了这种危害，因为要过这样长的时间氯氟烃的一切危害才会显现出来。和古代卡马里纳人一样，我们也会犯错误。[3] 我们不仅常常不顾神灵的警告，甚至根本就不向他们祈求指示。

对有些空间科学家和制订长期规划的人员来说，把小行星移动到绕地球的轨道上是一种有吸引力的设想。他们预见到在这些小天体上开采矿物与贵金属，或者利用它们的资源建造永久性太空基地，而不必克服地球重力把建材运上去。有人发表文章，论述怎样实现这样的目标以及这样做将来的好处。现有的意见是，先让小行星穿进地球大气，进行"气刹"，使它进入绕地轨道。这种方法很危险，不能有一点闪失。我想，在最近的将来我们能够认识到这种行径太冒险、太莽撞，尤其对大于几十米的金属小行星更是这样。在这种操作中，导航、推进或任务设计的差错，都会造成最严重的、灾难性的后果。

上面谈到的都是粗心大意的例子，但是还有另一类的危险：我们有时听人说这种或那种发明当然不会被用来干坏事，没有一个头脑清醒的人会轻举妄动，这是一种"只有疯子才会干"的论调。每当我听到它（在辩论中经常可以听到），我就提醒自己，世界上真有疯子。他们有时在现代的工业化国家中拥有至高无上的权力。这是一个有希特勒的世界，这样的暴君不仅对人类大家庭的其余部分带来最严重的危险，而且对他们本国的人民也是这样。在 1945 年冬季和春季，希特勒下令摧毁德国——甚至"人民维持最低限度生存的基本条件也要摧毁掉，这是因为侥幸活下去的德国人"背叛"了他，并且这些幸存的德国人无论如何比起已经死去的要"低劣"。假若希特勒拥有核武器，那么同盟国威胁要用核武器（如果同盟国也有的话）来反击德国，这不可能阻止他，反而会激励他使用核武器。

让人类掌握毁灭文明的技术，这样做是否可靠呢？如果在21 世纪人类的大部分因一颗小行星碰撞而毁灭的概率是千分之一，那么在另一个世纪使小行星转向的技术落入坏人之手的可能性是否会更大一些呢？坏人是有的：有像希特勒那样憎恨人类社会、热衷于大屠杀的人，追求"伟大"和"荣耀"的自大狂者，经受过种族暴力伤害企图报复的人，服用睾丸激素过度因而中毒的人，巴不得末日审判早些来临的宗教狂，还有操纵与控制安全装置不熟练或不谨慎的技术人员。这样的人确实都有。危险看来远大于利益，治病可能比不治更坏。地球所穿越的近地小行星群，可能会成为现代的卡马里纳沼泽地。

我们很容易想到这一切未必会发生，而只不过是焦虑所引起的错觉。头脑清醒的人肯定会占优势。不妨想一想，需要多少人参加研制与发射核弹头，还要进行太空导航、引爆核弹头、检测每次核爆炸引起的轨道改变，使小行星进入与地球相撞的轨道等。难道不值得想想，当纳粹军队撤退时希特勒曾经下令焚烧巴黎，还想摧毁德国本土，而这些命令都没有被执行吗？在让小行星成功转向的计划中一定会有某些重要的专家，他们了解这样做的危险。即使有人担保，这个任务只是要歼灭某一个恶毒的敌对国家，大概也不会有人相信。这是因为碰撞的后果是全球性的（无论如何，要确保小行星在一个特别该受惩罚的国家撞出巨大的坑是非常困难的）。

但是现在让我们设想一个没有被敌军征服的极权国家，它既繁荣又自信。设想它有一个传统：命令必须服从，不许发问。还设想执行计划的人都相信这个虚构的说法：有一颗小行星即将撞击地球，他们的任务是让它转向；但是为了不使老百姓无端恐慌，行动必须保密。有了等级森严的军事管理体制，有了信息专职管理，还有严格保密和虚构的说法，我们能否保证甚至《启示录》中的命令也会被拒绝执行？难道我们真能担保在今后几十年、几个世纪以至几千年中这样的事情不会发生？我们有多大把握？

说一切技术都是为善还是为恶，这毫无用处。这句话肯定是对的，但是当"恶"达到可以毁灭世界的程度时，我们就必须界定哪些技术可以发展（在某种意义上说，我们总是这样做的，我们没有能力发展一切技术。有的受到青睐，有的则不是）。国际社会需要对疯子、暴君和狂热分子进行压制。

跟踪小行星和彗星是慎重的措施，是良好的科学项目，花的钱也不多。但是，既然知道人类的弱点，为什么现在要发展使小天体转向的技术？为了安全，我们能否设想让许多国家掌握这种技术，而每个国家都可以进行监测，防止别的国家滥用这一技术，以达到平衡？这远远不像以往的恐怖的核平衡。可是这几乎不能制止某些企图毁灭全球的疯子，他们想如果自己不赶快动手，敌人就会先他们而动。我们怎样能保证，国际社会能侦察出一次设计灵巧又隐秘的小行星转向，并及时想出对策来？如果这种技术已经钻研出来，能否想出一套国际防护方案，它的可靠性与它承担的风险相称？

即使我们只限于进行侦察监视，也还是有风险。设想在下一代我们能够测定 3 万颗直径大于 100 米的小天体的轨道，并理所当然地公布这些信息。会有人绘出近地小行星与彗星的轨道图，它们的轨道曲线挤在一起，显示出近地空间是黑乎乎的一片，这就像是悬在我们头顶上的 3 万把达摩克勒斯之剑[1]。这个数字是在大气清晰度最好的情况下肉眼能看见的恒星数的 10 倍。到那个时候，人们都了解情况，他们的恐惧比起现在大家不知情时要大得多。公众的压力也许难以抗拒，他们要求提出一些办法来对付还不存在的威胁，这样一来又会滋长滥用小行

---

[1] 传说叙拉古僭主狄奥尼西奥斯命其大臣达摩克勒斯坐在用一根细线悬挂的剑下，以此表示大权在握者往往朝不保夕。——译者

星转向技术的危险。由于这个缘故，发现和监测小行星可能不只是未来中立政策的一个工具，而是一个饵雷[1]。我认为，唯一可行的解决办法是把精密轨道计算、对威胁实事求是的评估以及对公众的有效教育结合起来——这样至少可使民主国家的公民们做出自己有见识的决定。这是国家宇航局的任务。

人们开始认真考虑近地小行星以及如何改变它们轨道的问题。有某种迹象表明，美国国防部和武器研制单位的官员们正开始了解，打算支使小行星可能真会有危险。文职和军职科学家已经聚会讨论这个课题。刚听说小行星的危险时，很多人认为这只是一个"小鸡"[2]式的无稽之谈；刚来到世上的小鸡露西（Lucy）非常激动地向大家报告这个紧急消息：天正在下塌！从长远方面来说，轻率地不予考虑我们未曾亲眼看到的灾难情景，这是很愚蠢的。但是对这个问题来说，确实需要慎重。


与此同时，我们仍须面对转向问题的进退两难困境。如果我们开发并部署这种技术，它可能毁灭我们自己。但如果不这样干，某个小行星或彗星会把我们摧毁掉。我认为摆脱这种处境的关键在于这两种危险可能发生的时间尺度大不一样——前者短而后者长——这个事实。

我倾向于认为，我们将来对待近地小行星的办法大致是这样：我们从地面观测发现所有的大家伙，绘出并监视它们的轨道，测定它们的自转速率和成分。勤劳的科学家们会说清楚它们的

---

[1]　伪装成无害物的地雷。——译者

[2]　安徒生童话里说到，有一天树上掉下一粒种子打到一只小鸡头上，小鸡惊恐万状，以为天要塌了。——译者

危险程度——既不夸张也不掩饰危险的情景。我们发射几艘无人太空飞船到我们挑选的几颗小行星附近，绕它们旋转，在它们上面着陆，并从它们表面取回一些样品供地球上实验室分析研究。最后我们送人上去。（由于小行星的重力很弱，这些人在它们上面作立定跳远，就能在空中跳到 10 千米以上，他们扔出一只垒球就可以绕小行星旋转。）在充分认识了各种危险，并在滥用天体转向技术的潜在威胁大为缓解之前，我们不会试图改变小行星的轨道。这也许需要一段时间。

如果我们开发天体转向技术的动作太快，就可能毁灭自己；如果干得太慢，就肯定会让小行星毁掉。只有在世界上政权机构的可靠性以及它们给人们的信心都大为增进之后，才能把如此严重的问题放心地交给它们去处理。在这同时，似乎没有可以接受的国家级解决方案。如果把毁灭世界的技术交付给某一个存心（或只是有潜力）要毁灭他人的敌对国家，谁会放心呢？无论我们的国家有没有堪与匹敌的力量，我们都会感到不安。在行星际空间存在碰撞的危险，这一旦成为举世的共识，就会使全人类团结起来。面对着共同的危险，我们人类有时可以达到普遍认为是不可能的高境界。我们可以把分歧置诸脑后——至少是在危险消失之前。

但是这种危险永远不会消失。受引力的扰动，小行星的轨道在缓慢改变；新的彗星不发出任何警告，就从冥王星之外的漆黑太空向我们疾驰而来。我们始终都需要用一种对自己没有危险的办法来对付它们。两种不同的危险——一种是天然的，另一种是人为的——同时呈现在我们面前。小的近地小行星提供了一个新的、强大的动力，促进建立有效的超国家机构，并使人类团结起来。很难找到任何其他令人满意的办法。

无论怎样说，我们是以一向战战兢兢地进两步退一步的方式，走向统一联合。交通运输和通信技术，还有相互依存的世界经济与全球性环境危机，都产生了强大的影响。被撞击的危险只会加快我们前进的步伐。

到头来，我设想只能是小心翼翼地、十分谨慎地先不去动那些可以引起地球劫难的小行星，而是着手研究如何改变小于 100 米的非金属小行星的轨道。我们从小规模的爆炸开始，然后逐步干下去。我们从改变成分和大小各不相同的小行星与彗星的轨道取得经验。我们要弄清楚，哪些可以推开，哪些办不到。到了 22 世纪，我们也许不用核爆炸，而用核聚变发动机或与之等效的新技术（见第 19 章），把小天体在太阳系中移来移去。我们先把由贵金属和工业用金属组成的小型小行星移进绕地球的轨道，然后再逐步开发防御技术，使在可预见的将来可能击中地球的较大小行星或彗星转向。与此同时，我们小心谨慎地建立防止滥用这种技术的逐层保护体系。

因为滥用转向技术的危险比起近期内一次撞击的危险要大得多，我们有时间等待，采取预防措施，并重新建立政治机构——这肯定要花几十年，也许是几个世纪。如果我们的牌打得对并且运气不坏的话，就可以把在太空取得进展与地上的进展的步伐协调起来。在任何情况下，这两者都是密切相关的。

小行星撞击的危险促使我们干起来。我们最终要在内太阳系各处建立庞大的驻人空间基地。我并不认为，这样重要的项目可以全靠机器人来运作。要安全地建立驻人空间基地，我们的世界政治体系必须改变。虽然我们将来的许多事情还是扑朔迷离的，但这个结论似乎稍微清楚一些，这与人类社会的变幻莫测无关。

从长远来说，即使我们不是职业漫游者的后代，即使我们不受探险的激情所鼓舞，我们中间的某些人仍须离开地球——这仅仅是因为要保证所有的人生存下去。一旦进入太空，我们就需要有基地和基础设施。不必等太久，我们中的一些人就会在人造的栖息地或其他星球上生活。这是在前面讨论火星探测时遗漏的两个论点中的一个，即为了在太空中建立永久性的驻人基地。

其他的行星系也有各自遭撞击的危险，这是因为小行星与彗星都是原始小天体聚合成行星后的残余物体。在行星形成后，许多这样的星子遗留下来。平均说来，两次可以毁灭地球上文明的碰撞相隔约为 20 万年，这为人类文明史的 20 倍。地外文明（如果存在的话）需等待的时间可能差别很大，这与诸如行星及其生物圈的物理及化学特征，文明所具有的生物和社会性质，当然还与碰撞本身的频率等因素都有关系。行星的大气压力越高，就越能抵御更大一些天体的撞击，当然压力不能高到温室效应和其他后果致使生命无法存在的程度。如果行星的引力比地球小得多，碰撞体的撞击力就会小一些，危险也小一些。当然行星的引力不能太小，否则大气就逃逸到太空去了。

其他行星系遭碰撞的频率是未知数。我们的行星系含有两个主要的小天体区，它们可以把潜在的碰撞体送入与地球轨道交叉的旅途。两个小天体区的存在以及保持碰撞率的机制，这两者都取决于小天体的分布情况。举例来说，我们的奥尔特云的成员似乎来自天王星和海王星附近由于它们的引力作用而抛出的冰冻小天体。如果在与太阳系不相同的其他行星系中没有像天王星与海王星那样起作用的行星，它们的奥尔特云就会稀疏得多了。在疏散星团和球状星团中的恒星，在双星系统与聚星系统中的恒星，接近银河系中心的恒星，在星际空间里与大分子云经常相遇的恒星，它们的行星系中的类地行星被撞击的频率都会更高。按华盛顿特区卡内基研究院韦瑟里尔（George Wetherill）的计算结果，如果太阳系里没有木星，那么地球附近彗星的数目会增加几百或几千倍。在没有类似木星这种行星的行星系中，挡住彗星的引力屏蔽要弱得多，因此威胁文明的碰撞会频繁得多。

在一定程度上说，行星际空间各种小天体流量的增加可能会加快进化的进程，这犹如在白垩纪和第三纪大碰撞使恐龙灭绝之后，哺乳动物繁荣兴旺并演变出众多物种一样。但是必定会有一个限度。显然，某种小天体流量太高对任何一种文明的持续存在都不利。

这样一连串论证的一个结论是，即使在整个银河系各处行星上都有文明社会，它们中间也只有极少数是既长期存在又无科技可言的。因为全银河系中有生灵居住的行星都有被小行星或彗星撞击的危险，所以如果有这样的行星，那么那里有智慧的生灵就都必须使各自所在的星球在政治上统一起来，离开他们的行星，并移动周围的小天体。他们的最终选择和我们是一样的，就是如果不飞向太空就会毁灭。

# 第 19 章

## 改造行星

> 谁能否认，只要有了工具和超凡的材料，人类也能够造出天穹？
>
> ——菲奇诺（Marsilio Ficino）[1]《人的灵魂》
>
> （约 1474 年）

在第二次世界大战中期，一位名叫威廉森（Jack Williamson）的美国年轻作家想象一个到处有人居住的太阳系。他设想，到 22 世纪中国人[1]、日本人和印度尼西亚人将移居金星；德国人到火星；而俄国人去木星的卫星。至于那些讲英语（威廉森用来撰写这种预言的语言）的人，只能占有小行星，当然还有地球。

这个故事是 1942 年 7 月在《惊人的科学幻想小说》刊物上发表的。文章的标题是"撞击轨道"，用的笔名是斯图尔特（Will Stewart）。故事的情节是一颗无人居住的小行星即将撞上一颗已有移民的小行星，于是需要设法改变这些小天体的轨道。虽然这对地球上任何人都没有危险，但这是除报纸上的连环漫画之外，第一篇谈论小行星碰撞对人类形成威胁的作品（在这之前，彗星撞击地球已是公认的危险了）。

在 20 世纪 40 年代初期，人们对火星与金星的环境了解得很肤浅，认为没有精心研制的维持生命的设施，人就可以在它们上面生活。可是小行星是另外一回事。甚至那时已众所周知，

---

[1] 文艺复兴时代最有影响的哲学家和神学家之一，创立柏拉图基督教派，并将柏拉图全集译成意大利文。——译者

小行星是很小的、干燥的、没有空气的世界。如果要在它们上面住人，尤其是住许多人，就总得想办法对它们进行整修。

威廉森在"撞击轨道"一文中描述了一群"太空工程师"，他们能够把荒芜的前哨站变成温暖的家园。威廉森造了一个新词，即"地球化过程"（terraforming），来表示把一个星体转化成为地球似的世界。他了解小行星的重力很弱，因此它所产生的或运输过去的任何大气都很快就逃逸到太空里去。这样一来，他的"地球化"的关键技术是"类重力"（paragravity），就是一种可以维系稠密大气的人工重力。

我们今天几乎可以肯定地说，"类重力"在物理学上是不可能的。但是正如齐奥尔科夫斯基所指出的，我们可以设想在小行星表面构筑有圆顶的、透明的栖息场所；或者像 20 世纪 20 年代英国科学家贝尔纳（J. D. Bernal）所建议的，在小行星内部建立社区。因为小行星很小，它们的重力微弱，因此即使构筑大型的地下建筑也比较容易。如果从小行星的一端到另一端挖通一条隧道，你就可以从一端跳进去，大约 45 分钟后从另一端钻出来，就这样沿小行星的整个直径永无止境地来回跳动。在一颗合适的、含碳的小行星内部，你可以找到制造石头、金属和塑料成品的材料，以及大量的水。有了这一切必需条件，你能够建成一个地下的封闭生态环境，即一个地下花园。达到了这个目的，比起我们今天所拥有的生态环境要提高一大步。但是这和"类重力"不一样，在这个计划中没有哪样东西看起来是不可能的。一切部件在当代技术领域内都能找到。如果有充分理由要这样办，到 22 世纪就会有好些人能够在小行星上面（或里面）生活。

他们当然需要一个能源，这不仅是为了维持他们自身的生存，还如贝尔纳所提出的，要移动他们的小行星家园（从用爆炸到一两个世纪后用较为缓和的推进技术来改变小行星的轨道，似乎并不是迈出太大的一步）。如果能够从化学上束缚的水生成含氧的大气，那么用焚烧有机物可以产生能量，正如今天地球上燃烧化石燃料一样。还可以考虑使用太阳能，尽管在主带小行星上太阳光的强度只是地球上的 10% 左右。然而，我们仍可设想在有人居住的小行星表面上布满大量的太阳能面板，它们把太阳能转换为电力。绕地旋转的太空飞船常规使用，光电技术，而现今在地面上这种技术也得到日益普遍的推广。居住在小行星上的人类后裔用太阳能来取暖和照明也许是绰绰有余的，但是太阳能似乎不足以用来改变小行星的轨道。

为此，威廉森建议使用反物质。反物质和普通物质是相似的，只是有一个重要的区别。以氢为例：一个普通的氢原子在内部含有一个带正电荷的质子，而在外面有一个带负电荷的电子。一个反氢原子却是里面有一个带负电荷的质子，而外面为一个带正电荷的电子（称作正电子）。无论所带的电荷是正还是负，质子的质量是一样的，电子也如此。电荷相反的粒子互相吸引。一个氢原子和一个反氢原子都是稳定的，因为它们的正负电荷都正好平衡。

反物质并不是科幻作家或理论物理学家冥思苦想的虚构产物。反物质确实存在。物理学家在核子加速器中制造它，在高能宇宙射线中也能发现它。那么为什么我们很少听说过它呢？为什么没有人拿出一块反物质给我们瞧瞧呢？这是因为物质与反物质一旦接触，就会发生剧烈的相互湮没过程，发射出强烈

的 γ 射线暴，并且都会消失。单靠观看，我们无法说出一件东西是由物质还是反物质组成的。举例来说，氢和反氢的光谱性质是完全相同的。

爱因斯坦对于为什么我们只看见物质而看不见反物质这个问题的答复是："物质赢了。"他的意思是，至少在我们的这一部分宇宙中，很久以前物质与反物质相互作用和彼此湮没后剩下的一些是我们所说的普通物质。[2] 就我们今天所知道的来说，γ 射线天文学和其他方法研究的结果都表明，宇宙几乎完全是由物质组成的。这个情况的形成还有最深奥的宇宙学缘由，但我们在这里不准备加以讨论。但只要在宇宙创始时物质的含量比反物质多出十亿分之一，这就足以解释为什么我们今天看见的宇宙中只有物质而没有反物质了。

威廉森设想，到 22 世纪时人们能够利用物质与反物质的可以控制的相互湮没来搬动小行星。如果把湮没过程所释放的 γ 射线聚集起来，就可以形成推进火箭的强大动力。在主小行星带（位于火星与木星的轨道之间）里可以找到反物质，因为这正是他解释小行星带存在的理由。他提出，在遥远的过去，一颗来自太空深处由反物质组成的反小天体闯入太阳系，撞上了当时离太阳第五远的类地行星，并与它一起湮没了。这次猛烈碰撞留下的碎块就是小行星，而它们中有一些仍然由反物质组成。如果能利用一颗反物质小行星作动力——威廉森承认这是很难办到的——你就可以随心所欲地移动小行星了。

威廉森的想法在刚提出时是对未来的幻想，但是它一点也不愚蠢。可以认为，"撞击轨道"一文中的某些设想是有远见的。然而在今天，我们有充分理由相信太阳系中并没有显著数量的反物质，并且小行星带根本不是被撞击的类地行星的碎片。与此相反，它是一大批由于木星引力潮作用而无法聚集成为类地行星的小天体。

尽管如此，我们现在确实能够用核子加速器制造出少量的反物质。到 22 世纪，我们也许可以制造出多得多的反物质。因为它产能的效率太高了——按爱因斯坦的公式 $E = mc^2$，以 100% 的效率，把所有物质都变成能量——到那个时候反物质发动机或许会成为一项实用技术，这将为威廉森辩护。如果这办不到，我们还能指望哪种切实可用的能源会使小行星变形，为它们照明、供暖，并把它们搬来移去呢？

太阳光芒四射，靠的是把质子挤在一起，并把它们转变为氦原子核。这个过程释放出能量，可是它的效率还不到物质与反物质湮没的 1%。但是甚至质子—质子反应也远远超过我们在不久的将来所能现实地想象的任何产能方式。质子—质子反应所要求的温度太高了。然而，如果不用挤撞在一起的质子，我们可以使用氢的较重的同位素。我们在制造热核武器中已经这样做了。氢的同位素氘的原子核是一个质子靠核力与一个中子结合在一起；而氚则是一个质子与两个中子相结合。再过一个世纪，我们会有包括氘与氚以及氘与氦的可控核聚变在内的实用能源计划。在地球和其他天体上，氘与氚以水的次要成分存在。核聚变所需要的氦是 $^3$He，它的原子核是两个质子与一个中子组成。几十亿年来太阳风已经把这种氦同位素注入小行星的表面。上面提到的两种核反应过程不像太阳内部质子—质子反应那样高效，但是从一个仅几米大小的冰块提取的重氢所释放的能量，就够一个小城市使用一年了。

　　研制核聚变反应堆的进程看来太慢了，对解决（甚至只是在较大程度上缓解）温室效应所引起的全球变暖，似乎发挥不了重要作用。但是到了 22 世纪，它们应当得到广泛的应用。利用核聚变火箭发动机，就可能在太阳系内圈移动小行星和彗星。举例来说，可以把主带里的一颗小行星移到绕地轨道上。利用从一颗 1 千米大小的冰彗星取出的氢进行核聚变，这样就可以把一个 10 千米大小的小天体从土星移到火星（我再次假定那时世界在政治上更为稳定和安全得多）。

　　你也许会对重新安排天体位置在伦理上感到不安，或者为这样干是否会产生灾难性后果而有疑虑，请你把这些感受都暂时置诸脑后。再过一两个世纪，我们大概有能力把小行星的内部挖空，并为供人居住加以改建，还把小行星在太阳系内移来移去。也许到那个时候我们还会有充分的国际安全保障。但是我们要改变的不只是小行星或彗星，而是行星的环境，这该怎样办呢？如果办不到，我们怎样能够生活在火星上面？

　　至少从原理上容易理解：如果我们想在火星上建立供人栖息的场所，我们办得到。那里有充足的阳光，在岩石里、地下和极冠都有大量的水。大气的主要成分是二氧化碳。附近的火卫一拥有大量的有机物，可以挖掘出来并运送到下面的火星去（实际上，火卫一表面早已有纹路，似乎在我们之前曾经有人去过。但是行星地质学家认为，他们了解潮汐力或撞击怎样形成这些纹路）。似乎有可能在自给自足的栖息地（也许是带圆顶的封闭场所）种植谷物，从水中制氧，并把废弃物再生使用。

　　起先我们要依靠从地球不断运来的日用品，但迟早我们自己生产越来越多的日用品，我们逐渐变得自给自足。有圆顶的封闭系统，即便是用普通玻璃制成的，也会让太阳的可见光透过，并挡住太阳的紫外线。戴上氧气面罩和穿上保护外衣（不像太空服那样笨重），我们就可走出封闭系统到外面去探测，或建造另一些有圆顶的村落与农场。

这似乎会强烈地唤起对美国早期拓荒经历的回忆，但是至少有一个重要的区别：在火星开垦的初期必须有大量的补贴。所需的技术太昂贵了，对像一个世纪前我的祖父母辈那样贫穷的家庭来说，无法支付自己去火星的旅费。早期去火星的先驱者将是由各个政府送去的，并且都有高级的专业技能。但是过一两代，儿女和孙儿女都在那里出生后，尤其是自给自足实现后，情况会开始变化。在火星上出生的年轻人要接受在新环境中生存所必需的技术的专门训练。移民们的英雄气概和独创性越来越少。人类的各种优缺点开始显露出来。部分地是由于从地球去火星很困难的原因，一种独特的火星文化——与他们生活环境有联系的独特愿望和恐惧、独特的技术、独特的社会问题及其独特的解决办法——将会逐渐形成。和整个人类历史中在每一个相似环境里都出现过的情况一样，火星上的移民在文化上和政治上与母体世界逐渐疏远了。

来自地球的大型飞船将送来必需的技术、新的移民家庭和稀有的资源。因为我们对火星了解得很有限，还难以确定飞船返航时是否会空载——还是会带回一些只有在火星上才找得到而对地球是很宝贵的东西。起先，火星表面的样品大部分要在地球上进行科学分析。但是总有一天，对火星（以及火卫一、火卫二两颗卫星）的科学研究将在火星上进行。

最终，就同人类的几乎所有其他交通工具一样，行星际旅行将变成一般收入的人们——从事自己的研究项目的科学家，对地球厌倦的移民，甚至喜爱冒险的旅行者，当然还有真正的探险者——都负担得起的。

如果有一天，能把火星上的环境变得和地球很相似，这时保护人体的外衣、氧气面罩以及有圆顶的农田及城市，都不需要了。于是火星的引诱力大幅度增加，而去火星也变得容易得多了。当然，对任何一个别的世界，情况也是一样的，只要能对它施工，不用复杂的设施就可以把行星环境隔离开来，让人可以居住。如果不靠完整无损的圆顶或太空服我们的生命也有保障，我们住在自选的房屋里会感到舒适得多（但是我也许把忧虑说得过分了。荷兰的居民全靠堤坝与大海隔离开来，然而至少看来他们和北欧其他居民一样非常适应环境，过得无忧无虑）。

如果认识到这是一个猜测性的问题以及我们的知识很有限，是否可以设想用"地球化过程"来改造行星呢？

我们不必看得更远，只要看看自己的世界就会知道，人类已经能够使地球环境发生影响深远的改变了。臭氧层的耗竭、温室效应加剧引起的全球变暖以及核战争造成的全球变冷，这些都表明现有的技术能够使我们世界的环境发生重大变化——这些后果都不是故意造成的，而是由于做其他事情无意中引起的。如果我们是存心想改变自己行星的环境，我们完全能够造成更大的变化。当我们的技术具有更大威力时，我们就能促成更加深远的变化。

可是，正如在并排停车时从很挤的车位退出来比开进去要容易一些，破坏一个行星环境较为容易，而把它纳入一个在温度、压力、成分等因素都限制得很严的范围之内却困难得多。我们已经知道有大量荒凉的、无法居住的星球，而绿色的、气候温和的星球只有一个（它的环境变化的范围很小）。这是在太空飞船对太阳系探测的早期就已得出的一个重要结论。在改变地球或任一个拥有大气的星球时，我们必须非常注重正反馈效应，就是说我们把环境改动一点，它就会自行变化到无法控制的程度。例如让气候变冷一点，便会导致飞速增长的冰河化，正如在火星上可能出现过的情况一样；或者让气候变热一点，则会导致飞速增长的温室效应，犹如在金星上曾发生的一样。现在根本还不清楚，我们的知识对研究这一问题是否够用。

据我所知，在科学文献中首先提出行星的地球化过程，是我于 1961 年写的一篇关于金星的文章。我当时相当肯定，由于二氧化碳和水蒸气的温室效应，金星的表面温度远高于水的正常沸点。我设想在金星高层云中撒播一些由遗传工程产生的微生物，它们可以清除大气中的二氧化碳、氮和水蒸气，并使之转变为有机分子。清除的二氧化碳越多，温室效应就越小，表面也就越冷。微生物从大气落到地面后会被烧死，于是水蒸气便返回大气。但是高温使来自二氧化碳的碳不可逆转地变成石墨或其他不易挥发形态的碳。到最后，温度降到水的沸点之下，于是金星表面便变得适于居住，并到处点缀着温水的池塘和湖泊。

这个构思很快就被好些科幻小说作家抓住了。他们在科学与科幻之间反复跳跃。科学刺激科幻小说，而科幻又激励新一代科学家，这个过程对双方都有益处。但是在下一步的跳跃中发现，在金星大气中播撒具有光合作用的特种微生物的方法不能奏效。在 1961 年以后，我们发现金星的云是一种浓的硫酸溶液，这使遗传工程变成颇大的难题。但这本身还不是致命的毛病（有些微生物可以终生在浓硫酸溶液中度过），致命的问题是：在 1961 年我认为金星表面的大气压力是几个"巴"[1]，即为地球表面压力的几倍。现在我们知道，金星表面的大气压为 9 兆帕（90 巴）。因此如果我的设想可行，结果是改变后的金星表面埋藏在几百米厚的石墨粉之下，同时几乎由纯氧分子组成的大气的压力有 6.5 兆帕（65 巴）。一旦到了这样的大气中，不知道我们首先会被这么高的大气压压得粉碎，还是氧气会突然起火把我们烧得精光。可是，早在这样大量的氧气形成之前，石墨会自燃，并重新变为 $CO_2$，这成为一个短路过程。因此，这种设想顶多只能使金星部分地球化。

让我们假想到 22 世纪初叶，我们有相对来说价格不太高且载重量很大的飞船，因此可以把大件物体运送到其他世界去。那时我们还有大量的、威力强大的核反应堆，也有很发达的遗传工程。从目前的趋势看来，这三项假设全部都有可能实现。在这种情况下，我们能否使行星地球化呢？[3] 国家宇航局艾姆斯研究中心的波拉克和我思考过这个问题，我们的发现可以归纳如下。

金星：金星的问题显然是它的大规模温室效应。如果我们能把温室效应减少到几乎为零，那么它的气候可能会成为温和宜人的。可是一个 9 兆帕的二氧化碳大气实在稠密得令人无法承受。在一张邮票大小，即约 6.5 平方厘米（1 平方英寸）的表

[1]　压强单位，1 巴 = $10^5$ 帕。——译者

面上，大气压力相当于6位职业足球运动员叠在一起时的体重。要免除这样大的压力，必须下工夫。

设想用小行星和彗星来轰击金星。每一次碰撞都会吹走一部分大气。然而要把大气几乎吹光，那么把所有较大的小行星和彗星都用掉也不够（至少是在太阳系的行星区内）。即使有许多潜在的碰撞天体，即使我们让它们全都与金星相撞（这是解决地球遭碰撞问题的一种矫枉过正的办法），那么不妨想想我们会有什么损失。还有谁会知道我们将失掉的这许多小天体的什么奇景，以及它们蕴藏的什么实用知识？我们还将抹掉金星表面壮丽的地质结构——我们刚开始了解它们，并由此大为增进我们对地球的认识。这是一种靠蛮干实现的"地球化过程"。我建议我们完全避免采用这样的办法，即使到某个时候我们有能力这样干（对此我十分怀疑）。我们需要的是更温文尔雅、更精巧，也是更尊重其他世界环境的方法。使用微生物的办法就有这些优点，可是我们刚谈到过，它不能达到目的。

我们可以设想把一颗暗黑的小行星砸碎成粉末，然后散布到金星的高层大气，或者这种尘埃落到表面后又将它们搅到上空。这实际上相当于核冬季或白垩纪—第三纪的大碰撞后的气候。如果照射到表面的阳光有一大部分被挡住了，表面温度会下降。但是就其原理来说：这种方法会使金星陷入深深的阴暗之中，白昼的亮度也许只像地球上的明月之夜。令人无法承受的9兆帕大气压力仍然存在。因为撒入大气的尘埃隔几年又沉淀到表面，在这段时期里又须进行补充。也许为了短期的探险，这个方法可以采用，但是由此产生的环境似乎太恶劣了，不适宜自给自足的人群在金星上定居。

我们可以在绕金星的轨道上安装一个庞大的人造遮阳篷来使表面冷却，但它的代价太昂贵了，并且也有尘埃方法的许多缺点。然而如果温度可以降得够低，大气中的二氧化碳会像雨点一样落下[1]，于是在一段过渡期中金星上有二氧化碳海洋。如果可以把这些海洋完全盖起来以免再蒸发——例如从太阳系外围运来一颗大的冰卫星，把它融化成水的海洋——然后设法把二氧化碳分离开来，于是金星变成一个水（或低泡沫矿泉水）的行星。还有人提出一些办法，可以把二氧化碳变成含碳的岩石。

总的来说，对金星"地球化过程"所有的建议都仍然是蛮干似的，不考究的和惊人的昂贵。也许在今后很长时期，即使我们愿意并认为有责任这样做，要想把这个行星变成适于人们定居的场所会超出我们力所能及的范围。威廉森所设想的金星上的亚洲移民可能需要另觅一个更适于居住的行星。

火星：对火星来说，我们遇到的问题刚好相反。那里没有足够的温室效应。这颗行星是冰冻的沙漠。40 亿年前——那时太阳不像现在这样明亮——火星似乎有过大量的河流、湖泊甚至海洋。这个情况使我们怀疑，火星的气候是否有某种天然的不稳定性，它在一触即发间会让这个行星返回它在古代的温暖宜人的状态（请注意，如果出现这种情况，那些保存关键历史资料的地形特征，尤其是南北极区的层状地形，就会被毁掉）。

我们从地球与金星已经完全了解到，二氧化碳是一种温室气体。在火星上发现有含碳矿物，而在一个极冠中有干冰。它们都可以转化成二氧化碳气体。但是要使温室效应足以在火星上产生舒适宜人的温度，就需要把整个行星表面都挖遍，一直

---

[1] 高压冷凝的二氧化碳会液化而成为"雨"点。——译者

达到几千米的深度[1]。姑且不谈这样大的实际工程所会遇到的令人望而生畏的困难——无论是否使用核聚变能量都是这样，它给在火星上已经建成的任何一种自给自足封闭生态系统中的移民们会带来诸多不便，它还使独特的科学资料与数据库（即火星表面）遭到不负责任的破坏。

对其他的温室气体该怎样办呢？我们可以在地球上生产氯氟烃，然后把它们运到火星上去。迄今据我们了解的情况，在太阳系中别的任何地方都还没有找到过这种人造化学物品。我们当然能设想在地球上制造出足以使火星变暖的氯氟烃，这是因为在几十年中，我们利用地球上现有工艺已经出人意料地合成了足以让我们的行星整个变暖所需的这种化合物。然而去火星的运输费用太高，即使每天至少发射一枚"土星5号"或"能量号"级的运载火箭，也需要运一个世纪。但是，也许可以用火星上的含氟矿石，在当地生产。

此外，有一个严重的缺陷：在火星上和地球上一样，大量的氯氟烃会阻碍臭氧层的形成。氯氟烃可以使火星温度达到温暖适宜的程度，但是也使太阳紫外线的危害仍然极为严重。为了吸收太阳的紫外线，也许可以用小行星粉碎后的微尘形成的大气层，或者把表面尘埃按仔细确定的分量喷射到氯氟烃上面。但是此时我们需要费神对待由此出现的副作用，而每个副作用都需要特有的大规模解决办法。

使火星变暖的第三种可能的温室气体是氨。只要用少量的氨就足以使火星表面温度上升到水的冰点之上。原则上，用特

---

[1] 这样做是为了刨光含碳矿物和干冰，把它们转化成温室效应所需的二氧化碳气体。——译者

殊工艺处理过的微生物可把火星大气中的氮变成氨，就如有些微生物在地球上已经发挥了这种作用，但是需要在火星的条件下这样做。同样的转化也许可以在特设的火星工厂内进行。需要用的氮也可以从太阳系其他地方运到火星上去（地球和土卫六大气的主要成分都是氮）。太阳的紫外线会在大约 30 年内把氨变回为氮，因此需要持续不断地补充氨。

用精心策划的二氧化碳、氯氟烃与氨合在一起产生的温室效应，似乎可使火星表面温度提高到十分接近水的冰点，足以使火星的地球化过程的第二阶段开始。空气中大量的水蒸气，由遗传工程改造过的植物大量产生的氧气，以及表面环境的微观调控，都使温度进一步上升。在火星整体环境变得适宜于没有保护装置的人类移民定居之前，可以引进微生物和较大的动植物。

火星的地球化显然要比金星的地球化容易得多。但是用目前的标准来衡量，仍然是极为昂贵，并且会破坏环境。然而如果有令人信服的充足理由，火星的地球化过程到 22 世纪或许便可着手进行。

木卫和土卫：把类木行星的卫星地球化，困难程度各不相同。最容易对付的大概是土卫六了。它已经有了一个与地球类似的主要由氮组成的大气，并且大气压力比金星与火星都更接近于地球。此外，像氨和水蒸气这些重要的温室气体，都几乎是肯定冻结在它的表面上。有朝一日要使土卫六地球化，其关键性的首要措施是生产在目前土卫六温度下不会冻结的初始温室气体，以及用核聚变使表面直接变暖。

如果真有必须使其他星球地球化的迫切理由，这个人类最伟大的工程项目也许可以在我们谈到过的时间范围内进行——肯定要做的是小行星，可能实现的是火星、土卫六以及外行星的其他卫星，但是大概不会有金星。波拉克和我认识到，把太阳系中其他星球变得适于人类居住的想法对有些人具有强烈的吸引力——在那些地方可以建立天文台、探测基地、社区和住宅。由于有一部不断开拓疆域的历史，这个想法在美国是特别自然和富于吸引力的。

无论如何，只有在对其他星球的了解比现在好得多的时候，我们才能有把握地和认真负责地实现对它们环境的大规模改造。提倡地球化的人，必须首先提倡对其他星球进行长期和深入的科学探测。

也许当我们真正了解地球化的各种困难时，费用昂贵和对环境产生严重的不良后果显得太难以接受了，于是我们会降格以求，在其他星球上只建造有圆顶的或地下的城市，或者是其他的局部封闭生态系统，即大为改进的"生物圈2号"模式[1]。也许我们会放弃把其他星球的表面改造成与地球相似的梦想。也许还有我们没有想象到的更好的、经济实惠并且对环境负责任的地球化途径。

但是如果我们要认真对待这件事，就应当考虑几个问题：已知任何一个地球化方案都要求费用与收益相平衡，我们在实施之前，怎样能确信有些关键性的科学信息不会被地球化过程毁灭掉？我们对实行地球化的世界需要了解多少，才能相

---

[1] 美国人在亚利桑那州建造的一个实验性封闭生态系统。住进了人，但除了原来带进去的食物、空气、材料外，只靠太阳光及本系统中的生物过活。——译者

信行星工程能达到所希望的最终改造目标？人类的政治机构存在的时期都很短，我们怎能保证有一个长期的人类承诺来维持和补给一个改造过的世界？如果想象中的一个世界已经有生物了——也许只是微生物——人类是否有权去改造它？我们是否有责任为后代人让太阳系中其他星球都保持在现有的荒凉状态，而后代人可能想出一些我们目前由于太无知因此预见不到的用途？这些问题也许可以归结成一个最后的问题：我们已经把这个世界搞得如此一团糟了，能否信任我们去管好其他世界呢？

可以想象，最终用来使其他世界地球化的某些技术，也可用于弥补我们对这个世界造成的损害。考虑到各种相对紧急的事务，可以认为把自己的世界弄好，是人类是否有资格认真考虑实行地球化的一个有用的指标。我们可以把这个指标认作对自己的了解深度与自己的承诺的一个考验。改造太阳系的第一步是保证地球适合于人类和其他生物很好地生存下去。

然后我们将准备好向小行星、彗星、火星、外太阳系的卫星和更遥远的星体移民。威廉森预料这个计划将从 22 世纪开始实行，实际情况可能不会与此相差太远。

想想我们的子孙后代，他们可以在其他星球上生活和工作，甚至其中有些人能够便利地从一个星球转移到另一个星球，这似乎是最离奇的科学幻想。我的头脑中有一个声音在提醒自己：要现实一些。可是这确实是现实的。我们现在是在科技的尖端，是在看来不可能的事物与日常例行公事之间的分界处。这种情况容易产生矛盾。在这段过渡时期中，如果我们不做一些令自己望而生畏的事情，那么在另一个世纪实现地球化就不会比今天建造有人居住的太空站看起来更加不可能实现。

我想，在其他星球上生活的经历必然会改变人类。在别的星球上出生和长大的我们的后裔，不管对地球保留有多少感情，当然主要地会对他们出生的世界效忠。他们的物质需求和满足这些需求的方法，他们的科技，以及他们的社会结构，都会和我们的大相径庭。

草在地球上到处都有，但是在火星上一片草叶却是一个奇迹。我们住在火星上的后裔会知道一块绿地的价值。如果一片草叶是无价之宝，那么人的价值呢？美国的革命家佩恩（Tom Paine）[1]在描述他的同时代人时，就有类似的想法：

"开垦荒地必然会有一些需求，并由此产生一种社会形态。长时期来，由于各国受到政府间争吵和纠葛的干扰而忽略了对它的抚育。在这种情况下，人就变成他应当是的人。他把自己的种族……都当作亲属。"

亲眼看见一系列贫瘠和荒凉的世界，我们的开拓太空的后裔自然而然地会珍惜生命。他们从人类在地球上的经历接受教训。他们可能希望把这些教训运用到其他星球上——让他们的后代避免他们的祖先不得不忍受的苦难，并从我们开始向太空无尽头地发展时所取得的经验和错误中吸取教训。

---

[1] 美国独立战争时的政论家（1737 ~ 1809）。——译者

# 第 20 章

## 黑暗

守护者躲开日光的注视，在遥远的天空中。

——欧里庇得斯《酒神女伴》

（约公元前 406 年）

在童年，我们都害怕黑暗。黑暗中什么都会有。我们所不知道的东西令人恐惧。

具有讽刺意义的是，我们命中注定要在黑暗中生活。这个意外的科学事实大约是三个世纪之前才发现的。从地球上朝任何方向跑出去，起先是蓝光一闪，接着有较长时间等待太阳消失，然后你就被黑暗包围了，只是到处都有一些暗弱的遥远的星星点缀着太空。

即使在我们长大以后，黑暗仍然保持吓人的威力。因此有些人告诉我们，不要太认真地打听黑暗之中也许还住着什么别的人。他们说，还是不知道为好。

在银河系里大约有 4 000 亿颗恒星。在如此繁多的星体中，是否仅仅我们这个平凡的太阳才拥有有生物居住的行星？也许如此。也许生命与智慧的起源是太难得了。也有可能文明世界随时涌现，但是一旦办得到时它们就把自己毁灭了。

或许，在这里或那里，在太空点点繁星之中也有与我们相似的星球在绕其他的恒星旋转。那些星球上的别的生物抬头望天，会和我们一样在问，还有谁生活在黑暗之中。在银河系中是否有生命和智慧在此起彼伏？有些星球正在呼唤别的星球，而我们在地球上生活在一个关键时刻，即刚刚决定要倾听其他星球的呼声。

我们人类发现了一种可以穿过黑暗、超越遥远距离的通信方法。再没有更快、更便宜和到达更远地方的通信方法了。这个方法便是用无线电波。

在都经过几十亿年的生物进化之后（在他们的行星和我们的行星上），一个外星文明在技术水平上不会与我们正好相当。人类出现已经有两万多个世纪了，而我们掌握无线电波只有一个世纪左右。如果外星文明落后于我们，他们恐怕离使用无线电还差得很远。如果他们比我们先进，恐怕就会先进得多。请想想我们的星球上就在最近几个世纪里的技术进步有多快。对我们来说是困难或不可能实现的技术，或者我们看起来宛如魔术的技术，对他们而言可能是轻而易举的事情。他们可以使用其他非常先进的手段来与他们的同胞联系，但是他们应知道无线电波是新兴文明的通信工具，甚至使用比我们现在的收发报技术高明不了多少的办法，我们今天已能和银河系中众多的外星人取得联系了。他们应当能干得比我们好得多。

如果他们真正存在。

但是我们对黑暗的恐惧起到了相反的作用。想到有外星生物，我们感到苦恼。我们硬是要想出一些反对意见：

"这太贵了！"但是用最现代化的技术来衡量，它每年的费用还抵不上一架攻击型直升机。

"我们根本听不懂他们在讲什么！"可是，信息是用无线电波传送的，而我们一定和他们一样，也懂得无线电物理学、射电天文学和无线电技术。自然规律到处都一样，所以甚至对完全不同世界的生物（只要他们都有科学）来说，科学本身就提供彼此之间交流的工具和语言。如果我们吉星高照，收到外星人发来的一份电报，那么弄懂电报的内容比得到它可能要容易得多了。

"要是让人家知道我们的科学幼稚落后，这使自己多么难堪呀！"用几个世纪之后的标准来衡量，我们现在的科学至少有一部分是幼稚落后的，不管有没有外星人都是这样（不只是科学落后，我们目前的政治、伦理、经济与宗教，也都有一部分是落后的）。要超越现代科学，这是科学研究的主要目的之一。认真的学生逐页翻阅教科书，发现一些深一层的内容是作者了解而他还不了解的，这时一般来说他不会陷入阵阵失望之中。学生们往往要努力钻研，弄懂教材，取得新知识，然后遵循人类的老传统，一页又一页地继续翻阅下去。

"通观历史，先进的文明会毁灭比较落后的文明。"情况确实如此。但是心怀恶意的外星人（如果真有的话），并不能从我们倾听他们的信息而知道我们的存在。寻找外星人的计划，只是接收，而不发送信息。[1]

就目前情况来说，这种争议毫无意义。我们正在以史无前例的规模，监听太空深处可能有的其他文明社会发出的无线电信号。现在活着的就是向黑暗提出问题的第一代科学家。可以设想，他们也许是取得联系前的最后一代。目前可能就是我们发现在黑暗中某处的太空人向我们呼唤之前的最后一刻。

这个搜寻叫作"探索地外文明"（Search for Extraterrestrial Intelligence，SETI）。让我讲述到现在为止的进展情况。

第一个 SETI 计划是德雷克（Frank Drake）于 1960 年在西

弗吉尼亚州格林班克国家射电天文台开始进行的。他花了两星期在一个特定的频率监听两颗类太阳的近邻恒星［"近邻"是相对的。他监听的最近一颗星与我们的距离是 12 光年，即约 112 万亿千米（70 万亿英里）］。

几乎正在德雷克把射电望远镜指向一颗近邻恒星并把接收系统打开的时候，他收到一个很强的信号。它是不是外星人发来的信息？信号随后就没有了。如果信号消失了，你无法仔细检查它。你再也找不到它，这是由于地球的自转，它随天空在移动。如果它不重复出现，你从它几乎一无所获。它可能是地面的电波干扰，或者是你的放大器或检波器有毛病……也许是外星信号。对于不重复出现的资料，无论科学家把它们吹得多么神乎其神，都几乎是一钱不值。

几个星期后，这个信号又检测到了。原来它是一架军用飞机在一个未经许可的频率上发射的信号[1]。于是德雷克报告说，他得到的是否定结果，即没有发现外星信息。但是在科学研究中，一个否定结果一点也不等于一次失败。他的重大成就是表明，现代技术完全能够聆听在其他恒星周围行星上假想的文明社会发出的信号。

从那时起，已有过多次尝试，往往是从射电望远镜观测计划中借用一些时段，几乎都不长于几个月。在俄亥俄州[2]、在波多黎各的阿雷西博[3]、在法国、在俄罗斯和其他地方，有过某些虚惊一场的发现，但都没有通过世界科学界的审核。

[1] 根据国际协议，有些频段专供射电天文学使用，因此这架飞机在该频段发射无线电信号是违规的。——译者

[2] 指韦斯利恩射电天文台和俄亥俄州立大学射电天文台。——译者

[3] 指康内尔大学所属阿雷西博射电天文台。——译者

与此同时，检测信号的设备变得更便宜了，其灵敏度不断增进，SETI 的科学地位继续提高，甚至美国国家宇航局和国会也不像过去那样害怕支持它。各式各样的补充搜寻方式是可能的，也是需要的。好些年前就可看出，如果这种趋势持续下去，用来广泛开展 SETI 工作的技术最后甚至会连民间团体（或有钱人）也能做到。政府迟早也愿意支持这样的一个大型计划。经过 30 年的工作之后，这个时刻终于来临。对于我们中间的某些人来说，这是迟了一点，而不是早了一点。

在 1980 年，由喷气推进实验室当时的主任默里（Bruce Murray）和我创立的行星学会，是一个非营利的会员组织，它致力于行星探测和地外生命搜寻。哈佛大学的物理学家霍罗威茨（Paul Horowitz）对 SETI 已经提出一些重要的新方法，很想把它们付诸实施。如果我们能够找到一点经费让他的工作启动，我想以后靠会员们的捐款可以继续支持他的计划。

在 1983 年，德鲁扬和我向制片人斯皮尔伯格（Steven Spielberg）提出，这是他可以支持的理想项目。在这之前，他已经打破了好莱坞认为外星人都是恶魔的传统观念，并在两部引起轰动的成功影片中表现出地外生物不一定都是心怀恶意和危险的坏蛋。斯皮尔伯格同意了。有了他通过行星学会提供的初期资助，META 计划开始进行了。

META 是"百万频道地外测试"（Megachannel Extra Terrestrial Assay）的首字母缩略词。德雷克的第一个接收系统的单一频道，一下子增加到 840 万个频道。但是每一个频道，即每一个"电台"的频率范围，我们都调得极为狭窄。恒星与星系的任何已知辐射过程，都不能产生如此锐细的射电"谱线"。如果我们在如此狭窄的频道内接收到了电波，可以认为它必定是外星人的智慧与技术的一个象征。

进一步说，地球在自转。因此任何遥远的射电源都会像恒星的出没那样，有相当大的视运动。正如一辆开过的汽车的持续喇叭声，音调从高变低一样，任何一个真正的地外射电源都会因地球自转而显示出持续不断的频率漂移。与此相反，在地球表面上的任何无线电干扰源都会以与 META 接收机相同的速率转动。META 的监听频率需要连续改变，才能补偿地球的自转，因此从外星来的任何窄带信号总是在一个单独的频道中出现。但是地球上的任何无线电干扰波会在邻近的频道上移动，这样就可以检测出来。

在马萨诸塞州哈佛的 META 射电望远镜，直径为 26 米（84 英尺）。地球的自转使望远镜每天在窄于满月宽度的范围内扫过一排排恒星，并监测它们。第二天，又观测下一个天区。经过一年，整个北天和一部分南天都观测到了。也是由行星学会资助的同样一套仪器，安装在阿根廷的布宜诺斯艾利斯城郊，用来监测南天。因此，这两套 META 仪器一直在对整个天空进行搜寻。

被重力拴在地面上的射电望远镜，跟着地球转动，它"观看"任何一颗恒星的时间约为两分钟，随后就转到另一颗恒星上去了。乍听起来，840 万个频道真够多了，但要记住，每个频道都很窄，它们合在一起仅占可用射电频道的十万分之几而已。于是在每一年的观测中，我们把这 840 万个频道安置在射电频谱的某个部位，接近外星人发射信号的频率。外星人对我们一无所知，但他们也许会想到我们在聆听。

氢是宇宙中含量遥遥领先的元素。它分布在星云以及遍布星际空间的弥漫气体中。当它取得能量后，它在极为精确的频率，即 1 420.405 751 768 兆赫，释放出一部分能量（1 赫意味着每秒钟有一个波峰和波谷到达你的检测仪器。因此 1 420 兆赫表示每秒钟有 14.20 亿个电波进入你的检波器。因为光的波长就等于光速除以波的频率，所以与 1 420 兆赫对应的波长是 21 厘米）。银河系中任何地方的射电天文学家都会用 1 420 兆赫的频率研究宇宙，并且会预料其他的射电天文学家——不管他们看起来多么不相像——也会这样干。

这就好像是有人告诉你，在你家里的收音机波段上只有一个广播电台，但是没有人知道它的频率。于是你转动收音机上的旋钮，让一根很细的指针在收音机的调频度盘上移动，这样来寻找你所要的电台。可是对外星电台来说，啊，是的，那是另外一回事：你的收音机调频刻度盘上的刻度有如从地球扩展到月球那样长。靠耐心地转动旋钮，要在这样辽阔的无线电频谱区进行系统的搜索，将花费太长的时间。解决问题的办法是从一开头就正确地设置好调频刻度盘，并选出大致正确的频率。如果你能正确地猜中外星人对我们广播所用的频率（这可称为"魔"频），那么便可为自己节省大量的时间和精力。正如德雷克所做的那样，我们有种种理由首先在 1 420 兆赫附近倾听外星台，而这是氢的"魔"频。

霍罗威茨和我把 5 年来按 META 计划的全部时间所进行的搜寻以及随后两年继续进行搜寻的详细结果都发表了。我们不能说已经发现了外星人的信号，可是我们确实找到了某些令人困惑的现象。每当我静心思考时，这常常令我不安而浑身起鸡皮疙瘩。

当然，我们收到的信号有来自地球的无线电噪声背景——这是由广播电台、电视台、飞机、移动电话以及近地与较远的太空飞船引起的。此外，和所有的无线电接收机一样，你等待的时间越长，电子仪表就越可能由随机的强扰动而产生虚假的信号。因此，我们对比噪声背景强得不多的信号都置之不理。

我们对单独频道内的任何窄带强信号都很重视。在数据输入计算机后，META 的仪表会自动提醒操作人员某些信号值得注意。在 5 年中，我们监测全部可见天空，在各个频率一共进行了 60 万亿次观测，筛选出的信号有几十个。但对它们再作进一步审核，几乎全部都摒弃了。举例来说，我们用一架检测错误的微处理机去检验监测信号的微计算机，而发现那架微处理机本身出了毛病。

通过三度巡天观测后仍然留下来的最强的候选信号，是 11 个"事件"。它们几乎满足我们为真正外星人的信号所订立的全部判据，所差的只是头等重要的判据：可以核实。它们中的任何一个，我们都再也找不到了。过了 3 分钟我们回头看原来的天区，信号不见了。第二天再看，什么也没有。一年之后或七年之后，仍然是一无所有。

一个外星的文明社会，似乎不大可能在我们开始聆听它的信号后只过几分钟就不发信号了，以后再也不重复发了（他们怎么会知道我们在注意倾听呢）。但是，这可能是闪烁效应造成的。恒星在闪烁，这是因为湍动空气团穿越我们与恒星之间的视线。这些空气团有时起到透镜的作用，使某一颗恒星的光会聚一些，于是它在一瞬间略微变亮了。与此相似，天上的射电源也会闪烁——这是由星际辽阔的近似真空区的带电（或电离）气体云形成的。我们观测脉冲星时，经常发现这种现象。

不妨设想有一个无线电信号，它的强度比我们在地球上所能测出的稍微小一点。这种信号偶尔会被聚焦并增强，于是可以被我们的射电望远镜检测到。有趣的事情是，按星际气体的物理性质推测，这种变亮的时间尺度为几分钟，因此再收到这种信号的可能性很小。我们实在应该把射电望远镜稳定地指向天空中的这些位置，接连观察几个月。

虽然这些信号一个也没有重复检测到，但是下面的另一件事实使我每次想到它时，就有一股寒气直灌我的脊背：在 11 个最好的候选信号中有 8 个都在银河系平面附近。5 个最强的信号分别位于仙后座、麒麟座、长蛇座，而有 2 个是在人马座，即大致在银河系中心的方向上。银河系像一个扁平的车轮，它由气体、尘埃与恒星聚集而成。因为它是扁平的，所以我们看它像是一条横贯夜空的弥漫光带。在我们的星系中，几乎全部恒星都是在这个光带之内。如果我们的候选信号真是地球上的无线电噪声干扰或电子检测仪表的某种未经察觉的小故障所产生的假电子信号，那么我们就不应该总是在把射电望远镜指向银河时才发现它们。

但也许是我们特别倒霉或在统计上误入歧途。这种纯属偶然的与银道面相关的概率小于千分之五。设想有一张像墙那样大的天空图，它的顶部为北极星，底部是地球南极所指的暗星。银河的不规则边界蜿蜒横跨这张图。现在假定把你的双眼蒙住，让你向图上随意扔 5 个飞镖（把在马萨诸塞州看不见的大部分南天除外）。你要把 5 枚一组的飞镖掷 200 多次，才能有一次偶然地让它们都落到银河的附近范围内。这就像 META 接收到的 5 个最强信号的情况。然而，如果没有重复收到的信号，你无法肯定我们真正发现了地外文明。

也有可能，我们发现的事件是从来没有人想到过的某种天体物理新现象引起的。这种现象并非地外文明，而是确实位于银河平面上的恒星或气体云（或其他什么天体）在让人莫名其妙的狭窄频带内发射出的强烈信号。

然而，让我们暂时作一个很大胆的设想。我们假定所有这些悬而未决的来历不明的无线电信号，真的都是地外文明的电台播发的。于是从我们检测每一片天空只花了多么少的一点时间，就可以估计在整个银河系有多少这样的发射台。结果是接近 100 万个。如果它们在空间的分布是随机的，那么最近的发射台离我们有几百光年，这对外星人来说太远了，因此他们现在还不会收到我们的电视或雷达信号。他们在几个世纪之后才会知道地球上出现了一个技术发达的文明社会。银河系到处闪耀着生命与智慧，但是——除非他们在积极探测大量不引人注目的行星系——他们一点也不会知道我们这里近来一直发生的事情。从现在算起再过几个世纪，在他们真的听到我们呼声之后，有趣的事情将会出现。幸运的是，我们还有许多代人的时间来作准备。

从另一方面来说，如果我们的候选信号都不是真正的外星人播发的无线电信号，那么我们只能下这样的结论，即至少在我们的"魔"频处只有极少数（或甚至一个也没有）外星文明社会用我们听得到的强度在发送无线电信号。

假设有一个和我们人类相似的文明社会，它把自己拥有的全部电力（约为10万亿瓦）都用来在我们的一个"魔"频率上向四面八方播发信号。在这个情况下，META所得到的否定结果就意味着在25光年范围内（这个空间大约含有12个类太阳恒星）没有这样的文明社会。这个界限不算太苛刻。作为对比，假定那个文明社会使用一个并不比阿雷西博天文台更先进的天线直接向太空中我们所在的方位播送信号，在这个情况下，如果META仍然一无所获，那么可以认为在银河系内任何地方都没有这样的文明社会。即在4 000亿颗恒星中，一颗也没有。可是即使假定他们想这样干，他们怎么知道我们是在哪个方向呢？

现在设想相反的技术极限，即有一个非常先进的文明社会，它以再增大到上述的10万亿倍（即为$10^{26}$瓦，这是一颗类太阳恒星的全部能量输出）的功率全方位地播出信号。在这种情况下，如果META仍然得出否定结果，那么我们的结论是不仅在银河系里，而且在7 000万光年范围内，都没有这样的文明社会（离我们7 000万光年的太空里包括：与银河系相似的离我们最近的星系M31、M33、天炉座星系、M81、涡状星系、半人马座A、室女星系团以及最近的赛弗特星系。这也意味着几千个近邻星系中的几百万亿颗恒星都没有这种文明社会）。这样一来，自高自大的地心学说，无论它的本质是否被戳穿，又会蠢蠢欲动了。

当然，为星际（和星系际）通信耗费如此巨大的能量，也许并非智慧而是愚昧的象征。也许外星人有充分的理由不欢迎一切来客，或者他们不关心像我们这样落后的文明。但是在100万亿颗恒星中难道就没有一个文明社会用这种功率在这一频率上和我们打招呼吗？如果META的结果真是否定的，我们毕竟定出了一个有启发性的界限——可是究竟是很先进的文明社会太少，还是它们的通信策略不一样，我们就不得而知了。即使META 毫无收获，仍然有其他可能，其中包括：有许多比我们先进的文明社会用"魔"频率作全方位广播，只是它们的信号还没有被我们收到。

在 1992 年 10 月 12 日——哥伦布"发现"美洲的 500 周年纪念日，有人认为这是一个吉祥的日子，也有人不这样想——美国国家宇航局启动了它的新 SETI 计划。用一架位于加利福尼亚州莫哈韦沙漠的射电望远镜，对整个天空开始进行系统的搜索——和 META 一样，不去猜测哪些恒星更可能有地外文明，而是大幅度扩充频率覆盖范围。在阿雷西博天文台，国家宇航局的一个灵敏度更高的计划开始执行，它专门检测更有指望的近邻恒星。如果这两套仪器正常运转，国家宇航局的搜索可以比 META 检测到微弱得多的信号，因此能指望它接收到 META 不能接收的某些信号。

META 的经验表明，有一个像灌木丛似的既密又厚的背景天电干扰和无线电干扰。要有把握地发现外星信号，关键是迅速地再次观测和确认它，尤其是用其他射电望远镜作独立观测。霍罗威茨和我向国家宇航局的科学家们提供了我们发现的转瞬即逝和难以确定的信号的坐标。也许他们能够确认并澄清我们的观测结果。按国家宇航局的计划也正在发展新技术，激发新思想，并鼓励学生。在很多人的眼里，每年在这上面花费 1 000万美元是很值得的。但是几乎正好在这个计划批准一年之后，国会撤销了国家宇航局的 SETI 计划，理由是它花钱太多。在冷战结束后，美国的国防预算为这个计划的 3 万倍左右。

国家宇航局的 SETI 计划的主要反对者是内华达州的参议员布里安（Richard Bryan）。他的主要论点如下［摘自 1993 年 9 月 22 日《国会记录》］：

"到目前为止，国家宇航局的 SETI 计划没有发现任何东西。事实上，所有几十年的 SETI 研究并未找到可以肯定的地外生物的迹象。

即使就国家宇航局目前的 SETI 计划来说，我不认为它的许多科学家愿意保证，我们在（可以预见的）未来很可能会见到任何确切的结果……很少有( 要是有的话 )科学研究能保证成功——我对这一点是了解的——并且这种研究的全部收益往往要等到研究过程接近结束时才为人们所知。这一点我也承认。然而，就SETI 来说，成功的机会如此渺茫，它的可能收益十分有限，因而几乎没有正当的理由让纳税人为这个计划花费 1 200 万美元。"

但是在找到地外文明之前，我们怎能"保证"会找得到它？而在另一方面，我们怎会知道这种成功的机会是"渺茫的"？如果我们找到了地外文明，由此得到的可能收益真的是"十分有限"吗？正如所有的伟大探险行动一样，我们并不知道会发现什么，也不知道发现它的概率有多大。如果知道了，我们就不必去探险了。

有若干搜寻计划会使要求确切知道价格收益比值的人感到恼火，而 SETI 就是这样一个计划。地外文明能否找到，找到它要等多长时间，要花多少钱，这些都是未知的。收益也许是巨大的，但对此我们也不能真正深信。当然，把国库相当大的一部分经费用于这种探险事业是愚蠢的，但是我在想，是否肯花费一些注意力来争取解决若干重大问题，这可以衡量一个社会的文明水平。

尽管有这些挫折，在加利福尼亚州帕洛阿尔托的 SETI 研究所还是聚集了一批有献身精神的科学家和工程师，他们决定不管政府是否支持都要干下去。国家宇航局允许他们使用已经采购的设备；电子工业的巨头们资助了几百万美元；至少有一架合格的射电望远镜可供使用；于是所有 SETI 计划中这个最宏伟计划的初始阶段步入正轨。如果它能证明不受背景噪声干扰就可以进行有用的巡天观测，尤其是如果像 META 那样能够找到一些可疑的候选信号，那么国会也许将再次改变主意，资助这项计划。

正在这个时候，霍罗威茨提出了一个称为 BETA 的新计划——它与 META 不一样，与国家宇航局正在干的计划也不一样。BETA 代表"10 亿频道地外测试"（Billion-channel Extra Terrestrial Assay）。它把窄带灵敏度、大频率覆盖范围和验证监测到信号的一个聪明办法都结合起来了。如果行星学会能够获得额外的资助，这套系统一定会比国家宇航局以前的计划要便宜得多，于是它很快就可以投入天空搜索了。

我是否愿意相信，利用 META 计划，我们已经从稀疏散布在漆黑的、浩瀚的银河系里的星体上检测到了其他文明社会发送的信号？当然！经过几十年的惊奇和对这个问题的研究，我当然愿意相信。对我来说，这个发现会是令人激动的。它会使一切改观。我们将会听到外星生灵的声音，几十亿年来他们和我们各自独立地进化，他们对宇宙的看法也许和我们大不相同，他们可能比我们灵巧得多，但他们肯定不是人类。他们的知识有多少是我们所不知道的呢？

对我来说，没有信号，谁也不向我们打招呼，这是一个令人沮丧的情景。卢梭在不同的场合写道："完全的沉寂会引起忧伤，它是死神的形象。"但是我赞同美国作家梭罗（Henry David Thoreau）[1] 的说法："我为什么要感到孤独？难道我们的行星不是在银河系之中吗？"

一旦认识到外星人的存在，并且进化过程使他们必然和我们大不一样，于是不言而喻地会有这种令人震惊的想法：在地球上把不同人种区分开的差异，比起我们人类和外星人的差异，真是微不足道了。也许是想得太远了，发现地外智慧生物有可能会使我们这个争吵不休和存在分歧的行星团结起来。这将成为最后一次大降级，是我们人类值得庆祝的大事，也是自古以来探求我们在宇宙中地位的一个转折点。

由于对 SETI 的迷恋，即使没有可靠的证据，我们也可能会倾向于相信不确实的信号，但这只是自我陶醉和愚蠢的表现。只有在铁证如山的证据面前，我们必须摒弃我们的猜疑。科学也要求对含糊不清的事物采取容忍的态度。当我们无知时，我们不胡乱相信。不确定性无论怎样令人烦恼，但它有利于进一步的追求，它促使我们积累更好的资料。这种态度是科学与非科学的分水岭。轻易的激动得不出什么科学成果。衡量证据的标准是严格的。可是如果遵循这些标准，我们就能看得很远，甚至把一大片黑暗区域照耀得亮堂堂的。

---

[1] 美国作家（1817～1862）。——译者

# 第 21 章

## 上天去

> 天梯已经为他放下，使他能够登天。众神呀，
> 把你们的手放到国王身上。把他抬起来，让他升
> 入天堂。
> 上天去！上天去！
>
> ——献给一位已故法老的赞美诗
>
> （埃及，约公元前 2600 年）

当我的祖父母是孩童时，电灯、汽车、飞机和无线电都是令人惊愕的技术进步和时代奇迹。你也许会听到关于它们的一些不着边际的传闻，但是在奥匈帝国靠近巴格河畔的小村庄里，你找不到一件样品。可是就在同一时期，在 20 世纪之交，有两个人预见到了更加雄心勃勃的发明。他们是齐奥尔科夫斯基——一位理论家，一位住在俄罗斯偏僻小镇卡卢加的半聋中学教师；还有戈达德——一位工程师，美国马萨诸塞州一所同样默默无闻的大学的教授。他们梦想乘火箭去其他行星，甚至去恒星旅行。他们一步又一步地把火箭的基本物理过程和许多细节都钻研出来了。他们的机器逐渐成形了。最后，他们的梦想感染了许多人。

在他们那个时代，人们认为这种想法是很荒唐的，或者甚至是暧昧的神经错乱的征兆。戈达德发现，只要提起到其他世界去旅行就会遭人嘲笑，因此他不敢发表，甚至不敢公开讨论他关于飞往其他星球的远见。早在青少年时代，太空航行的理

想就使他们两人魂牵梦绕，并终生难忘。人到中年的齐奥尔科夫斯基写道，"我仍然梦想乘自己的机器飞往其他星球，""多年来在逆境中没有一线希望，没有任何人帮助，一切靠自己去干，真是困难。"许多和他同时代的人认为他真是发疯了。那些自认为比他们两人更懂得物理学的人——包括《纽约时报》的一篇，直到"阿波罗11号"登月前夕才宣告撤回的荒谬社论——坚持认为火箭在真空中无法使用，因此人类永远也不能到达月球及其他行星。

在一代人之后，受到齐奥尔科夫斯基和戈达德启发的冯·布劳恩研制了第一枚可以到达太空边缘的火箭，即 V-2 火箭。但这似乎是 20 世纪特别多的讽刺之一，布劳恩的 V-2 火箭并不是为太空航行，而是为纳粹德国制造的。它是不分青红皂白杀伤平民的工具，是为希特勒制造的"复仇武器"。火箭工厂的工人都是奴隶工。每造一枚火箭，他们要遭受多少难以言述的苦难。而布劳恩本人却成为 SS[1] 的一位官员。他还不自觉地开玩笑说，他本来想以月球为目标，但弄错方向打到伦敦去了。

又过了一代，在齐奥尔科夫斯基、戈达德两人工作的基础上，以及继续发挥布劳恩的天才技术，我们升入了太空，寂静地环绕地球飞行，并踏上了古老而荒凉的月球表面。我们的越来越有本领和智能的机器遍布太阳系，发现了若干新世界，并在近处进行观察，寻找生命，并把它们与地球相比较。

按照天文学的长远观点，这是一个理由可以说明，为什么"现在"真正是划时代的（我们可以把"现在"定义为以你读这本书的这一年作中心点的少数几个世纪）。还有第二个理由：

[1]　Schutzstaffel 的缩写，即法西斯德国的秘密警察。——译者

311

在我们行星的历史上首次出现这样的时刻，一个种族由于自愿的行动成为自己——以及许多其他种族——的威胁。下面就让我们列举这些行动吧。

- 几十万年来我们一直在燃烧化石燃料。到20世纪60年代，许多人燃烧木材、煤炭、石油和天然气，其规模之大，使科学家开始为与日俱增的温室效应担忧。全球变暖的危险开始逐渐为公众所认识。

- 在20世纪二三十年代发明了氯氟烃。1974年发现它们会破坏起保护作用的臭氧层。15年后，一个停止生产这类化合物的全球禁令开始生效。

- 核武器是1945年发明的。但是直到1983年才开始了解热核战争的全球性后果。到1992年，开始大量拆卸核弹头。

- 1801年发现第一颗小行星。到20世纪80年代，使小行星移动或转向的或多或少认真的建议才开始涌现。不久后认识到小行星转向技术的潜在危险。

- 人类进行生物战争已有几个世纪了，但它与分子生物学相结合的致命危险直到最近才为人们所认识。

- 从白垩纪结束以来，人类已经引发了前所未有的大规模生物绝灭。但是直到最近10年才明确认识到这种绝灭的规模。我们对地球上生物相互关系的无知，也许会危害我们自己的未来。

请看看上列事项出现的时间，并考虑目前正在开发的新技术领域。是不是还有尚待发现的由我们自身行动所引起的其他危险——也许更为严重的危险呢？

在值得怀疑的自我安慰性的沙文主义杂乱堆中，唯一能够持久存在的似乎就是"我们是特殊的"这种感觉。由于我们自己的行动或无所作为，由于滥用我们的技术，我们生活在一个至少对地球来说是非常的时代——第一次有一个种族可以把自己毁灭掉的时代。但是我们知道，这也是第一次有一个种族可以去行星及恒星旅行的时代。相同的技术带来的这两个时代彼此相合在一起——这在地球长达 45 亿年的历史上是短短的几个世纪。如果你在过去（或将来）任意一个时刻，不知怎么地被偶然抛到地球上来，那么正好是在关键时刻来到地球的概率会小于 1 000 万分之一。我们对未来的影响，在此刻是很大的。

也许这种熟悉的进化过程在许多世界上发生——一个行星刚形成，宁静地绕着它的恒星运转；生命缓慢地产生；万花筒似的形形色色生物在进化；智慧生物出现了，而至少在某一阶段智慧对生存有很大的价值；然后科技发明出来了。他们才逐渐明白有自然规律这种东西，而这些规律可用实验显示出来，掌握这些规律就能以前所未有的规模来拯救生命，但也可以用同样规律大规模地夺取生命。人们认识到，科学赋予他们以巨大的力量。只在一瞬间，他们就可以想出改变世界的发明。有的行星上的文明社会认清了这一点，他们对可以干和不能干的事情都加以限制，于是安全地度过了危险时期。其他的文明社会不是这样幸运，或者不是如此谨慎，就自行毁灭了。

因为每一个行星社会总会遇到来自太空撞击的危险，所以任何一个长期存在的文明社会都不得不发展太空事业——这不是由于探险或浪漫的狂热，而是为了可以想象的最实用的理由：要活下去。并且你一旦进入太空，在几个世纪或几千年中把小天体搬来运去，并对行星加以改造，你的种族就从自己的摇篮里解脱出来。如果有许多其他外星文明，他们终将远离自己的家园去探险。[1]

有一个办法可以估计我们的环境多么危险——奇妙的是，无论如何并不需要知道危险的性质。普林斯顿大学的天体物理学家戈特三世（J. Richard Gottt Ⅲ）要求我们采用一个普遍化的哥白尼原则。这就是我已经在别处提到过的"平庸原理"[1]。就概率而言，我们不是生活在一个真正的非常时代。几乎没有任何人生活在这样的时代。我们是在人类（或文明，或民族）生存期的漫长中间阶段的某个时期出生、过完自己的一生，然后死亡，这样的概率是高的。戈特说，几乎可以肯定，我们既不是生活在最早也不是最后的时代。因此，如果你的种族很年轻，它未必会长期存在。这是因为如果它存在的时期很长，那么你（以及我们中间今天还活着的其余的人）就是生活在一个非常时代——相对来说，很靠近文明的起始时代。

照这样看来，我们人类这个种族的预期寿命会有多长？戈特的结论是，在97.5%的置信度水平上，人类还会存在的时间不超过800万年。这是它的上限，并与许多哺乳动物的平均生存期相当。在这种情况下，我们的科技既无助于延长寿限，也不能缩短它。但是就据称同样的置信度来说，戈特的下限仅为12年。他和你打赌时，不会按40比1的赔率下注来赌当现在的婴儿长成青少年时人类仍然存在。我们在日常生活中绝不会冒这样大的风险。例如民航飞机，如果每飞40次就会坠毁一次，我们不会去搭乘。如果外科医生动手术能使95%的病人活下来

---

[1] 见本书第3章末。——译者

而死亡率为 5%，那么只有当所患疾病不开刀的死亡率大于 5% 时，我们才愿意开刀。为人类还能生存 12 年所下的赔率仅仅 40 比 1 的赌注如果正确的话，那就值得特别关注了。要是戈特是对的，我们非但不能去其他恒星探险，而且有相当的概率，我们甚至可能来不及在另一颗行星上开辟一个足球场。

对我来说，这种议论有一种奇怪的和虚无缥缈的性质。除了知道我们人类多么古老外，其他一无所知，而在这种情况下还要对它未来的前景做出数值预测，并声称这是非常可靠的。这怎么办得到呢？我们总是跟着胜利者走的。已经存在的很可能还会继续存在。新来者往往会消失。唯一的假设，也是似乎完全合理的假设，是认为我们讨论这个问题的时机没有什么特殊之处。那么我们为什么对这种议论不满意呢？是不是仅仅由于我们被它的含义吓坏了呢？

像"平庸原理"这样的原则，应用的范围一定很广阔。但是我们不会无知到认为一切事物都是平庸的。我们的时代确有某些特殊之处——这不仅是在任何时代的人都无疑会感受到的时间上的沙文主义，而且如上面谈到过的，显然是独一无二并与人类的未来希望确实有关的某些事情：这是第一次（a）我们的按指数方式快速发展的技术已经到达自我毁灭的悬崖边缘；（b）要想推迟或避免毁灭，我们可以离开地球到其他星球上去。（a）和（b）这两类解决问题的能力使我们的时代变得很特殊，而它们正好互相矛盾——（a）可以加强戈特的论点，而（b）会削弱它。我不知道如何预测新的毁灭性技术对加速人类灭绝的作用，是否更大于新的太空飞行技术对推迟人类灭绝的作用。但是因为在以前我们从未发明过毁灭自己的工具，也从未开发过移居其他世界的技术，所以我想正是在戈特的论证情况下，我们不得不认为我们的时代的确是特殊的时代。如果这是对的，人类未来生存期的这种估计的误差范围就大为增加。坏的更坏，而好的更好。比起戈特的计算结果，我们的短期前景会变得更暗淡，而长期前景——如果我们能够度过短期危机——则会是更加光明。

但是前者令人绝望的程度，并不高于后者使人自满的程度。没有什么东西能迫使我们成为被动的旁观者，在命运无情地捉弄我们时只会灰心丧气。如果我们不能完全抓住命运的脖子，也许我们可以让它转向，减轻它的影响，或逃脱它的束缚。

当然我们一定要维护自己的行星，让它适宜于人们居住——这不是从容地以世纪或千年为时间尺度，而是紧迫地在几十年甚至几年的时间内做好。这要求政府、工业、伦理、经济和宗教都有所改变。我们从来没有这样干过，当然也没有在全球范围内这样干过。对我们来说，这件事太困难了。危险的技术也许扩散得太广了。腐化可能到处泛滥。太多的领导人都把注意力集中在短期而不是长远项目上。在种族集团、国家和意识形态之间的争吵也许太多了，使得正确的全球性改革无法进行。我们也许愚蠢到难以察觉真正的危险，或者我们听到的大多是既得利益集团的说法，他们要缩小基本的改革。

然而在人类历史上也曾经实现过几乎每个人都认为是不可能的、持久的社会变革。从远古时代以来，我们就不只是为自身的利益而工作，还为了我们的子孙后代。我的祖父母和父母就这样为我做过。尽管我们之间有分歧，尽管我们互相敌对仇恨，我们往往摒弃这些而团结起来面对共同的敌人。在目前，我们似乎比 10 年前更愿意承认我们面临的危机。新近认识到的危机对我们每个人的威胁都是一样的。没有人能预测地球上今后会变成怎样的情况。

　　在中国古代神话里，长生不老的树木长在月亮上。长寿树（如果不是长生不老树）看来确实长在其他世界上。如果我们生活在它们中的一个上面，如果它们之中许多都有自给自足的人类社区，那么人类可以说是与灾难绝缘了。在一个世界上吸收紫外光的保护层耗竭了，就是在警告另一个世界要特别关注保护层。对一个世界酿成大灾难的撞击，大概不会波及其他世界。移居地球之外的人越多，有人类定居的世界就越来越是各式各样的，行星改造工程的种类也越多，社会准则与价值观的范围也就越广——这样一来，人类会更安全。

　　如果有一个重力仅为地球百分之一的世界，你在它的表面下长大，穿过隧道口看到的只是漆黑的天空，那么你的感觉、兴趣、偏见及癖性都会和生活在地球表面上的人大相径庭。如果你生活在正处于"地球化"阵痛中的火星、金星或土卫六上面，情况也是如此。这样的策略——分散成许多小的自我繁殖的群体，每一个群体都有些不同的优势和自己关心的事情，但都以本地区为荣——在地球上生命进化的过程中已经广泛运用过了，尤其是我们的祖先使用过了。事实上，这种策略可能是了解我们人类之所以成为人类的关键。这是前未谈及的人类要永久在太空中存在的第二个理由：增加我们继续生存的机会，这不仅是为了我们能够预测的大灾难，而且也是为了我们无法预料的大灾难。戈特也认为，在其他世界上建立人类社区会给我们提供战胜灾害的最好机会。

实行这种保障安全的政策，代价并不太昂贵——还比不上我们在地球上办一些事情的开销。甚至不必把现在从事太空探测国家的太空预算加倍（在一切情况下，这些国家的太空经费都只占军事预算的一小部分，也只占可视为起码的或甚至无意义的许多自愿消费的一小部分）。我们大概不久就可能向近地小行星移民和在火星上建立基地。我们知道在一个人的有生之年内，甚至只用现成的技术，怎样办成这些事情。技术还会快速发展，我们会越来越有本事探索太空。

一个认真把人送往其他世界的计划，每年的花费比起地球上紧迫的社会投资来说并不算高。如果我们踏上了这条路，其他世界的影像会以光速源源不断地传回地球。许许多多留在地球上的人将享受虚拟实境的冒险。参加他人代作的探险，比起任何早期探测与发现的真实感都会强得多。这样受到启发和激励的文化和人越多，它就越可能发生。

可是我们也许会问自己，有什么权力去占据、改变和征服其他的世界？如果在太阳系内还住有别的"人"，这便成为一个重要问题。然而要是在这个系统中除我们外并无他"人"，难道我们没有权利去定居？

当然，我们的探测和定居应当尊重行星环境及其蕴藏的科学知识。这是一种慎重的态度。当然，探测与移民都应当由全人类的代表以公平合理及超越国界的方式进行。我们过去的殖民历史在这些方面都不可取；而现在我们的动机不是像 15 和 16 世纪的欧洲探险家那样，追求黄金、香料、奴隶，或者把异教徒改造成只信"唯一的真正宗教信仰"的狂热。说实话，这就是各国的载人空间飞行都在经历这种断断续续、忽冷忽热的进程的主要原因之一。

尽管我在本书前面部分批评过一切狭隘地方主义，我现在发现自己成了一个一点也不表示歉意的人类沙文主义者。如果在太阳系中有其他生物，由于我们要去他们那里，就会给他们带去逼近眼前的危险。在这种情况下，我甚至会相信，为了保护人类而移居某些其他世界的益处至少有一部分被我们带给其他生物的危险抵销了。但是至少在目前就我们所知而言，在太阳系里并没有其他生物，甚至连一个微生物也没有。只是地球上才有生物。

在这个情况下，我代表地球上的生物强烈要求，在我们能力的有限范围内，我们应当大力增进对太阳系的认识，然后开始向其他世界移民定居。

这些就是以前没有谈到过的实用论据：保护地球，使它免于可以逃避的灾难性撞击，并避免对养育我们的环境的（已知或未知的）其他种种威胁下赌注。没有这些论据，也许就缺乏把人送往火星或其他世界的有力论据。但是有了它们——以及包括科学、教育、前景和希望的旁证——我想进入太空就有了强有力的论据。如果人类的长期生存受到威胁，我们对人类去其他世界的探险就负有基本的责任。

我们是在宁静的海洋上航行的水手，我们感受到了微风的吹拂。

# 第 22 章

踮着脚穿过银河系

> 我在星星的庇护下发誓（如果你不知道的话，这
> 是一个重誓）……
>
> ——《古兰经》第五十六章（第 7 世纪）

> 不再生活在地球上，这当然是一件怪事，要放弃
> 我们几乎没有时间学习的习俗……
>
> ——里尔克《第一挽歌》（1923）

　　攀登苍穹、升入太空，并按我们的目标改造世界的前景——无论我们的意愿多么善良，都会使警告的旗帜飞扬：我们记得人类有狂妄自大的偏向；我们回想起，每当掌握了威力强大的新技术，我们就易出差错和做出错误判断。我们回想起巴别塔的故事，这座建筑的"顶端可以达到天穹"，还有上帝对人类的恐惧，因为现在"他们想干的事，再也无法制止了"。

　　我们忽然想到《圣经》中的第十五诗篇，它向其他世界提出神圣的声明："天穹是属于上帝的，而地球是他赐给了人的子女。"也不妨了解一下柏拉图重新叙述的与巴别塔类似的古希腊传说，即奥蒂斯（Otys）和埃菲阿尔特斯（Ephialtes）的故事[1]，他们都是"胆敢登天"的凡人。于是众神面临抉择：他们是否应该把这些自命不凡的人杀掉，"并且用霹雳雷电把他们整个种族都歼灭掉"？但是一方面，如果这样做了，"就不会

---

[1]　这两个希腊神话人物都是海神之子。他们身材高大，都想登天。——译者

再有人奉献祭品和顶礼膜拜"，而神灵需要它们。"然而另一方面，神灵不能容忍这种粗野行径，而不予制止。"

然而从长远来说，如果我们没有别的选择，如果我们的选择真的不是有许多世界，就是一个也没有，那么我们需要其他类型的神话，即鼓励人们的神话。我们有这样的神话。从印度教到诺斯蒂教派的基督教[1]以及摩门教等许多宗教的教义都教导人们——虽然听来未必虔诚——人的目标就是要变成神（令人怀疑，这种教诲与苹果、智慧树[2]、堕落以及被上帝赶出伊甸园的说法是否相符）。也可以想到《创世记》中遗漏的犹太教法典讲述的一个故事。在伊甸园中，上帝告诉夏娃和亚当，他故意不把宇宙创造完成。"完成创世"是人类的责任，是无数世代人要与上帝分担的一项"光荣的"实验。

这样一个责任的负担很沉重，尤其是对我们这样软弱和不完善的，历史又如此不幸的人类来说是这样的。如果不用比我们现在拥有的要多得不知多少倍的知识，这种任务的"完成"远远不能办到。但是，即使连自己的生存都危若累卵，我们也许还能想到办法让自己提升到接受这种至高无上挑战的境界。


虽然戈达德完全没有运用本书前面一章中的论点，但他有一种直觉，即"为了保证人类延续下去，必须实现行星际航行"。齐奥尔科夫斯基也做出了相似的判断：

"（宇宙间）有不可胜数的行星，它们好像是许多地球岛屿……人类只占有其中的一个。但是他为什么不能让其他行星

---

[1]　早期基督教的一个派别，主张神秘的宗教顿悟，坚信物质是罪恶的。——译者

[2]　基督教《圣经》中能区分善恶的树。——译者

以及无数个太阳的威力为自己所用呢？……当太阳的能量耗尽时，合乎逻辑的行动便是离开太阳，去寻求一个刚点燃不久、还在青年期的恒星。"

他建议，远在太阳死亡之前，就可以尽早"让具有冒险精神的人们去寻找并征服新的世界"。

但是当重新思考这一整套论点时，我感到不安。这样是不是像巴克·罗杰斯（Buck Rogers）[1] 的人太多了呢？是否要求对未来的技术有一种荒唐无稽的信赖呢？是否忽略了我本人关于人类易犯错误的告诫呢？这样办，在短期内对技术不发达国家肯定是不利的。有没有切实可行的其他办法，能够避免这些易犯的差错呢？

所有我们自己造成的环境问题，所有我们的大规模杀伤性武器，都是科学和技术的产物。因此，你可以说，就让我们对科学技术退避三舍好了。让我们承认掌握这些工具简直太危险了。让我们建立一个比较简单的社会，这样一来无论我们怎样粗心大意或目光短浅，都没有能力在全球范围甚至一个区域内改变环境。让我们倒退到以农业为主，科技水平极低，并对新知识严加控制的社会。一个专制的神权社会，就是强制执行这种控制的，经过考验而有成效的手段。

然而，由于科技的迅猛发展，这样一种世界文化即使在短期内趋于稳定，在长时期中肯定是不稳定的。人类追求自我完善、妒忌和竞争的习性，随时都会成为震动的地下岩石。争取短期和局部利益的机会迟早有人抓住不放。除非在思想与行动

---

[1] 1929 年首次出现于连环漫画中的科幻电视连续片人物，故事说他一觉醒来已进入 25 世纪以后的情况。——译者

上有严格约束，否则我们在一瞬间便可回到目前的状态。这样一个受到控制的社会，必定赋予执行控制的高层人士以极大的权力，由此导致明目张胆的滥用职权，最终会引起叛乱。我们一旦见到技术带来的财富、便利和拯救生命的医药，就很难压制人类的发明创造能力与进取心。此外，虽然全球文明的退化（如果这是可能的话）或许有可能解除人类自己造成的科技灾难，但这样也会使我们没有力量防御迟早要发生的小行星及彗星的撞击。

或者你可以设想倒退更大一步，回到狩猎和采集社会，靠土地的天然产品过活，甚至把农业也摒弃了。于是标枪、挖地的棍棒、弓、箭与火就成为能满足需要的工具。但是地球实在顶多只能养活几千万狩猎者和采集者。如果不引发我们正在努力避免的灾害，我们又怎能把人口减少到这样的程度呢？此外，我们几乎不知道怎样再过狩猎者与采集者的生活，我们已经忘掉了他们的文化、技能和工具。我们已经把他们几乎都杀光了，并且摧毁了养活他们的大部分环境。除了我们中间的一小部分残余的渔猎民族外，即使我们给予高度重视，也无法走回头路。并且，即使能够回到原始社会，我们在终将来临的撞击灾难面前也是无能为力的。

这些可供选择的办法看来比残酷还要坏：它们无济于事。我们所面临的许多危险确实是由科学技术引起的，但是更根本的原因是我们在变得很有威力的同时，并没有聪明到与之相称的程度。技术把改变世界的力量赋予我们，此时它要求我们具有以前从来没有需求过的思考和远见。

当然，科学是把双刃剑，它的成果既可用来做好事，也可用于干坏事，但是无法从科学中折回。对技术危险的早期警告也来自科学。要想解决问题，技术调整固然需要，但更需要的是我们如何掌握它，必须有许多人懂得科学。我们可能需要改变制度与习性，但是要解决我们的问题——无论问题从何而来，都不能不依靠科学。威胁我们的技术与免除这些威胁的办法，两者都来自同一源泉，它们在并驾齐驱地发展。

相对来说，如果在几个星球上都有人类社会，我们的前景就会光明得多，我们的职责将是多种多样的。这几乎可以说是把我们的鸡蛋放进许多篮子里，每个社会往往都会以它的世界、它的行星改造工程、它的社会习俗以及它的传统天性等方面的优点而感到自豪。不同社会在文化上的差异必然会受到爱护和扩展。这种多样文化便是人类延续生存的一个工具。

当远离地球的移民社会能更好地照料自己时，就有种种理由来鼓励技术进步、精神开放和冒险，即使那些留在地球上的人仍然不得不珍视小心谨慎、畏惧新知识并执行严厉的社会控制。当第一批少量的自给自足的社区在其他星球上建立起来后，地球上的人类也许能把管制放松一些，心情变得轻松一些。太空中的人将会向地球人提供真正的保护，使他们免遭在横冲直撞轨道上的小行星或彗星的虽罕见却灾难性的撞击。当然，正由于这个缘故，太空人在与地球人有任何严重争执时都会占上风。

这样一个时代的前景与有些人的预测形成尖锐的对立。这些人认为科学和技术的进步现在已经接近某个渐近极限；人类在艺术、文学与音乐方面的成就绝不会接近、更不会超过曾经达到过的高度；并且地球上的政治生活快要形成某种坚如磐石的自由民主的世界政府，这就是黑格尔（C.W.F.Hegel）所说的"历史的终结"。向太空扩展也和近代一种不同的、但同样可以察觉的趋势相对立。这种趋势就是专制独裁、思想管制、种族仇恨以及对好奇和好学的深深猜疑。与此相反，我认为经过一段时间的改正错误后，向太阳系移民将预示着科技永无止境的辉煌发展、文化的繁荣，以及在天穹中进行大范围改革政府与社会组织的实验。从若干方面来说，探测太阳系和在其他星球上建立家园，将成为历史的新开端，而绝对不是它的终结。

至少对我们人类来说，要预见我们的未来，是不可能的。要预测几世纪之后的事情，肯定不行。谁也没有做过前后一致的、详细的预测。我肯定不会想象自己能够这样做。在这本书中，我怀着惶恐的心情，尽我所能，做到现有的地步，这是因为我们恰好正在认识到技术的发展给我们带来的真正是前所未有的挑战。我认为这些挑战偶尔有明确的含义，我已经尽力简略地阐明了一些。也有某些不够明确，要过很长时期才能了解清楚的含义，我对它们甚至缺乏自信。尽管如此，我还是想把它们写出来供你们考虑。

即使我们的后代在近地小行星、火星、太阳系外行星的卫星以及柯伊伯彗星带上建立了移民杜区，人类也不是完全安全。从长远来说，太阳会产生巨大的 X 射线和紫外爆发；太阳系会进入潜伏在附近的某一个辽阔的星际云里，于是行星会变暗和冷却；一大群致命的彗星会从奥尔特云中倾泻而出，对许多邻近星球上的文明社会构成威胁；我们还可能发现一颗近邻恒星即将成为一颗突然爆发的超新星。经过真正的长时期之后，太阳处于逐渐成为一颗红巨星的进程中，它变得越来越大，越来越亮。这时地球上的空气和水开始向太空散失，土壤会烤焦，海洋会蒸发和沸腾，岩石会汽化，而我们的行星甚至会被太阳吞食到它的内部去。

太阳系根本不是为我们而形成的，它最终会变得对我们来说是太危险了。无论太阳系在最近是如何稳定可靠，从长远来说，把我们所有的鸡蛋都放进一个恒星的篮子里是太冒险了。正如齐奥尔科夫斯基和戈达德很早已认识到的，从长远来说，我们需要离开太阳系。

如果这对我们是正确的，你完全有理由问，这对外星人难道就不对吗？要是对外星人这也是正确的，那么他们为什么没有到我们这里来呢？对这个问题可能有许多答案，包括这个有争论的说法：他们已经来过了——虽然这个论点的证据少得可怜。也许没有外星人，这是因为他们在实现星际航行之前几乎没有例外地都把自己毁灭掉了。也可能是在拥有 4 000 亿颗恒星的银河系里，我们是第一个科技发达的文明社会。

我认为更合乎情理的解释是根据这个简单的事实：太空浩瀚，恒星相距太远。即使有比我们更古老和更先进的文明社会，他们从自己本来的世界向外发展，改造出新的世界，然后继续向其他星球扩展；但是按加利福尼亚大学洛杉矶分校的纽曼（William Newman）和我的计算结果，他们未必会来到我们这里，现在还没有。此外，因为光速不是无限大，在太阳的某个行星上出现了技术文明的电视与雷达信息还没有传到他们那里，现在还没有。

如果按乐观的估计，每 100 万颗恒星中就有一个庇护着附近的技术文明社会，又如果它们在银河系内呈随机分布——假定这些条件成立——那么我们想起前面说过的，离我们最近的一个外星文明社会应是在几百光年开外。最近的距离可能是 100 光年，更可能是 1 000 光年。当然，不管多远，也可能一个也没有。假设离我们最近的外星文明是在距我们 200 光年的另一颗恒星的行星上面，那么从现在算起大约 150 年后他们才会开始接收到我们在第二次世界大战之后发出的微弱的电视和雷达信号。如果收到了，他们会怎样想呢？每过一年，信号会变得更强、更有趣，也许更使他们感到惊慌。到最后，他们可能做出反应：发回一份无线电报，或者来访问我们。无论哪一种反应都可能会受到光速有限的限制。用这些非常粗略的数字来估计，外星人对我们在 20 世纪中期向太空深处无意间发送的信号的回音，最快也要到 2350 年左右才会到达地球。当然，如果他们离我们更远，收到回音的时间也会更迟。如果远得更多，就迟得更多。还可能出现这种有趣的情况：当我们第一次收到来自外星文明社会的信息（这是专为我们发出而不是向四面八方发送的通报）的时候，我们已经在太阳系内许多世界安好了家，并准备向其他星球进军。

　　然而，不管有没有这样的信息，我们都有理由继续向外探索，寻找其他的太阳系。或者可以把我们中间的某些人隔离在星际空间的自给自足的栖息所中，远离由恒星引起的危险，那样比在银河系中这样一个难以预测和充满暴乱的角落要安全一些。我想，即使没有星际旅行的宏伟目标，这样的未来远景会通过缓慢增长自然而然地演变出来。

　　为了安全，有些社区也许希望割断自己与人类其他部分的联系，这样可以不受其他社会的影响，不受它们的伦理观念的约束，也不受它们的技术规则束缚。到了某一个时代，人类可以把彗星和小行星一个又一个常规地改变位置，这时我们就可以向某一个小世界移民，然后把它送出去。在一代又一代之后，这个小世界向外快速离开，地球从一个明亮的星体蜕化成一个苍白的小点，然后就消失不见了。太阳会变得越来越暗，后来只是一个依稀可见的黄色光点，最终消失在千万颗其他星星之中。旅行者将会来到星际的黑夜中。有些这样的社区可能满足于与老家世界偶尔会有的无线电和激光联系；其他一些社区则会对自己能继续生存的机遇怀着优越感，唯恐受到感染，竭力想和地球母体断绝关系。也许和它们的一切联系最后都会消失，连它们的存在也被人遗忘了。

然而，即使是一颗相当大的小行星或彗星，它的资源也是有限的，因此移民居住的小世界终归必须向其他地方寻找新资源——特别是水，因为需要饮用；需要制造供呼吸的含氧大气；还需要造出氢，作为核聚变反应堆的燃料。因此，从长远来说，这些社区必须从一个小世界迁移到另一个小世界，而对哪一个都没有永久的眷恋之情。我们可以把这种迁徙称为"开拓"或"兴建家园"。一个不很赞同的旁观者会把它说成是将一个个小天体的资源榨取干净。但是小天体多得很，在奥尔特云里就有1万亿个呢。

少数人生活在远离太阳的不大的"继母"世界上，就会了解每一小块食物、每一滴水都得靠一种有远见的技术的顺利运作才能取得。但是这些外界状况与我们已经习惯的并没有根本差别。挖掘地下资源，搜索合格的资源，对这些我们都习以为常了，想到它们就像回忆起已经遗忘的童年时代。除了少数几个重大的改变外，这与我们靠狩猎和采集为生的祖先所采用的策略并无轩轾。我们人类在地球上 99.9％的生存历史都是这样度过的。从人类最后残余的游牧民族来判断，就在他们被现代的世界文明吞没之前，日子可能过得还是比较愉快的。我们就是在这样的生活中磨炼出来的。因此在一段短暂的、只是局部成功的定居尝试之后，我们也许会再次成为漂泊者——比上次更为技术化的漂泊者。但是即使在当时，我们用石制工具与火这样的技术，也是唯一能保护自己免于灭绝的围篱。

如果隔离和偏僻能保障安全，那么我们有些后代最终会迁移到奥尔特云的外围彗星上去。奥尔特云有 1 万亿个彗核，它们每两个之间相隔的距离都有火星离地球那样远，那里是可以大有作为的。[1]

奥尔特云的外边界，大概是在太阳与最近一颗恒星距离的一半处。并不是每一颗恒星都有自己的奥尔特云，但是许多恒星都可能有。当太阳从近邻恒星的旁边通过时，我们的奥尔特云会遇到并局部地穿过其他的彗星云。这就像两群小昆虫互相穿越，而不是碰撞。于是要想占据另一颗恒星的一个彗星，并不比占据我们自己恒星的一个彗星更困难得多。蓝色光点上的孩子们从另一个太阳系的边缘，也许会用渴望的目光看着不断移动的明亮光点，它们实质上是被照耀得相当亮的行星。有些社区的居民们，在内心感受到古代人类对海洋与阳光的热爱，可能会开始奔向一个新太阳的明亮和温暖宜人的行星的漫长旅程。

其他社区的居民也许认为这个最后的策略是有缺陷的。行星总是有自然灾害；行星可能已经有生命和智慧生物了；行星很容易被外星人找到。更好的策略是居留在黑暗中，让我们分散到许多不引人注目的小天体上去，躲藏起来。

一旦我们能够把我们的机器和我们自己运送到远离家园、远离行星的地方，一旦我们真正进入宇宙舞台，我们必然会遇到某些从来没有见到过的事物。下面是三个可能的例子。

第一，从大约550天文单位（这大约是木星与太阳距离的10倍[1]，因此这比奥尔特云更容易到达）开始，就有某些不寻常的事物。正如普通的透镜使光线聚焦一样，引力也能聚焦（天文学家现正在检测遥远恒星和星系的引力透镜现象）。离太阳550天文单位的地方——如果我们能以光速的1%的速度飞行，只要1年就可到达——便是太阳引力透镜的焦点区（把日冕——即太阳周围的电离气体晕的作用也考虑在内，焦点可能还要远得多）。在那里，来自远方的无线电信号大为增强，微弱的声音也会放大。远处图像的放大，使我们即便用一架不大的射电望远镜也能在最近恒星的距离上分辨出一块大陆，以及在最近的旋涡星系距离处分辨出太阳系的内层行星。如果你自由自在地在一个以太阳为中心，以焦距为半径的假想圆球上漫游，你就可以随意地用大得惊人的放大率探测宇宙，用前所未有的清晰度观察它，窃听遥远文明社会的无线电信号（如果有的话），并窥视宇宙历史上最早时期的事件。或者，还可以用引力透镜把我们很弱的信号放大，因此非常遥远的地方也能听到它。我们还有理由对几百以至几千天文单位的地方感兴趣。其他的文

[1] 原文如此，其实应作100倍。——译者

明社会也有它们自己的引力聚焦区域，这视它们所属恒星的质量与半径而定；有的离自己的恒星比我们的引力聚焦区域稍近一些，有的稍远一些。引力透镜成像有可能成为促使各文明社会去探索恰好处于它们那个行星系统中行星所在范围以外区域的共同诱因。

第二，请你花一点时间想想褐矮星。这是一种假想的恒星，它们的温度很低，质量比木星大得多，但比太阳小得多。谁也不知道究竟有没有褐矮星。有些专家利用邻近恒星的引力透镜去检测较远的恒星，声称已经发现褐矮星存在的迹象。从他们用这种技术已经观测过的整个天空的极小一部分来推断，褐矮星应当是非常多的。但是其他一些专家不同意。在 20 世纪 50 年代，哈佛大学的天文学家沙普利（Harlow Shapley）[1] 提出，褐矮星——他把它们称为利利普特（Liliput）[2] 星——上面有生物居住。他形象地描绘它们的表面就像马萨诸塞州的剑桥 6 月天那样温暖，且具有很多平地。因此，褐矮星应是人类可以生存和探测的恒星。[3]

第三，剑桥大学的物理学家卡尔（B.J.Carr）和霍金（Stephen Hawking）证明，在宇宙最早阶段，物质密度的波动起伏可能产生各式各样的小黑洞。原始黑洞——如果有——必然由于向太空发出辐射而衰变，这是量子力学定律的结论。黑洞的质量越小，它消散得越快。任何一个在今天处于衰变最后阶段的原始黑洞，它的质量至少相当一座山的质量，更小的都已经消失了。因为

[1]　美国著名天文学家（1885～1972）。——译者

[2]　英国作家斯威夫特的名著《格列佛游记》中的小人国。——译者

[3]　天文学家现已确认发现大量褐矮星的存在，目前已知温度最低的褐矮星表面温度仅与地球北极地区相当。——译者

原始黑洞的丰度——先不提它们是否存在——与大爆炸后最早时刻所发生的情况有关，没有人能够确定是否能找到一些，我们当然也不能确定在附近是否有原始小黑洞。迄今为止，并没有发现短 $\gamma$ 射线脉冲（这是霍金预言的黑洞辐射的一种成分），这为原始黑洞的丰度设置了一个限制性不是很强的上限。

在另一项研究中，加州理工学院的布朗（C.E.Brown）和康内尔大学核子物理学先驱贝特（Hans Bethe）提出，在银河系中遍布着大约 10 亿个非原始黑洞，它们是在恒星演化过程中产生的。如果是这样，离我们最近的黑洞可能只有 10 光年或 20 光年那么远。

如果有的黑洞是在我们探测能力范围之内——无论它们的质量是和山一样，还是和恒星同样大，我们就有令人惊奇的物理学原理去作第一手的研究，并将拥有几乎是无穷无尽的新能源。我决不是断言在几光年范围内，或在任何地方可能有褐矮星或原始黑洞。但是当我们进入星际空间时，我们不可避免地会邂逅全新类型的奇观和令我们喜爱的事物，其中有些还可转化到实际的应用。

我不知道自己的思路在哪里才会终止。随着时间的消逝，宇宙动物园中引人入胜的新成员将把我们引向更远的地方，而越来越难以确定的、致命的大劫难必将发生。这种可能性是逐渐增大的。但是，随着时间的推移，掌握技术的种族的能力也会越来越大，远远超过我们今天所能想象的程度。也许，如果我们很有本领（我想光靠运气好还不够），我们终将扩展到远离家园的地方，在浩瀚银河系的繁星群岛中航行。如果我们遇到某种外星人（或更可能的，如果他们找到我们），我们将与他们和谐地交往。因为其他从事太空航行的文明社会可能比我们要先进得多，喜欢争吵的人不大可能在太空中长久生存。

到了最后，我们所有人的未来也许就是如伏尔泰所想象的那样："有时候借助于太阳光，有时候乘彗星之便，［他们］从一个星球滑翔到另一个星球，就像鸟儿由一根树枝飞到另一根树枝。在一段很短的时间内，［他们］就飞快走过银河系的四面八方了……"

甚至到现在，我们在众多年轻恒星的周围还不断发现大量的气体和尘埃盘——这正像 45 亿年前地球和其他行星形成时我们太阳系的结构。我们正在着手了解尘埃微粒怎样缓慢地形成行星世界；与地球相似的行星怎样先吸积，然后迅速俘获氢和氦，成为庞大气体球里面隐藏的核心，以及小的类地行星为何只保留较稀的大气层。我们正在重新构建行星世界的历史，要阐明为什么早期太阳系寒冷的外围主要是由冰和有机物聚集起来的，而在被年轻的太阳照暖的太阳系内区主要靠岩石与金属才能集合成天体。我们已开始认识早期的碰撞所起的主导作用：袭击行星，在它们的表面和内部形成巨大的坑口及盆地，使行星旋转，产生或消灭卫星，形成环，使整个水域从天空降下，然后在行星表面沉淀出一层有机物——这就像是创造行星的最后一道美妙的修饰。我们现在正着手把这方面的知识应用于其他的行星系。

在今后几十年中，我们有真正的机会来观察其他许多近邻恒星周围成熟的行星系的布局和组成。我们将会知道我们太阳系哪些方面的特征是普遍规律，而哪些是特例。哪些行星是更为普遍存在的——像木星的行星？像海王星的行星？还是像地球这样的行星？抑或所有其他的行星系统也都有类似木星、海王星和地球的行星？还有没有目前我们不知道的其他行星类型？是不是所有的行星系都包藏在一个浩大的球形彗星云之中？天上大多数恒星都不像太阳那样是孤独的，而是双星或聚星，这些系统中的星体都相互绕转。这些系统也有行星吗？如果有，是什么样的行星？如果是像我们如今所设想的情况，行星系是恒星形成时的常规产品，那么它们是否遵循大不相同的演化途径？那些比我们早出几十亿年的行星系是什么样子呢？在今后几个世纪中，我们对其他行星系的知识将会变得越来越完整。我们将开始知道，去哪些行星系访问？去哪些行星系播种？去哪些行星系定居？

设想我们能够以 1g [1] 的加速度——这是我们在美好、古老的大地上感到舒适的重力加速度——连续地加速，直到我们旅途的中点，然后以 1g 的加速度连续减速，到达终点。这样一来，我们只要 1 天就可以跑到火星，一个半星期到达冥王星，1 年到奥尔特云，几年后就到达最近的恒星。

只要把我们近年来在交通运输方面的进展适度地向未来推进，便可设想在仅仅几个世纪内我们就可以用接近光速的速度旅行。也许这是毫无希望的过分乐观，也许这要过几千年或更长时间才能真正实现，但是只要我们不是先毁灭了自己，我们定会发现现在无法想象的新技术——这些技术对我们的陌生程度，就像我们靠狩猎和采集为生的祖先对"旅行者号"太空飞船一样。甚至在今天，我们都想得出办法——肯定是笨拙的，昂贵到倾家荡产程度的，也是效率低下的方法——来建造一艘

---

[1]　1g ≈ 9.8 米 / 秒 $^2$，为地球表面的重力加速度。——译者

接近光速的星际飞船。总有一天，这种飞船的设计会更完美、更经济、更有效。到了那一天，我们不再需要从一颗彗星跳到另一颗彗星。我们将开始跨越以光年计量的距离，到太空翱翔。这就像圣奥古斯丁所说的古希腊与古罗马的神灵那样，到天上去开拓殖民地。

这些移民也许是在一颗行星表面上生活过的某些人的几十代或几百代的后裔。他们的文化将是不一样的，他们的技术非常先进，他们的语言变了，他们与智能机器的关系会更密切得多，也许连他们的外观也与他们的几乎是神话传说中的祖先显著不同，而那些祖先是在 20 世纪末叶才首次试探性地出发到太空去探险的。可是他们还是人类，至少大部分性状是人类遗传的；他们是高科技的行家；他们一定有历史记录。尽管有圣奥古斯丁对洛特（Lot）之妻[1]的评论，即"一个已经获救的人，不应当再留恋他已经离开的困境"，他们不会完全忘记地球。

但是你会想，我们还没有完全准备好。正如伏尔泰在他的《梅姆农》一书中写道，"我们这个小小的水陆合成的地球，是那些上千亿个 $^2$ 星球中的疯人院。"我们——甚至不能把自己的家园管理得井井有条的我们，被敌对与仇恨分裂开的我们，掠夺环境的我们，以互相激怒、疏忽和罪恶目的而彼此谋杀的我们，并且是直到不久前还认为宇宙只是为自己的个体利益而创造的我们——难道真的要去太空冒险，移动星球，改造行星，并让自己扩张到邻近恒星的行星系里面去？

我并没有设想，正是具有现代风俗和社会常规的我们要到那里去。如果我们继续仅仅聚集权力而不是智慧，我们肯定会

---

[1] 《圣经》里提及洛特的妻子被救出后，因回头后顾而变成盐柱。——译者

毁灭掉自己。正是我们想在遥远的未来生存下去，要求我们必须改变我们的制度与我们自己。我怎么敢猜测遥远未来的人类呢？我想，这仅仅是一个自然选择的问题。如果我们变得比现在还更残暴、更短视、更无知和更自私一些，那么几乎可以肯定我们不会有未来。

如果你还年轻，你在有生之年就能够看到人类踏上近地小行星与火星的第一步。还要再过许多代，才能扩展到类木行星的卫星以及柯伊伯彗星带。去奥尔特云则还须等待更长的时间。等到我们准备好要去最近的其他行星系定居时，我们人类想必已经变样了。单是这么多代的岁月流逝，想必已够使我们改变了。我们将要生活的不同环境，想必也会改变我们。器官修复术和基因工程将使我们变化。需要也将改变我们。我们是一个善于适应的种族。

到半人马座 α[1] 和其他近邻恒星的人多半不会是我们，而是一个和我们很相像的种族。但他具有比我们更多的长处，更少的短处。他是一个返回到和他原来进化时相类似环境的种族。他更为自信、有远见、有能力和小心谨慎——这是我们希望能在宇宙中代表我们的那种生灵。就我们所知而言，宇宙中应当有许多比我们更古老，能力更强，也与我们大不相同的外星人。

恒星之间相距遥远，这是一种天意。生灵以及星球都互相隔离。只是那些有充分自知之明和判断能力的生物，才能消除这种隔离，安全地从一颗恒星到另一颗恒星去旅行。

在漫长的时间尺度里，在数亿到数十亿年中，星系的核心也会爆发。我们看得见散布在深邃太空之中的种种奇景：具有"活

---

[1] 离地球最近的恒星之一，距离约为 4.3 光年。——译者

动核"的星系、类星体、因碰撞而变形的星系（它们的旋臂瓦解了）以及遭到高能辐射轰击或被黑洞吞噬的恒星系统。于是我们得到的印象是，在这样的时间尺度内，即使星际空间和星系也都是不安全的。

在银河系周围有一个由暗物质组成的晕，它也许延伸到另一个旋涡星系（即仙女座中的 M31，它也含有几千亿颗恒星）的一半距离处。我们不知道这种暗物质的成分是什么，它是怎样分布的，但是它的一部分[3]也许是在与单个恒星没有关系的世界之中。如果真是这样，我们在遥远未来的后代将有一个机会，在难以想象的长时间中，在星系际空间定居，并踮着脚走到其他的星系去。

但是在向银河系移民的时间尺度上，要是不在老早以前，我们现在也必须问：这种为了安全而驱使我们向外扩张的渴望怎样能长久保持？会不会有朝一日我们对人类已度过的时光和自己的成就感到满足，于是自愿退出宇宙舞台呢？从现在算起几百万年之后——也许更早得多——我们想必已演变成别的种族。即使我们不故意作什么变动，自然进化过程中的突变和淘汰想必已使人类灭绝，或者就在这样的时间尺度上，已把人类演变成其他的种族（如果以别的哺乳动物作为判断的依据）。在一个哺乳动物种族生存的典型时间范围内，即使我们能以接近光的速度旅行，并且专事旅行别无他顾，我想我们甚至无法探测到银河系有代表性的一小部分。银河系实在太辽阔了，而在银河系外面还有上千亿个星系。在比宇宙时间尺度短得多的地质年代内，当我们自己已经演变成其他种族时，我们目前的动机会不会保持不变呢？在这样遥远的时代里，我们也许可为自己的雄心壮志找到比仅仅是去无限个星球居住更宏伟和更有价值的目标。

有些科学家已经设想，也许有一天我们会创造出新的生命形式，把人们的智慧集中起来，到星球去移民，改造星系，或者在一个附近的空间范围内防止宇宙的膨胀。在1993年，物理学家林德在《核物理》杂志上发表了一篇文章——可以想象得到，以开玩笑的方式——他提出，在实验室（这可真是一个实验室啊！）最终真的可能制造出一个单独的、封闭的、不断膨胀的宇宙。他写信给我说："然而我自己也不知道（这个建议）是否只是一个玩笑，还是别的什么东西。"在这一类遥远未来的计划表中，我们不难认识到人类从来就始终不断地有野心，要僭越一度被视为是神灵的权力——或者，用别的更令人鼓舞的隐喻来说，要完成创世的壮举。

我花费许多篇幅谈论令人陶醉、几乎是不着边际的臆想，而现在是脱离似乎有道理的猜测，返回我们自己年代的时候了。

我的祖父出生在无线电波即使在实验室里也是新奇玩意儿之前，但他几乎活到第一颗人造卫星从太空向我们发送"嘟嘟"信号的时候。有好些人在出生时连飞机这样的东西都还没有，但他们到老年时却看见有4艘飞船发往外星。尽管我们有种种缺陷、局限性和失误，但人类毕竟能做出伟大的事业。在科学和技术的某些领域，在艺术、音乐、文学、利他主义和同情心方面，甚至偶尔在治理国家的本领方面，情况都是如此。人们在下一代又将创造出哪些我们现在梦想不到的新奇迹？再过一代又怎样呢？到21世纪结束的时候，我们这个游牧种族会漫游到多远的地方呢？再过一千年，又将到哪里呢？

在 20 亿年前，我们的祖先是微生物，5 亿年前是鱼，1 亿年前是像老鼠那样的动物，1 000 万年前是栖息在树上的猿猴，而 100 万年前是刚学会用火的原始人。人类进化历程的标志是控制变化的能力。到我们的时代，变化的步伐加快了。

当我们第一次去一颗近地小行星探险时，我们想必已进入了人类将永远占有的栖息地。第一批男女宇航员飞向火星，是人类转变成多行星种族的关键性一步。这些事件都是重大的，就像我们的两栖类祖先到陆地上定居以及猿人从树上下降到地面一样。

具有原始的肺和鳍的鱼勉强可以行走，但它们在陆地上建立永久性的立足点之前必然已大量死亡。当森林逐渐消退时，我们直立行走的猿人祖先常常会急忙跑回树林，以躲避在平原上横行的猛兽。这些转变是痛苦的，需要几百万年才能完成，而那些有关的生物几乎察觉不出这样的变化。对我们来说，转变只在几代人中完成，只有很少的人牺牲。这个步伐快到我们几乎掌握不住正在发生的事情。

一旦有了在地球之外出生的首批孩子；一旦我们在小行星、彗星、卫星和行星上有了基地和住所；一旦我们在其他世界上生存并繁衍后代，人类历史上的某些事情就会发生永久性的变化。但是向其他星球移民并不意味着抛弃这个世界，正如两栖动物的进化并不意味着鱼类的终结一样。在很长时间内，只有少数人将会离开地球到其他星球去。

一位学者林霍尔姆（Charles Lindholm）写道："在现代西方社会中，传统的消失和被人们接受的宗教信仰的崩溃，使我们没有一个特洛斯[1]（即我们努力追求的目标），没有人类潜力神圣不可侵犯的观念。我们丧失了神圣的事业，只有一个毫无神秘感的、脆弱的、容易出差错的人类形象，不再能够成为神圣的人。"

我相信，把我们的脆弱和容易出差错牢记在心中，是一件有益于健康的事情——这确实是必要的。我为那些想成为"像神一般"的人感到担心。但是谈到长远目标和神圣事业，我们面前倒有一个。人类正是依赖它而生存。如果我们被闭锁在自我的牢狱中，这就是一个可供逃离的出口——这是一个比我们自身更有价值，气魄更大，为了全人类利益的重要举动。把人送到其他星球去住，能把不同国家和不同种族的人团结起来，能把不同世代的人结合起来，并要求我们变得既灵巧又聪明。它把我们的本性解放出来，并且在某种程度上，让我们回归到自己的摇篮时代。甚至在现在，这个新的特洛斯是在我们的掌握之中。

心理学先驱威廉·詹姆斯（William James）把宗教说成是一种"在宇宙中就像在家里一样的感觉"。正如我在本书前几章所描述的那样，我们的倾向是假装认为宇宙是我们多么希望的家，而不是把我们对什么是像家里一样的观念改变一下，因此使它能包括宇宙。如果在考虑詹姆斯的定义时，我们的意思是指真正的宇宙，那么我们还没有真正的宗教。真正的宗教出现在另一个时候，就是"大降级"的刺痛已经被我们完全忘掉的时候，是我们适应了其他世界的"水土"的时候，是其他世界也适应了我们的时候，并且也是我们向群星扩张的时候。

---

[1] 古希腊哲学家亚里士多德所说的人生终极目的。——译者

　　对一切现实的目标来说，宇宙永不停息地在延伸。在过了一段短暂的定居生活后，我们又在恢复古代的游牧生活方式。我们遥远的后代们安全地布列在太阳系或更远的许多世界上，他们将会联合起来。促使他们联合的因素是他们的共同遗产，他们对地球老家的惦念，以及他们都认识到，无论遇到什么样的外星人，整个宇宙中独一无二的人类都来自地球。

　　他们将抬头凝视，在他们的天空中竭力寻找那个蓝色的光点。他们不会由于它的暗淡和脆弱而不热爱它。他们会感到惊奇，这个储藏我们全部潜力的地方曾经是何等容易受伤害，我们的婴儿时代是多么危险，我们的出身是多么卑微，我们要跨越多少条河流，才能找到我们要走的道路。

# 序言

## 漂泊者

1. "至于有对跖人的无稽之谈，"圣奥古斯丁在公元 5 世纪写道，"在地球的反侧（我们这里日落时，那里日出），居住着头朝下、脚朝上（和我们脚掌相对）的人，这根本不可信。"纵使那里有未知的大片陆地，而不仅仅是海洋，"原始的祖先只有一对，因此无法想象在那个遥远的地区还有亚当的后裔居住。"

# 第 2 章

## 光行差

1. 哥白尼的名著首次出版时，神学家奥西安德（Andrew Osiander）撰写了一篇序言，它是在濒临死亡的天文学家毫无所知的情况下插入书中的。奥西安德的善意企图是把宗教与哥白尼的天文学说调和起来。他在序言末尾谈道："谁也不要指望从天文学得到任何肯定的东西，而天文学也提供不出这样的东西。如果不了解这一点，他就会把为另一个目的提出的想法认为是真理，于是在结束这项研究时，比起他刚开始研究时就会成为一个更大的傻瓜。"只有从宗教才能找到肯定的东西。

# 第3章

## 大降级

1. 圣奥古斯丁在《上帝之城》中谈到："既然第一个人出现至今不过 6 000 年……那些人试图说服我们承认，与已认定的真理大相径庭甚至截然相反的一段时间，难道不应该予以嘲弄，而不仅仅是驳斥他们吗……在宗教历史中，受到神权支撑的我们，不会怀疑违背它的任何东西都是虚假的。"他痛斥古埃及认为世界有几十万年的传说，说它是"可恶的谎言"。圣托马斯·阿奎那在《神学大全》中直截了当地说，"世界是新的，这不可能由世界本身来论证。"他们是如此自信。

2. 我们的宇宙几乎不容许生命存在——或者至少是我们所了解的生命所需要的东西存在。即使 1 000 亿个星系中每一颗恒星都有一个和地球类似的行星，那么，在没有优越的技术措施的条件下，生命在宇宙中大约只能在 $10^{-37}$ 的体积内繁衍。为了表示清楚起见，让我们把它写出来：我们的宇宙只有 0.000 000 000 000 000 000 000 000 000 000 000 000 1 是适合生命存在的。在 1 之前共有 36 个 0。其余部分全是冰冷的、有辐射弥漫的漆黑的真空。

# 第 4 章

## 并非为我们造的宇宙

1. 少数准哥白尼式的英语习惯用语之一是"宇宙并不绕着你打转"。这是想把乳臭未干的自大狂人拉回地球的一个天文真理。

# 第 7 章

## 在土星的众多卫星之间

1. 可能一个也没有。我们很幸运,有这样一个星体可供研究。所有其他星体不是含氢太多,就是不够,或者根本没有大气。

2. 并非惠更斯认为这颗卫星非常大(泰坦是希腊神话中的巨人族。——译者),而是由于在希腊神话中,奥林匹亚神上面一代的成员——萨图恩及其兄弟姐妹和同辈们均称为泰坦神。

3. 在土卫六的大气中测不出氧,因此它的甲烷并不像在地球上这样远离化学平衡。所以,它的存在绝不是生命的征兆。

# 第 8 章

## 第一颗新行星

1. 在过去 4 000 年间曾经有过一次这 7 个天体在天空中全都靠在一起。就在公元前 1953 年 3 月 4 日黎明前,蛾眉月正在地平线上,金星、水星、火星、土星和木星就像项链上的珍珠,连成一串。它们处在飞马星座的大正方形旁边,即在现代英仙座流星雨辐射点附近。即使是碰巧观天的人，也必然会被这个现象惊呆了。这是怎么回事？——是众神在聚餐吗？莱海伊大学的天文学家潘克尼尔（David Pankenier）以及后来喷气推进实验室的彭彪钧都认为，这个事件是中国古代天文学家所提出的各行星周期的起点。

过去4 000年（或下一个4 000年）间，不会再有另一次机会从地球上观看行星绕日运动而见到它们如此靠近。但是在2000年5月5日，所有7个天体又都会在同一天区见到——只是有的是在黎明出现，有的是在黄昏出现，并且比起公元前1953年晚冬早晨那一次的散布范围扩大了大约10倍。尽管如此，它仍然可能是举行宴会的一个美好夜晚。

2. 欧美对土星系统探测的太空飞船以他的名字命名。

3. 他为这颗卫星取名为米兰达，是因为《暴风雨》中的女主角米兰达在剧中说："啊！勇敢的新世界，有那样一些人住在这里。"［剧中人物普罗斯佩罗（Prospero）回答说："对你来说，这是新的。"正是如此。和太阳系中所有的其他星体一样，米兰达的年龄大约也是45亿年。］

# 第9章

## 太阳系边缘的一艘美国飞船

1. 它绕太阳运转需要这样长的时间，是因为它的轨道太长了——长约368亿千米（230亿英里）。由于离太阳如此遥远，太阳的引力（这个力量使它不致向外飞入星际空间）比较微弱，小于地球附近的千分之一。

2. 近代液体燃料火箭的发明人戈达德曾经设想在某一个时候对恒星的探测器应在海卫一上装备和发射。这记录在 1927 年追记的一份 1918 年写的题为"最后的迁移"的手稿中。由于考虑到贸然发表未免太大胆，稿件留存在一位朋友的保险柜里。封面上有一个警告："这些笔记只能由一位乐观主义者仔细阅读。"

3. 可以认为两艘"旅行者号"飞船在 1992 年检测到的无线电信号，来自一阵阵强劲的太阳风与星际稀薄气体的碰撞。从无线电信号的巨大功率（超过 10 万亿瓦），可以估计出太阳风层顶的距离约为日地距离的 100 倍。按"旅行者 1 号"现在飞离太阳系的速度推算，这艘太空飞船大约在 2010 年穿过太阳风层顶并进入星际空间。如果它的发射无线电波的能源还未耗尽，穿越的消息会由无线电波传回给逗留在地球上的人。冲击波与太阳风层顶的碰撞所释放的能量，是太阳系中最强大的无线电辐射源。这会使你想知道，用我们的射电望远镜是不是也有可能检测到其他行星系中更强烈的冲击波。

# 第 11 章

## 昏星和晨星

1. 土卫六的情况稍有不同，它的照片显示出在悬浮物的主层之上有一系列分离的云雾。因此，金星是太阳系中用宇宙飞船上在普通可见光波段工作的摄像机没有发现任何重要事物的唯一行星。很幸运，从探测过的几乎每一个星体，飞船都给我们发回了照片（美国国家宇航局的"国际彗星探险者"于 1985

年疾驰穿过贾可比尼—金纳彗星的尾巴，它专门探测带电粒子和磁场，没有装备摄像机）。

2. 现在许多望远镜的图像都用电荷耦合器件（CCD）和二极管阵等电子设备取得，并用计算机处理。在 1970 年，所有这些技术都还没有在天文观测中使用。

3. 波拉克对行星科学的每一个领域都做出过重要贡献。他是我的第一个研究生，以后成为我的同事。他使国家宇航局的艾姆斯研究中心在行星研究中执世界之牛耳，并成为培养博士后行星科学家的大本营。他的优良作风和他的科学才能一样出色。1994 年，他正当才能处于顶峰时逝世了。

# 第 12 章

## 大地熔化了

1. 本章开头引用的斯特拉博的一段话，就是描述公元前197 年在附近海底爆发的一个火山，以及由它迅速形成的一个新岛。

2. 尽管有高山和海沟，地球表面之平滑是惊人的。如果地球像一只台球那样大，那么它的凸起部分最多也不超过 0.1 毫米大小——小到几乎看不见也摸不出来。

3. 由"麦哲伦号"雷达成像定出的金星表面的年龄，最终否定了维利科夫斯基（Immanuel Velikovsky）的理论。他在 1950年左右提出一种得到当时媒体喝彩的令人惊异的说法，即 3500年前木星抛出一个巨型"彗星"，它与地球几次擦肩而过，并引起许多民族古籍中记载的形形色色的事件〔例如《圣经》中的人物约书亚（Joshua）命令太阳停止不动］，后来这颗彗星摇身一变成为金星。现在竟然还有人对这种邪说信以为真。

4. 木卫一的火山也是氧、硫等离子的丰富源泉，这些离子聚集在环绕木星的一个朦胧的面包圈状的物质管中。

# 第 15 章

## 奇异世界的大门打开了

1. 但是也有少数相对说来很年轻的地方，例如阿尔巴·帕特拉高地斜坡上分叉的河谷网。甚至在最近的 10 亿年中，火星的沙漠中有些地方不明原因地似乎不时有水流来流去。

2. SNC 是三位发现人姓氏首字母缩略词。这三个姓（Shergotty、Nakhla 和 Chassigny）都难念，所以很自然地会使用这个缩略词。

# 第 16 章

## 测天有术

1. 即使如此也不容易办到。葡萄牙历史学家祖拉拉（Comes Eanes de Zurara）所报道的"航海家亨利王子"的这个言论是："本王子认为，如果他或其他王子不鼓励获得这种知识，那么不会有任何水手或商人胆敢这样做。这是因为他们中显然谁也不会自找麻烦，航行到一个没有肯定获利希望的地方去。"

2. 罗素的措辞"冒险和危险的光荣"值得注意。即使我们能保证太空飞行完全安全——我们当然办不到，这也许会违反太空探险的本意。危险是光荣的不可分割的一部分。

# 第 17 章

### 日常的行星际暴力事件

1. 如果地球没有这样的好运气，也许今天在一个离太阳稍近或稍远的行星上面，和我们人类完全不同的生物正在设法探求它们的来源。

2. 编号为 1991JW 的小行星的轨道和地球轨道十分相似，因此比去 4660 号小行星涅柔斯更容易。但是它的轨道太像地球轨道了，因此令人怀疑它是不是一个真的天然小行星。也许它是发射阿波罗登月飞船的"土星 5 号"火箭失落的上面一级。

# 第 18 章

### 卡马里纳的沼泽

1. 美国和俄罗斯都签署的外层空间条约，禁止在"外层空间"使用大规模杀伤性武器。使小行星转向的正是这样的武器——并且是现有的威力量强的大规模杀伤性武器。那些热心于钻研小行星转向技术的人士，希望修改这个条约。可是即使不作修改，如果一旦发现有一颗小行星正沿着与地球相撞的轨道奔驰而来，那么大概谁也不会受国际法规细节的限制。然而放宽在太空使用这种武器的禁止是危险的，因为这会使我们对为发动攻击而在太空部署核弹头放松警惕。

2. 我们该怎样称呼这颗小行星呢？用希腊神话中的名字，

把它称为"命运之神"、"惩罚女神"或"复仇女神",似乎都不恰当。这是因为它是否击中地球,都完全由我们决定。如果不管它,它与地球不沾边。如果我们灵巧地、准确地推动一下,它就会击中地球。也许我们应当把它叫作"8号球"(译者按:台球游戏术语)。

3. 人类最近发明的破坏力极强的新技术,当然会导致许多其他的问题。但是在大多数情况下,它们不是卡马里纳那样的灾难,就是说不管你干不干都会遭殃。与此相反,它们在学识和时间选择上都令人进退两难。举例来说,人们从许多种可能情况中挑选了错误的制冷剂和制冷原理。

# 第 19 章

## 改造行星

1. 在现实世界中,中国空间机构的官员提出在世纪之交发射一个载有两名宇航员的太空舱到近地轨道上去。它将用改进的长征 -2E 型火箭在戈壁沙漠发射。即使中国的经济呈持续的适度增长——比 20 世纪 90 年代初期至中期的指数增长低得多,中国在 21 世纪中叶或更早一些,就将成为世界上领先的太空强国之一。

2. 如果情况与此相反,那么我们以及这一部分宇宙中的任何东西都是由反物质组成的。当然,我们会把它称作物质。于是我们认为,世界和生命都由电荷相反的另一类物质组成这种念头乃是虚妄的猜想。

3. 现年 85 岁的东新墨西哥大学名誉英语教授威廉森写信告诉我,自从他首先提出地球化以后,他"惊奇地看到如今的科学已经有了多么大的进步"。我们正在积累有朝一日可以进行"地球化过程"的科技知识，但是目前我们所有的只是一些建议而已，总的说来，它们不像威廉森原来设想的那样具有创新意义。

# 第 20 章

## 黑暗

1. 令人吃惊的是，包括《纽约时报》社论撰写人在内的许多人，都在担心一旦外星人知道我们在哪里，就会到我们这里来并把我们吃掉。姑且不谈假想中的外星人与我们在生理上必然会有的很大差异，假设我们是星际美味佳肴，他们又有什么必要把人类大批运送到外星人的餐馆里去？运费很昂贵。如果就偷运几个人去，查出我们的氨基酸，或找出我们好吃的其他原因，然后从头开始合成同样的食品，这样做岂不是更好？

# 第 21 章

## 上天去！

1. 一个安全度过了青少年时期的外星文明，是否愿意鼓励那些以其新生技术正在奋斗的其他外星文明？也许它们会特别起劲地广播它们存在的消息，并洋洋得意地宣告它们能够逃脱自我毁灭的命运。或者，在开始时它们是否会非常小心翼翼呢？在避免自己造成的灾难之后，也许它们害怕把自己存在的信息散布出去，否则在黑暗中有某一个未知的、侵略成性的、正想取得"生存空间"或奴役别人的外星文明，会把它们视为潜在的对手而消灭掉。这也许是我们探测近邻恒星的行星系的一个理由，但是要小心谨慎地去做。

它们保持沉默或许还有另外一个理由：因为播送一个高度发达的外星文明存在的信息，可能会鼓励其他刚出现的外星文明不必尽最大努力来保护自己的未来，而希望在黑暗中会有人挺身而出，把他们从困境中拯救出来。

# 第 22 章

## 踮着脚穿过银河系

1. 即使我们不特别急于去什么地方，我们到那个时候可能使小天体运动得比现今的太空飞船还快。果真如此，我们的后裔就能在很久以前的 20 世纪发射的两艘"旅行者号"飞船离开奥尔特云之前，在它们进入星际空间之前，追上它们。他们也许将收回这些在许多年前发射的被遗弃的飞船，也许会让它们继续飞行。

2. 这个数字与当代对银河系中绕恒星旋转的行星数目的估计颇为接近。

3. 它的大部分也许是"非重子"物质，既不是由我们所熟悉的质子与中子组成的物质，也不是反物质。宇宙中 90% 以上的质量似乎是属于这种暗黑的、在地球上完全未知的、深奥神秘的"第五种"（即空气、水、火、土之外的）物质。也许有朝一日我们不但能了解这种物质，并且还能为它找到某种用途。

参考文献

# 行星探测纵览

J. Kelly Beatty, Andrew Chaiken, editors. *The New Solar System*, third edition（Cambridge：Cambridge University Press, 1990）.

Eric Chaisson and Steve McMillan. *Astronomy Today*（Englewood Cliffs, NJ：Prentice Hall, 1993）.

Esther C. Goddard, editor. *The Papers of Robert H. Goddard*（New York：McGraw-Hill, 1970）（three volumes）.

Ronald Greeley. *Planetary Landscapes*, second edition（New York：Chapman and Hall, 1994）.

William J. Kaufmann III. *Universe*, fourth edition（New York：W. H. Freeman, 1993）.

Harry Y. McSween Jr.. *Stardust to Planets*（New York：St. Martin's, 1994）.

Ron Miller, William K. Hartmann, *The Grand Tour*：*A Traveler's Guide to the Solar System*, revised edition（New York：Workman, 1993）.

David Morrison. *Exploring Planetary Worlds*（New York：Scientific American Books, 1993）.

Bruce C. Murray. *Journey to the Planets*（New York：W.W. Norton, 1989）.

Jay M. Pasachoff. *Astronomy*：*From Earth to the Universe*（New York：Saunders, 1993）.

Carl Sagan. *Cosmos*（New York：Random House, 1980）.

Konstantin Tsiolkovsky. *The Call of the Cosmos*（Moscow：Foreign Languages Publishing House, 1960）（English translation）.

# 第 3 章

## 大降级

John D. Barron, Frank J. Tipler. *The Anthropic Cosmological Principle*（New York：Oxford University Press, 1986）.

A. Linde. *Particle Physics and Inflationary Cosmology*（Harwood Academy Publishers, 1991）.

B. Stewart. "*Science or Animism?", Creation /Evolution*, vol. 12, no. 1（1992）, pp. 18–19.

Steven Weinberg. *Dreams of a Final Theory*（New York：Vintage Books, 1994）.

# 第 4 章

## 并非为我们造的宇宙

Brian Appleyard. *Understanding the Present*：*Science and the Soul of Modern Man*（London：Picador/Pan Books Ltd., 1992）.

Passages quoted appear, in order, on the following pages: 232, 27, 32, 19, 19, 27, 9, xiv, 137, 112 ~ 113, 206, 10, 239, 8, 8.

J. B. Bury. *History of the Papacy in the 19th Century* (New York: Schocken, 1964). Here, as in many other sources, the 1864 Syllabus is transcribed into its "positive" form (e.g., "Divine revelation is perfect") rather than as part of a list of condemned errors ("Divine revelation is imperfect").

# 第 5 章

## 地球上有智慧生命吗？

Carl Sagan, W. R. Thompson, Robert Carlsson, Donald Gurnett, Charles Hord. "A Search for Life on Earth from the Galileo Spacecraft". *Nature,* vol. 365 (1993), pp. 715 ~ 721.

# 第 7 章

## 在土星的众多卫星之间

Jonathan Lunine. "Does Titan Have Oceans?". *American Scientist*, vol. 82 (1994), pp. 134–144.

Carl Sagan, W. Reid Thompson, Bishun N. Khare. "Titan: A Laboratory for Prebiological Organic Chemistry". *Accounts of Chemical Research*, vol. 25 (1992), pp. 286–292.

J. William Schopf. *Major Events in the History of Life* (Boston: Jones and Bartlett, 1992).

# 第 8 章

## 第一颗新行星

I. Bernard Cohen. "G. D. Cassini and the Number of the Planets". in *Nature, Experiment and the Sciences*, Trevor Levere and W. R. Shea, editors（Dordrecht：Kluwer, 1990）.

# 第 9 章

## 太阳系边缘的一艘美国飞船

Murmurs of Earth. CD-ROM of the *Voyager* interstellar record, with introduction by Carl Sagan and Ann Druyan（Los Angeles：Warner New Media, 1992）, WNM 14022.

Alexander Wolszczan. "Confirmation of Earth-Mass Planets Orbiting the Millisecond Pulsar PSR B1257+12". *Science*, vol. 264（1994）, pp. 538-542.

# 第 12 章

## 大地熔化了

Peter Cattermole. *Venus：The Geological Survey*（Baltimore：Johns Hopkins University Press, 1994）.

Peter Francis. *Volcanoes：A Planetary Perspective*（Oxford：Oxford University Press, 1993）.

# 第 13 章

## "阿波罗"的礼物

Andrew Chaikin. *A Man on the Moon*（New York：Viking, 1994）.

Michael Collins. *Liftoff*（New York：Grove Press, 1988）.

Daniel Deudney. "Forging Missiles into Spaceships". *World Policy Journal*, vol. 2, no. 2（Spring 1985）, pp. 271–303.

Harry Hurt. *For All Mankind*（New York：Atlantic Monthly Press, 1988）.

Richard S. Lewis. *The Voyages of Apollo：The Exploration of the Moon*（New York：Quadrangle, 1974）.

Walter A. McDougall. *The Heavens and the Earth：A Political History of the Space Age*（New York：Basic Books, 1985）.

Alan Shepherd, Deke Slayton et al. *Moonshot*（Atlanta：Hyperion, 1994）.

Don E. Wilhelms. *To a Rocky Moon：A Geologist's History or Lunar Exploration*（Tucson：University of Arizona Press, 1993）.

# 第 14 章

## 探测其他行星和保护地球

Kevin W. Kelley, editor. *The Home Planet*（Reading, MA：Addison Wesley, 1988）.

Carl Sagan, Richard Turco. *A Path Where No Man Thought：Nuclear Winter and the End of the Arms Race*（New York：Random House,

1990）．

Richard Turco. *Earth Under Siege*： *Air Pollution and Global Change*（New York： Oxford University Press, in press）．

# 第 15 章

## 奇异世界的大门打开了

Victor R. Baker. *The Channels of Mars*（Austin： University of Texas Press, 1982）．

Michael H. Carr. *The Surface of Mars*（New Haven： Yale University Press, 1981）．

H. H. Kieffer, B. M. Jakosky, C. W. Snyder, M. S. Matthews, editors. *Mars*（Tucson： University of Arizona Press, 1992）．

John Noble Wilford. *Mars Beckons*： *The Mysteries, the Challenges, the Expectations of Our Next Great Adventure in Space*（New York： Knopf, 1990）．

# 第 18 章

## 卡马里纳的沼泽

Clark R. Chapman, David Morrison. "Impacts on the Earth by Asteroids and Comets： Assessing the Hazard". *Nature*, vol. 367（1994）, pp. 33–40.

A. W. Harris, G. Canavan, C. Sagan, S. J. Ostro. "The Deflection Dilemma： Use vs. Misuse of Technologies for Avoiding Interplanetary

Collision Hazards". in *Hazards Due to Asteroids and Comets*, T. Gehrels, editor （Tucson： University of Arizona Press, 1994）.

John S. Lewis, Ruth A. Lewis. *Space Resources： Breaking the Bonds of Earth* （New York： Columbia University Press,1987）.

C. Sagan, S. J. Ostro."Long-Range Consequences of Interplanetary Collision Hazards". *Issues in Science and Technology* （Summer 1994）, pp. 67-72.

# 第 19 章

## 改造行星

J. D. Bernal. *The World, the Flesh, and the Devil* （Bloomington, IN： Indiana University Press, 1969； first edition, 1929）.

James B. Pollack, Carl Sagan. "Planetary Engineering". in J. Lewis and M. Matthews, editors, *Near-EarthResources* （Tucson： University of Arizona Press, 1992）.

# 第 20 章

## 黑暗

Frank Drake, Dava Sobel. *Is Anyone Out There* ? （New York： Delacorte, 1992）.

Paul Horowitz, Carl Sagan. "Project META： A Five-Year All-Sky Narrowband Radio Search for Extraterrestrial Intelligence". *Astrophysical Journal*, vol. 415 （1992）, pp. 218 ~ 235.

Thomas R. McDonough. *The Search for Extraterrestrial Intelligence*
（New York： John Wiley and Sons, 1987）.

Carl Sagan. *Contact： A Novel*（New York： Simon and Schuster,
1985）.

# 第 21 章

## 上天去!

J. Richard Gott III. "Implications of the Copernican Principle for Our
Future Prospects". *Nature*, vol. 263 （1993）, pp. 315 ～ 319.

# 第 22 章

## 踮着脚穿过银河系

I. A. Crawford. "Interstellar Travel： A Review for Astronomers".
*Quarterly Journal of the Royal Astronomical Society*, vol. 31（1990）,
p. 377.

I. A. Crawford. "Space, World Government, and 'The End of History' ".
*Journal of the British Interplanetary Society*, vol. 46 （1993）, pp.
415–420.

Freeman J. Dyson. *The World, the Flesh, and the Devil* （London：
Birkbeck College, 1972）.

Ben R. Finney, Eric M. Jones, editors. *Interstellar Migration and
the Human Experience* （Berkeley： University of California Press,
1985）.

Francis Fukuyama. *The End of History and the Last Man* （New York：The Free Press, 1992）.

Charles Lindholm. *Charisma* （Oxford：Blackwell, 1990）. The comment on the need for a telos is in this book.

Eugene F. Mallove, Gregory L. Matloff. *The Starflight Handbook* （New York：John Wiley and Sons, 1989）.

Carl Sagan, Ann Druyan. *Comet* （New York：Random House, 1985）.

# 致　　谢

　　本书的大部分资料都是新的。有几章据原先在《检阅》杂志上发表过的文章改写而成。《检阅》是美国报纸周日版增刊，估计读者达 8 000 万，也许是世界上拥有读者最多的杂志。我非常感谢它的主编安德森（Walter Anderson）和执行编辑柯里尔（David Currier）鼓励我，并向我传授编辑技巧。我还感谢《检阅》的读者，他们的来信有助于我了解我在哪些地方写得清楚，哪些地方写得含糊，以及他们怎样接受我的论点。其他几章有些部分来自发表在《科学和技术问题》、《发现》、《行星报道》、《科学美国人》和《大众机械》的一些文章。

　　我和许多朋友及同事讨论过本书的各个方面，他们的意见使这本书有很大改进。我愿向他们全体表示真诚的谢意。我要特别感谢奥古斯丁（Norman Augustine）、邦尼特（Roger Bonnet）、戴森（Freeman Dyson）、弗里德曼（Louis Friedman）、吉布森（Everett Gibson）、戈尔丁（Daniel Goldin）、戈特三世（J.Richard Gott Ⅲ）、林德（Andrei Linde）、隆贝格（Jon Lomberg）、英里森（David Morrison）、萨格捷耶夫（Roald Sagdeev）、索特（Steven Soter）、史洛恩（Kip Throne）和特纳（Frederick Turner）对全部或部分手稿提出了宝贵意见；考夫曼（Seth Kaufmann）、托

马斯（Peter Thomas）和格林斯彭（Joshua Grinspoon）对制表与绘图惠于协助；还有许多优秀的天文画家惠允我展示他们的作品。承蒙霍伊特（Kathy Hoyt）、麦克尤恩（Al McEwen）和瑟德布卢姆（Larry Soderblom）慨允我使用美国地质勘测局天体地质部制作的独特的镶嵌照片、用气笔修饰的地图以及国家宇航局图像的其他缩印品。

感谢巴尼特（Andrea Barnett）、帕克（Laurel Parker）、布兰德（Jennifer Bland）、穆尼（Loren Mooney）、戈布雷希特（Karren Gobrecht）、珀尔斯特恩（Deborah Pearlstein）和已故的约克（Eleanor York）提供高明的技术支持；还有埃文斯（Harry Evans）、温茨（Walter Weintz）、戈多夫（Ann Godoff）、罗森布洛姆（Kathy Rosenbloom）、卡彭特（Andy Carpenter）、施瓦茨（Martha Schwartz）和麦克罗伯特（Alan MacRobert）在后道工序中的帮助。本书的优美装帧主要归功于汤德罗（Beth Tondreau）。

关于空间政策，我从与行星学会理事会其他成员，尤其是默里（Bruce Murray）、弗里德曼、奥古斯丁、瑞安（Joe Ryan）和已故的佩因（Thomas O.Paine）的讨论中获益匪浅。行星学会致力于太阳系的探索、地外生命的搜寻以及人类与其他星球联系的国际协作，因此这个组织最能体现本书的主旨。希望对这个非营利机构（它是世界上最大的关注太空的群体）获取更多信息的读者，可按下列地址与它联系。

THE PLANETARY SOCIETY

65 N. Catalina Avenue

Pasadena，CA 91106

Tel. ：1-800-9 WORLDS

　　正如对 1977 年以来我写的每本书一样，我难以用言语表达对德鲁扬（Ann Druyan）的感激之情。她在收集意见以及对本书的内容和体例两方面都有重要贡献。太空浩瀚，岁月悠长，我始终乐于和她分享同一颗行星和同一个时代。